難培養微生物研究の最新技術 II
―ゲノム解析を中心とした最前線と将来展望―

Current Technology and Perspectives for
Yet-uncultivated Microbial Resources

《普及版／Popular Edition》

監修 大熊盛也，工藤俊章

シーエムシー出版

はじめに

　微生物は，動植物を凌駕する多様な種を含み，様々な機能を有する大変重要な生物群です。しかし，自然環境中には従来の分離・培養を基本とした微生物学の実験手法では扱うことが難しい，いわゆる"難培養微生物"が広く存在することが明らかになっています。近年の分子生物学的な研究技術の進展に伴い，2000年代初期ごろまでに環境サンプルにおける培養を介さない難培養微生物の検出やモニタリングができるようになってきました。そのような状況下，難培養微生物の研究や未利用資源としての開拓に向けた一助として，2004年に発刊した「難培養微生物研究の最新技術—未利用微生物資源へのアプローチ—」(監修：工藤俊章／大熊盛也)は，最先端の研究をなされている著名な先生方に執筆いただき，御蔭様をもちましてたいへん好評を博しております。以来，難培養微生物をめぐる研究分野は急速な進展をとげ，汎用技術は幅広い研究者に普及し，新しい研究技術も続々と報告されています。また，微生物群集や難培養微生物のゲノムレベルでの研究も一気に加速されて，新しい機能の発見や解明につながっています。

　こうした研究の急速な進展と多くの研究者の参入によって，難培養微生物の研究は今まさに新しい学問分野として確立しつつあり，新産業の創出にもつながる過程にあると言っても過言ではないと思われます。そこで，前書の主旨と書名は引き継ぎながらも内容を一新した新しい書籍を企画し，1) 前書では掲載できなかったが，今後も重要となる技術の動向，2) ゲノム解析を中心とした進展の著しい新しい研究技術とその成果，3) 難培養微生物研究から明らかになった新機能や相互作用メカニズム，4) 難培養微生物の応用や資源化への取り組みなどについて，特に5～10年後の将来が展望できるような企画となればと，この研究分野を先導牽引する先生方に執筆をお願いいたしました。

　未利用の難培養微生物資源の開拓と研究は，将来のバイオ関連研究や関連産業の発展において先端的で重要な研究開発分野になると考えられます。本書が若手研究者や産業界の方々に，有用な情報の提供と道標としてお役に立てれば幸いです。

2009年11月

大熊盛也，工藤俊章

普及版の刊行にあたって

　本書は2010年に『難培養微生物研究の最新技術 II ―ゲノム解析を中心とした最前線と将来展望―』として刊行されました。普及版の刊行にあたり，内容は当時のままであり加筆・訂正などの手は加えておりませんので，ご了承ください。

2015年11月

シーエムシー出版　編集部

監修者

大熊 盛也	㈱理化学研究所　バイオリソースセンター　微生物材料開発室　室長	
工藤 俊章	長崎大学　水産学部　教授	

執筆者一覧（執筆順）

岡部　聡	北海道大学　大学院工学研究科　環境創生工学専攻　教授
古川 和寛	早稲田大学　先進理工学研究科　生命医科学専攻　博士研究員；㈱理化学研究所　基幹研究所　伊藤ナノ医工学研究室　訪問研究員
阿部　洋	㈱理化学研究所　基幹研究所　伊藤ナノ医工学研究室　専任研究員
伊藤 嘉浩	㈱理化学研究所　基幹研究所　伊藤ナノ医工学研究室　主任研究員
常田　聡	早稲田大学　理工学術院　教授
堀　知行	㈱産業技術総合研究所　ゲノムファクトリー研究部門　日本学術振興会特別研究員
関口 勇地	㈱産業技術総合研究所　生物機能工学研究部門　研究グループ長
本郷 裕一	東京工業大学　生命理工学研究科　准教授
大熊 盛也	㈱理化学研究所　バイオリソースセンター　微生物材料開発室　室長
内山　拓	㈱産業技術総合研究所　生物機能工学研究部門　酵素開発研究グループ　研究員
大島 健志朗	東京大学　大学院新領域創成科学研究科　特任助教
服部 正平	東京大学　大学院新領域創成科学研究科　教授
森　宙史	東京工業大学　大学院生命理工学研究科
丸山 史人	東京工業大学　大学院生命理工学研究科　助教
黒川　顕	東京工業大学　大学院生命理工学研究科　教授
桑原 知巳	徳島大学　大学院ヘルスバイオサイエンス研究部　分子細菌学分野　准教授
林　哲也	宮崎大学　フロンティア科学実験総合センター　センター長
布浦 拓郎	㈱海洋研究開発機構　海洋・極限環境生物圏領域　深海・地殻内生物圏研究プログラム　主任研究員
海野 佑介	㈱農業・食品産業技術総合研究機構　北海道農業研究センター　根圏域研究チーム　特別研究員
信濃 卓郎	㈱農業・食品産業技術総合研究機構　北海道農業研究センター　根圏域研究チーム　チーム長
吉田 尊雄	㈱海洋研究開発機構　海洋・極限環境生物圏領域　主任研究員
髙木 善弘	㈱海洋研究開発機構　海洋・極限環境生物圏領域　技術研究主任
島村　繁	㈱海洋研究開発機構　海洋・極限環境生物圏領域　技術研究主事
丸山　正	㈱海洋研究開発機構　海洋・極限環境生物圏領域　プログラムディレクター

菊 地 　 　 淳	㈰理化学研究所　植物科学総合研究センター　先端 NMR メタボミクスユニット　ユニットリーダー；名古屋大学　大学院生命農学研究科　客員教授；横浜市立大学　大学院生命ナノシステム研究科
守 屋 繁 春	㈰理化学研究所　基幹研究所　守屋バイオスフェア科学創成研究ユニット　ユニットリーダー；横浜市立大学　大学院環境分子生物学研究室　客員研究員
福 田 真 嗣	㈰理化学研究所　免疫・アレルギー科学総合研究センター　免疫系構築研究チーム　基礎科学特別研究員；横浜市立大学　大学院生命ナノシステム研究科　免疫生物学研究室　客員研究員
大 野 博 司	㈰理化学研究所　免疫・アレルギー科学総合研究センター　免疫系構築研究チーム　チームリーダー；横浜市立大学　大学院生命ナノシステム研究科　免疫生物学研究室　客員教授
下 山 武 文	東京大学　先端科学技術研究センター　特任研究員
渡 邉 一 哉	東京大学　先端科学技術研究センター　特任准教授
吉 永 郁 生	京都大学　大学院農学研究科　応用生物科学専攻　海洋分子微生物学分野　助教
妹 尾 啓 史	東京大学　大学院農学生命科学研究科　応用生命化学専攻　教授
石 井 　 　 聡	東京大学　大学院農学生命科学研究科　応用生命化学専攻　特任助教
片 山 新 太	名古屋大学　エコトピア科学研究所　教授
永 田 裕 二	東北大学　大学院生命科学研究科　准教授
津 田 雅 孝	東北大学　大学院生命科学研究科　教授
土 田 　 　 努	㈰理化学研究所　基幹研究所　松本分子昆虫学研究室　基礎科学特別研究員
山 本 英 作	アステラス製薬㈱　研究本部　醗酵研究所　醗酵基盤研究室　研究員
江 崎 正 美	アステラス製薬㈱　研究本部　醗酵研究所　醗酵基盤研究室　主管研究員
重 松 　 　 亨	新潟薬科大学　応用生命科学部　食品科学科　准教授
鎌 形 洋 一	㈰産業技術総合研究所　ゲノムファクトリー研究部門　部門長
森 　 　 浩 二	㈰製品評価技術基盤機構　バイオテクノロジー本部　生物遺伝資源部門（NBRC）　主任
伊 藤 　 　 隆	㈰理化学研究所　バイオリソースセンター　微生物材料開発室　専任研究員

執筆者の所属表記は，2010 年当時のものを使用しております。

目　次

【第1編　難培養微生物の研究技術】

第1章　微小空間における難培養微生物群集の構造と機能解析　　岡部　聡

1　はじめに……………………………3
2　微生物群集構造の解析技術…………3
3　微小空間での微生物群集機能解析技術…4
4　群集レベルでの機能解析……………5
5　微小電極……………………………6
6　微小電極の種類……………………6
　6.1　ポーラログラフィー原理に基づく方法……………………………6
　6.2　特定イオンを選択的に通過させる膜に生じた膜電位を測定する方法………6
　6.3　電極反応により生じた起電力を測定する方法……………………7
7　濃度分布の解析……………………8
8　微小電極の限界……………………9
9　微小電極を用いた解析例……………9
10　Anammox細菌バイオフィルム………10
11　メタン発酵グラニュール……………11
12　細胞レベルでの機能解析……………13
13　MAR-FISHの手順…………………13
14　MAR-FISHの問題点………………14
15　MAR-FISHを用いた解析例…………15
16　おわりに……………………………15

第2章　生細胞内RNA検出のための化学反応プローブ　　古川和寛，阿部　洋，伊藤嘉浩，常田　聡

1　はじめに……………………………19
2　Fluorescence in situ hybridization (FISH) 法……………………………20
3　蛍光共鳴エネルギー移動 (FRET) を利用した生細胞内RNA検出…………20
　3.1　FRET法…………………………21
　3.2　モレキュラービーコン (MB) 法……22
　3.3　化学連結法………………………22
4　蛍光発生分子を利用した生細胞内RNA検出法……………………………23
5　まとめ………………………………26

第3章　Stable Isotope Probing法とその応用　　堀　知行

1　はじめに……………………………28
2　Stable Isotope Probing法の原理と実施手順……………………………29
　2.1　安定同位体基質を用いた培養………29
　2.2　核酸の抽出………………………30
　2.3　密度勾配遠心と分画………………30

I

2.4 分子フィンガープリント解析・・・・・・31	4 Stable Isotope Probing 法の技術的進展と応用・・・・・・36
2.5 クローン解析・・・・・・31	4.1 ^{15}N-SIP と ^{18}O-SIP・・・・・・37
3 Stable Isotope Probing 法の適用例・・・・・32	4.2 Protein-SIP・・・・・・37
3.1 ^{13}C-acetate Probing を用いた水田土壌における鉄還元細菌の同定・・・・・・32	4.3 DNA-SIP とメタゲノム解析の融合法・38
3.2 SIP 法を用いた生物間食物連鎖の解析・・・・・・36	5 おわりに・・・・・・39

第4章　核酸に基づく複合微生物群中の特定微生物群の定量分析法　　関口勇地

1 はじめに・・・・・・41	HOPE 法・・・・・・43
2 核酸を対象とした微生物の定量法：定量的核酸増幅法・・・・・・41	4 RNA を標的とした簡便な微生物定量法：rRNA 配列特異的切断法・・・・・・46
3 DNA を標的とした簡便な微生物定量法：	5 おわりに・・・・・・49

第5章　統計学的微生物群集構造の解析　　本郷裕一，大熊盛也

1 はじめに・・・・・・51	3.2 整列（アラインメント）・・・・・・54
2 SSU rRNA 遺伝子の取得と配列解析におけるポイント・・・・・・51	3.3 OTU (operational taxonomic unit, phylotype) への分類・・・・・・54
2.1 サンガー法による配列解析を行う場合・・・・・・51	3.4 分子系統解析・・・・・・55
	3.5 種数推定と多様性比較・・・・・・55
2.2 パイロシーケンス法による配列解析を行う場合・・・・・・52	3.6 種（系統）構成による群集間の比較・・・56
	3.6.1 群集構造の有意差検定・・・・・・56
3 統計学的解析・・・・・・53	3.6.2 群集間の類似度解析・・・・・・58
3.1 キメラチェック・・・・・・53	4 おわりに・・・・・・58

第6章　SIGEX：メタゲノムからのハイスループットな代謝系遺伝子スクリーニング法　　内山拓

1 はじめに・・・・・・61	3 SIGEX 法の開発と実施・・・・・・64
2 メタゲノムのスクリーニング：従来法とSIGEX 法・・・・・・61	4 SIGEX 法の有用性と限界・・・・・・69
	5 おわりに・・・・・・70

【第2編　難培養微生物のゲノム・メタゲノム解析】

第7章　次世代シークエンサーを用いたゲノム解析とメタゲノム解析　大島健志朗，服部正平

1　はじめに―次世代シークエンサーについて―……75
2　細菌ゲノム解析研究への活用……76
3　マイクロバイオーム計画……78
4　メタゲノム解析……79
5　個別ゲノム解析（リファレンスゲノム解析）……81
6　おわりに……81

第8章　メタゲノムインフォマティクス　森　宙史，丸山史人，黒川　顕

1　メタゲノム解析とは……82
2　メタゲノム解析の目的……83
3　メタゲノムインフォマティクス……83
　3.1　メタゲノム解析手法……84
　3.2　ゲノムマッピング……85
　3.3　遺伝子機能アノテーション……86
　　3.3.1　フィルタリング……86
　　3.3.2　アッセンブルを伴う遺伝子アノテーション……87
　　3.3.3　遺伝子予測……87
　　3.3.4　アッセンブルを伴わない遺伝子アノテーション……87
　　3.3.5　遺伝子機能アノテーション……87
　3.4　統計的補正……88
　3.5　遺伝子数の統計的補正……88
4　メタデータの重要性……89
5　おわりに……90

第9章　ヒト腸内フローラのメタゲノム解析と肥満・健康　桑原知巳，林　哲也

1　はじめに……92
2　健常人の腸内フローラメタゲノム解析……94
3　腸内フローラと肥満……99
　3.1　遺伝子改変マウスを用いた解析……99
　3.2　成人での検討……100
　3.3　双子を対象とした解析……100
　3.4　フローラ内での菌種間相互作用（ノトバイオートマウスを用いた解析）……102
4　おわりに……104

第10章　環境オミクスによる地下生命圏の探索　布浦拓郎

1　地下生命圏（地殻内生命圏）とは……106
　1.1　地下生命圏の概観……106
　1.2　活動的な地下生命圏と微生物多様性のボトルネック効果……107

2 活動的地下生命圏における環境
  オミクス解析‥‥‥‥‥‥‥‥108
  2.1 活動的地下生命圏と環境オミクス解析
   ‥‥‥‥‥‥‥‥‥‥‥‥‥108
  2.2 カリフォルニア鉱山酸性排水微生物群集
   ‥‥‥‥‥‥‥‥‥‥‥‥‥108
  2.3 南アフリカ金鉱山地下環境における
   微生物生態研究‥‥‥‥‥‥109
  2.4 地下鉱山熱水環境における
   微生物生態研究‥‥‥‥‥‥110
  2.5 嫌気的メタン酸化微生物群集‥‥‥111
3 複雑な海底下生命圏解明に向けて‥‥113

第11章　植物根圏微生物群集　　海野佑介, 信濃卓郎

1 植物根圏とそこに棲む微生物‥‥‥‥116
2 植物根圏微生物群集への取組み‥‥‥118
3 根圏メタゲノム解析研究の現状‥‥‥120

第12章　化学合成生態系の無脊椎動物—微生物間細胞内共生系から
みた共生菌のゲノム縮小進化　　吉田尊雄, 髙木善弘, 島村 繁, 丸山 正

1 化学合成生態系の共生系とは‥‥‥‥126
2 化学合成生態系の共生菌のゲノム解析の
  現状‥‥‥‥‥‥‥‥‥‥‥‥127
3 世界最小ゲノムサイズの独立栄養微生物の
  ゲノム—シロウリガイ類共生菌のゲノム解
  析からわかったこと—‥‥‥‥‥‥128
4 細胞内共生菌のゲノム縮小進化メカニズム
  —比較ゲノム比較解析からの推察—‥‥132

第13章　Single Cell のゲノム解析　　本郷裕一, 大熊盛也

1 シングルセル・ゲノミクスとは‥‥‥136
2 Phi29 DNA polymerase と等温全ゲノム増幅
  ‥‥‥‥‥‥‥‥‥‥‥‥‥136
3 等温全ゲノム増幅の実際‥‥‥‥‥‥137
  3.1 等温全ゲノム増幅の基本プロトコル
   ‥‥‥‥‥‥‥‥‥‥‥‥‥138
  3.2 等温全ゲノム増幅の問題点と対策‥139
    3.2.1 DNA のコンタミネーション‥139
    3.2.2 非特異的増幅‥‥‥‥‥‥140
    3.2.3 増幅バイアス‥‥‥‥‥‥141
    3.2.4 キメラ生成‥‥‥‥‥‥‥141
4 増幅産物の配列解析‥‥‥‥‥‥‥‥142
5 細胞単離・回収法‥‥‥‥‥‥‥‥‥143
  5.1 マイクロマニピュレーションによる
   細胞回収‥‥‥‥‥‥‥‥‥143
  5.2 セルソーター(FACS)による細胞回収
   ‥‥‥‥‥‥‥‥‥‥‥‥‥144
6 実際の研究例‥‥‥‥‥‥‥‥‥‥‥144
  6.1 シロアリ腸内原生生物の細胞内共生細菌
   ゲノムの取得と解析‥‥‥‥144
  6.2 口腔中の未培養細菌種の単一細胞からの
   ゲノム解析‥‥‥‥‥‥‥‥145
  6.3 海洋性未培養細菌種の単一細胞からの
   ゲノム解析‥‥‥‥‥‥‥‥145
7 おわりに‥‥‥‥‥‥‥‥‥‥‥‥‥145

第 14 章　微生物群集のメタボローム統合化解析　　菊地　淳，守屋繁春，福田真嗣，大野博司

1　はじめに･････････147
2　環境メタボローム解析の世界動向と技術開発･････････149
3　メタボローム情報からの遺伝子機能解析―シロアリ共生系の EST 情報を活用したバイオマス分解酵素の探索―･････････149
4　複合微生物系の代謝動態解析―ヒト等哺乳類の腸内環境改善を目指して―･････････151

【第 3 編　難培養微生物の機能と応用】

第 15 章　メタン発酵―ゲノム解析から明らかになった共生細菌の進化と生存戦略―　　下山武文，渡邉一哉

1　はじめに･････････159
2　メタン発酵における共生現象･････････160
3　ゲノム解析から見えてきた共生系の進化機構･････････163
4　共生系形成の分子メカニズム･････････165
5　おわりに･････････169

第 16 章　アナモックス細菌の生態と応用　　吉永郁生

1　はじめに･････････170
2　アナモックスの発見と研究の歴史･････････171
3　アナモックス活性の検出･････････172
4　アナモックス細菌の集積･････････173
5　アナモックス細菌の形態的特徴とラダーラン脂質･････････174
6　アナモックス細菌の生理･････････175
　6.1　アナモックス代謝とエネルギー生産･････････175
　6.2　アナモックス細菌の炭酸同化･････････177
　6.3　アナモックス細菌の多様な生き様･････････177
7　アナモックス細菌の生態と環境における重要性･････････177
　7.1　海洋環境のアナモックス･････････177
　7.2　淡水環境と陸域のアナモックス･････････180
　7.3　アナモックス細菌群集の種組成･････････181
8　アナモックス細菌の応用･････････181
9　おわりに･････････182

第 17 章　水田土壌で機能する脱窒細菌群集の土壌 DNA に基づく特定と Single-Cell Isolation　　妹尾啓史，石井　聡

1　はじめに･････････184
2　Stable Isotope Probing（SIP）法による脱窒細菌群集構造解析･････････185
3　16S rDNA 大量シーケンスによる脱窒細菌群集構造解析･････････187
4　*nirS, nirK* 解析による脱窒細菌の多様性と

変動解析・・・・・・・・・・・・・190
5　Functional Single-Cell（FSC）分離法による水田土壌からの脱窒細菌の単離・同定・・・・・・・・・・・・・193
6　おわりに・・・・・・・・・・・・・194

第18章　嫌気的脱ハロゲン化と環境保全　　片山新太

1　残留性の高い有機ハロゲン化合物・・・・・197
2　嫌気微生物による脱ハロゲン化反応・・・199
3　嫌気性脱ハロゲン化微生物・・・・・・・・・201
4　脱ハロゲン化微生物の培養方法・・・・・・204
5　嫌気性脱ハロゲン微生物によるバイオレメディエーション・・・・・・・・・207
6　おわりに：今後への展望・・・・・・・・・209

第19章　環境汚染物質分解細菌のメタゲノミクス　　永田裕二，津田雅孝

1　はじめに・・・・・・・・・・・・・211
2　培養非依存的手法による環境汚染物質分解酵素遺伝子の取得・・・・・・・・・212
2.1　メタゲノムからの特定の機能遺伝子の取得法・・・・・・・・・・・・・212
2.2　機能ベースの方法による環境汚染物質分解酵素遺伝子の取得・・・・・・・・・212
2.3　シークエンスベースの方法による環境汚染物質分解酵素遺伝子の取得・・・・・・216
3　おわりに・・・・・・・・・・・・・217

第20章　昆虫細胞内共生細菌—その機能と応用—　　土田　努

1　はじめに・・・・・・・・・・・・・220
2　細胞内共生細菌の種類・・・・・・・・・220
2.1　必須の栄養共生細菌・・・・・・・・・220
2.2　任意共生細菌・・・・・・・・・・222
3　必須の複合共生系・・・・・・・・・222
4　共生細菌が宿主昆虫に与える影響・・・・223
4.1　環境温度への適応・・・・・・・・・223
4.2　餌環境への適応・・・・・・・・・223
4.3　ウイルス伝播・・・・・・・・・・224
4.4　天敵からの宿主の防御・・・・・・・224
4.5　宿主の性を操る・・・・・・・・・225
5　共生細菌を対象とした応用技術・・・・・・225
5.1　共生細菌を標的にした害虫管理技術・・・・・・・・・・・・・225
5.2　昆虫媒介性病原体の共生細菌を利用した駆除・・・・・・・・・・・・・226
5.3　生殖を操作する共生細菌を用いた害虫防除，有用系統の作出・・・・・・・226
5.4　共生細菌遺伝子組換え植物による植物病原ウイルスの防除・・・・・・・227
5.5　共生細菌由来有用物質の活用・・・・227
6　おわりに・・・・・・・・・・・・・227

第21章　難培養微生物と創薬リード探索　　山本英作，江崎正美

1　微生物由来の創薬リード化合物探索···231
2　難培養微生物が作る生理活性物質·····232
3　放線菌集落内に生育する嫌気性細菌···234
  3.1　共生する嫌気性細菌の発見········234
  3.2　*Sporotalea colonica* SYB 株が産生する新規抗生物質 naphthalecin·········235
  3.3　共培養と naphthalecin 産生········236
  3.4　*Sporotalea colonica* SYB 株の共生（寄生）機構·······························237
  3.5　創薬リード探索にむけて··········238
4　おわりに····························239

第22章　食品・環境と難培養性微生物　　重松　亨

1　はじめに····························241
2　食品中の難培養性微生物·············242
3　液体培養と固体培養·················242
4　液体培養に基づく微生物叢の解析·····245
5　将来展望····························247

【第4編　微生物資源としての難培養微生物】

第23章　難培養微生物の培養技術　　鎌形洋一

1　はじめに····························251
2　微生物の多様性と未知微生物・難培養微生物··························252
3　難培養性微生物とは·················253
  3.1　生育速度が著しく遅い微生物······254
  3.2　寒天でコロニーを形成しない微生物····························254
  3.3　生育に一定以上の細胞濃度を必要とする微生物························254
  3.4　濁度として検知できない細胞数レベルで静止期を迎えてしまう微生物·····255
  3.5　他の微生物が生産する生育因子を必要とする微生物························255
  3.6　種間水素伝達を行う共生微生物·····255
  3.7　昆虫や動物などに共生する微生物···256
  3.8　そもそも環境中で非優占的な微生物····························256
4　難培養・未知微生物を培養する技術···257
  4.1　今なお有効な古典的分離培養手法（限界希釈やゲル化剤）··············257
  4.2　原位置培養手法··················258
  4.3　生育因子や環境因子に基づく分離培養手法····················259
  4.4　共生培養法······················259
  4.5　分離培養のためのハイスループットテクノロジー························260
5　あらためて難培養性微生物の培養技術とは····························261

第24章　新規・未知微生物の分離培養　　森　浩二

1　はじめに･････････････････････263
2　微生物の多様性･････････････････264
　2.1　培養微生物･････････････････264
　2.2　未培養微生物･･･････････････267
3　分類学的に高次な分類群が提案された
　　分離株･････････････････････････267
　3.1　*Gemmatimonas aurantiaca*（*Gemmatimonadetes* 門，KS-B）･････････269
　3.2　*Victivallis vadensis* と *Lentisphaera araneosa*（*Lentisphaerae* 門，VadinBE97）
　　･････････････････････････････269
　3.3　"*Elusimicrobium minutum*"（"*Elusimicrobia*" 門，Termite group 1）･･････269
　3.4　*Caldisericum exile*（*Caldiserica* 門，OP5）
　　･････････････････････････････270
　3.5　"*Nitrosopumilus maritimus*"（"*Nitrosopumilales*" 目，Marine group 1）･･･270
　3.6　*Methanocella paludicola*（*Methanocellales* 目，Rice cluster 1）･････････271
4　おわりに･････････････････････271

第25章　難培養性微生物とカルチャーコレクション　　伊藤　隆

1　はじめに･････････････････････273
2　カルチャーコレクションのミッション：
　　資源戦略の面から･････････････273
3　カルチャーコレクションのミッション：
　　学術的な面から･･･････････････274
4　カルチャーコレクションの現状･･････275
5　難培養性微生物リソースの取り扱い･･･276
　5.1　培養容器の問題･････････････277
　5.2　水の問題･･･････････････････277
　5.3　培地成分の問題･････････････277
　5.4　微生物取り扱い操作の問題･･･278
6　難培養微生物リソースの利用促進に向けて
　　･････････････････････････････278
7　メタゲノムリソースの取り扱い･････279
8　おわりに･････････････････････279

第26章　難培養微生物研究の将来像　　大熊盛也

1　難培養微生物研究の黎明から
　　ゲノムの時代へ･･･････････････281
2　メタゲノム解析の現状と将来･･･････282
3　微小生態学的と共生･･･････････････283
4　難培養微生物の資源化･････････････284
5　難培養微生物研究の潮流･･･････････286

第1編

難培養微生物の研究技術

第1章　微小空間における難培養微生物群集の構造と機能解析

岡部　聡*

1　はじめに

　地球上には膨大な数（細胞数）の多様な微生物が至る所に存在する。これらの微生物が我々の地球環境保全において重要な役割を担っていることは明らかであるが，現在までに分離・記載されている細菌（原核生物）はわずか6,000種程度に過ぎず，この地球上に存在する微生物群集の全体像は，未だ明らかになっていない。なぜなら，大部分の微生物は人為的に培養することができないためである。廃水処理系のように比較的有機物濃度の高い環境においても，培養可能な細菌は存在する全細菌の10％程度であると言われている。貧栄養状態の環境下（例えば，清澄な河川水など）では，この培養可能な細菌の割合はもっと低くなる。このように，分離・培養されていない未知の細菌が圧倒的に多数を占めている複雑な微生物生態系を解析するのは困難と考えられてきた。しかしながら，培養を介さない分子生物学的手法がこの十数年間で急速に発展し，微生物群集構造と機能に関する我々の理解を大きく塗り替えている。

　自然界の複雑な微生物生態系を正確に把握するためには，第一に，どのような微生物が，どこに，どれだけ存在し，どのような代謝を営んでいるかを $in\ situ$（原位置）で理解しなければならない。すなわち，微生物群集構造とその機能を解析し，それらを関連付けて議論する必要がある。以下に，微小空間における微生物群集構造と機能の解析技術について詳しく述べる。

2　微生物群集構造の解析技術

　分離培養が困難な微生物で構成される自然環境中の複合系微生物群集構造解析には，近年，培養を介さずに微生物の16S rRNA遺伝子塩基配列に基づく解析法が広く使われており，一般的に16S rRNAアプローチと呼ばれている[1]。このアプローチは，まず試料から全DNAを抽出し，全ての種類の細菌に存在し比較的保存性の高い16S rRNA遺伝子を特異的にPCR増幅，大腸菌などを用いたクローニング，各クローンの16S rRNA遺伝子の塩基配列の決定，16S rRNA遺伝子ライブラリーの作成を行うことにより，存在する微生物の同定と多様性評価を行う。その結果に

---

　*　Satoshi Okabe　北海道大学　大学院工学研究科　環境創生工学専攻　教授

基づき，標的とする微生物のグループ，属，種等のレベルで共通な 16S rRNA の塩基配列を特定し，特異的な蛍光色素で標識した DNA プローブを作成し，in situ ハイブリダイゼーション（Fluorescence in situ hybridization ; FISH）を行うことにより，標的とする微生物の特異的検出・定量，およびその空間的分布を解析することが可能となる。FISH 法は，目的とする細菌（群）を複合系試料中で検出・定量・追跡するためには，極めて強力なツールである。しかしながら，多様な微生物群集全体の時間的変動を長期間にわたってモニタリングするような研究では，FISH 法では多大な労力と時間を要するため，新たなハイスループットな解析技術が開発されている。さらに最近では，共生・複合微生物系や難培養微生物系などを含む様々な微生物群集のゲノム総体を，培養というプロセスを経ずに網羅的に解析を行うメタゲノム解析が進行している。

　これら分子生物学的同定・検出技術の発達によって，多くの未だ人為的に分離培養されたことがなくその機能も全く未知の細菌を含め，様々な微生物生態系における微生物群集構造に関する多くの情報が報告されるようになった。しかし，微生物群集の機能に関する情報は極めて少ない。分子系統学的情報より，未培養細菌の利用可能な基質（その細菌が持つ代謝機能）や生態学的役割をある程度推定可能となった。しかし，推論を証明するためには，やはり従来の培養に基づく活性試験や目的の細菌の分離・培養等が今日に至ってもなお極めて重要である。ここにも分子生物学的アプローチをフルに活用し，未培養細菌を分離・培養していく技術の確立が必要である。しかし，もしたとえ分離培養されたとしても，純粋培養系におけるその細菌の挙動は，必ずしも自然環境下（例えば，バイオフィルム内）における挙動を反映するとは限らない。それゆえに，多種多様な未培養細菌群の生態学的役割をより明らかにするためには，後述する微小電極技術や分子生物学的手法を併用し，得られた微生物または微生物群集構造と機能のデータを総合的に評価する必要がある。

3　微小空間での微生物群集機能解析技術

　微生物群集の機能解析手法は，群集構造解析手法ほど確立されていない。微生物群集の機能解析手法は，大きく 2 つの実験レベル，"群集レベル"と"細胞レベル"，に分けることができる。"群集レベル"の解析とは，バイオフィルムや嫌気性グラニュールなどの微生物生態系を対象とし，どんな反応がどれだけ速く起きているかなどを解析する場合であり，数十 μm から数 cm のオーダーである。一方，"細胞レベル"の解析とは，文字どおり個々の細菌に注目し代謝活性や微生物間相互作用などを解析する場合である。2 つの実験レベルにおいて，適切な解析手法を選定し効果的に組み合わせることが必要である。

第1章　微小空間における難培養微生物群集の構造と機能解析

4　群集レベルでの機能解析

　例えば，廃水処理に用いられるバイオフィルム等に代表される複合微生物生態系では，高密度に存在する微生物の代謝活性と物質の輸送律速のため，僅か数十 μm 隔てた空間においても生育環境が大きく異なる。図1に示すように，好気的環境下に存在する複合系バイオフィルムにおいては酸素の浸入深さは表層僅か数百 μm であり，これ以深は無酸素状態となる。酸素以外に NO_3^- や SO_4^{2-} が存在する場合は，バイオフィルムの鉛直（深さ）方向に，O_2，NO_3^-，SO_4^{2-} 等を電子受容体とした一連の呼吸活性がゾーン化する[40]。これら複雑な生育環境に対応した微生物生態系が構築される。ゆえに，バイオフィルム鉛直方向の細菌の菌体密度分布（生態学的構造）と活性（機能）分布を，*in situ* で直接測定することが必要不可欠となる。現在，群集レベルにおける機能解析技術として最も注目されているのが微小電極である。

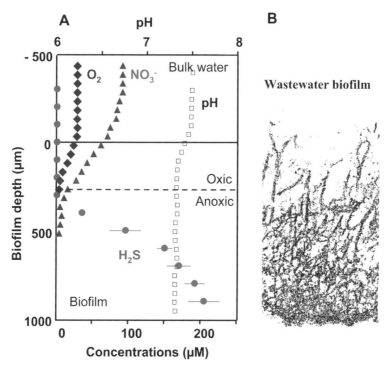

図1　(A) 微小電極で測定された廃水処理に用いられるバイオフィルム内のpH, O_2, NO_3^-, SO_4^{2-} 濃度分布
　　　わずか1,000 μm のバイオフィルム内で酸素呼吸，硝酸呼吸（脱窒），硫酸塩還元が生じている。
　　(B) バイオフィルムの鉛直断面図
　　　黒い部分がバイオマスで白い部分は間隙。バイオフィルム底層は密な構造を有し，表面に行くしたがいバイオマス密度は低くなっている。

5 微小電極

群集レベルの微生物機能を評価するためには,時間的・空間的分解能の高い機能の測定手法が要求される。近年,水質測定のための各種化学センサーやイオン選択性センシング素材の開発・応用が行われてきている。化学センサーは,①選択性が高い,②測定濃度範囲が広い,③応答時間が短い,等の特性を持つため汎用性が高く,医学,工学,生物学の分野において極めて広範囲に使用されている。微小電極はこれらのセンサーの感応部を数 μm から数十 μm 程度に縮小したものであり,その基本原理・構造は従来の化学センサーと同様である。いずれの電極もマイクロマニュピレーターを用いて試料鉛直方向に挿入することにより,微小電極の挿入による微生物生態系の撹乱を最小限度にとどめながら濃度分布を直接測定することができる。現在では O_2[23,48], O_2/N_2O[50], NH_4^+[16], NO_2^-[11], NO_3^-[15], pH[11,24,57,59], $HClO$[12,14], N_2O[3], NO_3^-/NO_2^-[28], グルコース[6], CH_4[8], H_2S[27], S^{2-}[51], CO_2[9,61], H_2[17], Ca^{2+}[2],光強度および蛍光強度[25],溶解性有機物[33],揮発性有機酸[31],温度[19],拡散速度および流速[10,54,60]等,多くの微小電極が開発されている。これらの微小電極の原理,作成方法,測定方法,適用例などの詳細に関しては,レビュー論文が発表されているのでそちらを参照されたい[4,13,26,49,51]。

6 微小電極の種類

これらの微小電極は測定原理に基づき以下の3通りに分けることができる。図2は,イオン選択性液膜(Liquid ion-exchanging membrane:LIX)を用いたイオン選択性微小電極とDOや H_2S 微小電極の基本原理・構造を示している。

6.1 ポーラログラフィー原理に基づく方法

O_2,H_2S,および H_2 微小電極は,この原理に基づいた電極である。白金またはこれに被膜した金の表面において,被測定対象物質が還元または酸化される際に発生する電流値より濃度が定量される。ポーラログラフィーは,比較電極に対して任意の電圧を滴下水銀電極に印可した際に流れる電流を測定する方法である。微小電極の場合,電極表面の面積は時間によらず一定であるので,物質に固有の限界電流が得られる一定電圧(例えば O_2 なら $-0.8\,V$)を印可しておくことで,物質の濃度に比例した限界電流が得られ,被測定対象物質(O_2)濃度を定量できる。

6.2 特定イオンを選択的に通過させる膜に生じた膜電位を測定する方法

NH_4^+,NO_2^-,NO_3^-,および pH 微小電極は,この原理に基づいた電極である。電極の先端

第1章 微小空間における難培養微生物群集の構造と機能解析

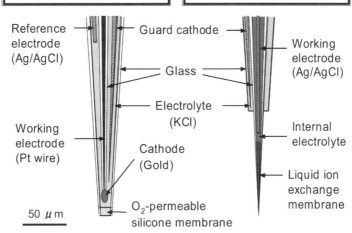

図2 ポーラログラフィー原理に基づく微小電極とイオン選択性液膜（LIX）を用いたイオン選択性微小電極の構造と基本原理

には有機性または固体のイオン選択性液膜（LIX）が，内部には電解質溶液が備えられている。膜は内部液や液体試料とは混じり合わない材質からなり，特定のイオンのみを選択的に透過させる。電極が測定対象イオンを含む液体試料に浸された場合，2つの水相間に電位差（起電力）が生ずる。この起電力を測定することにより，Nernstの式に基づき測定対象イオンの活量（すなわち濃度）を定量できる。

6.3 電極反応により生じた起電力を測定する方法

この他の測定原理に基づく微小電極として，先端に酵素を固定したグルコース微小電極などの酵素微小電極，先端に微生物を固定したNO_2^-，NO_3^-，CH_4微小電極などのバイオ微小電極がある。これら微小電極では被測定物質濃度に比例して生成および消費される物質（N_2OやO_2）を，上記の原理6.1，6.2に基づく微小電極により測定する。例えば，CH_4微小電極はO_2微小電極の先端に，O_2供給管およびメタン酸化細菌の培養管を備えた構造になっている（図3A）。細菌培養管の先端にはガス透過性膜が固定されている。細菌培養管にはCH_4酸化細菌（*Methylosinus trichosporium*（ATCC 49243））の集積培養液が入っている。試料中のCH_4はガス透過性膜を通過

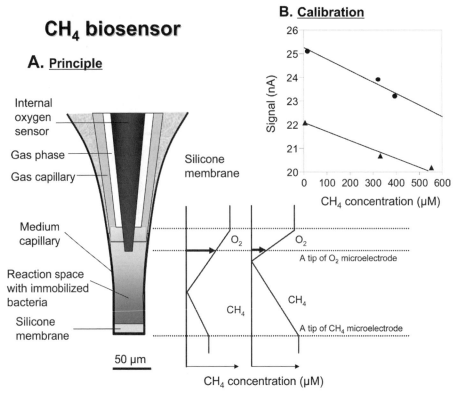

図3　(A) CH_4 微小電極（バイオセンサー）の構造と基本原理
　　　(B) CH_4 微小電極のキャリブレーション例

し培養管内に拡散する。培養管内では O_2 供給管から供給された O_2 を利用しメタン酸化細菌が CH_4 を酸化する。これに伴い減少した O_2 濃度が培養管内に固定された O_2 微小電極により測定される。CH_4 濃度の増加分は O_2 濃度の減少分と比例するため，試料中の CH_4 濃度を定量することが可能となる（図3B）。

7　濃度分布の解析

微小電極による測定は試料の前処理を必要としないので，測定した濃度分布よりある任意深さにおける微小空間内の微生物活性を求めることができ，FISH法で得られる微生物の空間分布と関連付けることができる。例えば，バイオフィルムと液本体の界面に存在する液境膜（濃度拡散層）内の濃度勾配から，Fickの拡散方程式に基づき，液境膜を通過する基質フラックス F（$\mu mol/m^2/h$）が求まる。

次に，バイオフィルム内の基質濃度分布は，単純に基質の分子拡散による輸送と生物化学的反

第1章 微小空間における難培養微生物群集の構造と機能解析

応のみにより決定され，定常状態が成立すると仮定される場合は，Fickの第二法則から，ある任意深さにおける単位体積当たりの正味の消費および生成速度R(μmol/m^3/h)を求めることができる[30]。基質消費速度(R)の取り扱いとして，Monod式，0次反応(Zero-order reaction)，および1次反応(First-order reaction)などに分類される。この式の解の誘導には，段階的微分法[13]や，近似的な解析解を誘導したり数値計算によって求めたりしている[34, 51, 53]。しかしながら，これらの計算は，基質濃度分布が正味の基質消費と分子拡散によってのみ決定され，定常状態が成立すると仮定できる場合にのみ適用できる。したがって，移流(advective flow)が無視できない環境や，基質の分子拡散係数や菌体密度が空間的に大きく変動するような試料では，計算値に大きな誤差を伴うことになるので注意が必要である。

8　微小電極の限界

　一般的に，微小電極の空間的解像度は先端径の約2倍と言われており，先端径が十数μmの微小電極の解像度は20〜50μmの範囲である。したがって，微小電極では個々の微生物("細胞レベル")の代謝活性を直接解析することはできない。また，バイオフィルム内で硝化細菌が形成するマイクロクラスター(集塊)の直径は20μm程度であり[42, 44]，微小電極では個々の硝化細菌マイクロクラスターの代謝活性を直接解析することも困難である。しかしながら，バイオフィルム，嫌気性グラニュールや底泥内などの空間的代謝活性は十分に測定可能である。微小電極で測定される基質濃度分布は，微生物による消費と生成からなる正味の濃度分布であり，ある微生物の真の消費(取り込み)もしくは生成を正確に測定しているとは言えない。さらに，バイオフィルムのように不均一な構造を有するサンプルでは，代表的なデータを得るためには数多くの異なるポイントにおける測定(鉛直方向の濃度分布)が必要となる[14]。微小電極の最大の問題点は，微小電極の作成や使用に関して，忍耐と高度な技術を要することである。このため，微小電極は限られた研究グループが使用している。さらに，微小電極の作成には多くの時間を必要とすることや，寿命も短く測定できる化学物質の種類にも限界がある。また，妨害物質の存在などにより微小電極の適用環境にも制限がある。海底や河底，および実廃水処理プラントなどへの適用は技術的には不可能ではないが，特殊装置の開発が必要となりコストも高くなる。このような問題点を解決できれば，新たな貴重な知見が得られると思われる。

9　微小電極を用いた解析例

　Revsbech et al. によって，1980年に微小電極を微生物生態学分野(海洋の底泥)に適用したパ

イオニア的研究成果が報告された。著者らも10年以上にわたり各種微小電極と分子生物学的手法を併用し、硝化細菌バイオフィルム[39]、廃水処理に用いられるバイオフィルム[41]、嫌気性アンモニア酸化細菌(Anammox細菌)バイオフィルム[22]、メタン発酵グラニュール[56]、干潟中のゴカイ巣穴[56]、などの微生物生態系における微生物群集構造と機能の解析を行ってきた。また、下水管のコンクリート腐食機構を解明する目的で、腐食の進行したコンクリート構造物表面のバイオフィルム内部の硫黄循環(硫酸塩還元反応と硫黄酸化反応についても解析した[45]。ここでは、16S rRNAアプローチと微小電極を併用した研究成果の例として、嫌気性アンモニア酸化(Anammox)細菌バイオフィルムとメタン発酵グラニュールの生態学的構造と機能について以下に解説する。

10 Anammox細菌バイオフィルム

　嫌気性アンモニア酸化(Anammox)細菌は、難培養性の絶対嫌気独立栄養性細菌であり増殖速度が極めて遅く、未だに分離培養株が得られていない。著者の研究室で集積培養に成功したバイオフィルムリアクターからバイオマスを採取し、DNAを抽出後、16S rRNA遺伝子に基づく系統解析を行った[22]。その結果、検出されたAnammox細菌のクローンは、これまでに報告されたCandidatus Brocadia anammoxidansに最も類縁であった(しかし、16S rRNA遺伝子の相同性は約95%)。このCandidatus Brocadia anammoxidansに類縁なAnammox細菌のバイオフィルム内における空間分布をAnammox細菌に特異的なDNAプローブ(Amx820)を用いてFISH法により解析した(図4A, 4B)に示す。バイオフィルム表層部において全細菌の90%以上をAnammox細菌が占めていた。また、バイオフィルム表層部には好気性アンモニア酸化細菌(Nitrosomonas spp.)が、Anammox細菌のマイクロクラスターを取り巻くように共存していた。これは、混入した微量の溶存酸素を用いてアンモニア酸化を行い、Anammox細菌に亜硝酸(NO_2^-)を供給するとともに、Anammox細菌を酸素阻害から保護していると解釈できる。バイオフィルム深さ方向にAnammox細菌の存在割合は減少し、Anammox細菌以外の真正細菌の割合が増加していた。これは、Anammox反応で生成される硝酸塩(NO_3^-)を電子受容体、Anammox細菌が放出する有機物を電子供与体とした、いわゆる従属性脱窒反応が生じている事を示唆するものである。

　図4Eは、微小電極を用いたバイオフィルム内のpH、NH_4^+とNO_2^-およびNO_3^-濃度分布である。バイオフィルム表面から0.6 mmの領域において、著しいNH_4^+とNO_2^-の減少及びNO_3^-の生成が確認され、活発なAnammox反応が生じていることが確認された(図4F)。また、0.6 mm以深においてNO_3^-の減少がみられた。これは、FISH法によって観察された未同定の真正細菌による従属性脱窒反応と思われる。以上の結果から、Anammoxバイオフィルム内では、表層で活発なAnammox反応が、深部で従属性脱窒反応が生じる複雑な窒素循環が存在することが明ら

第1章 微小空間における難培養微生物群集の構造と機能解析

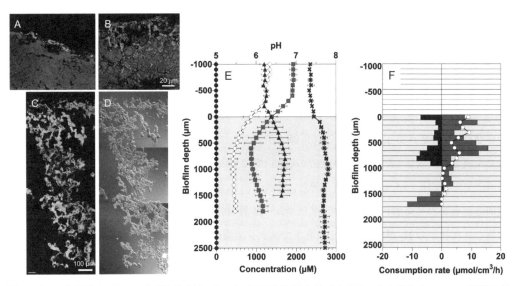

図4 (A, B) 蛍光 in situ ハイブリダイゼーション (FISH) 法によるバイオフィルム内の Anammox 細菌の空間分布

Candidatus Brocadia anammoxidans に近縁な Anammox 細菌 (赤：Amx820) と好気性アンモニア酸化細菌 (Nitrosomonas spp.) (緑：Nse1472)。バイオフィルム表層部において全細菌の 90% 以上を Anammox 細菌が占めていた。

(C, D) Anammox バイオフィルムの鉛直断面図

バイオフィルムは密に集積しているバイオマスと間隙から成る不均一な構造を有している。バイオフィルム表面は写真上部。

(E) 微小電極で測定されたバイオフィルム内の pH, O_2, NH_4^+, NO_2^-, NO_3^- 濃度分布

O_2 は検出限界以下であった。灰色の部分がバイオフィルム。

(F) 測定された濃度分布から, Fick の第二法則 (式 2) に基づいて求められた単位体積当たりの NH_4^+ と NO_2^- の消費速度, および, NO_3^- の生成速度[22]

かとなった。Anammox 細菌は分離培養が困難ではあるが, 16S rRNA アプローチと微小電極を用いることにより, バイオフィルム内における生理・生態学的知見を明らかにすることができた。

11 メタン発酵グラニュール[55]

異性化糖製造工程廃水を処理する UASB リアクターから採取したグラニュールを, 人工廃水で馴致したグラニュール内の微生物空間分布と H_2, および CH_4 濃度分布を測定した結果を示す (図5)。FISH の結果, グラニュールは, 表面には Chloroflexi と Betaproteobacteria が, 中程の層には Firmicutes が, 内部 (表面から約 300 μm) には酢酸資化性メタン生成古細菌が優占的に存在する層状構造を有していることが明らかとなった (図5A, 5B, 5C)。pH は培養液中では約 7.2

であったが,深さ 200 μm の地点では 7.0 に低下し,深部では再び増大した。H_2 は培養液中では検出されなかったが,深さ 100 μm の地点で最大(18 μM)となり,深さ 400 μm 以深では再び検出限界以下となった(図 5D)。CH_4 はグラニュール表面から中心に向かい増大した。これら濃度分布から単位体積当たりの水素生成速度 $R(H_2)$,および,メタン生成速度 $R(CH_4)$ を算出した(図 5E)。この結果から,酸生成反応は主に深さ 100 μm の地点で生じていること,H_2 は深さ 100 μm から 200 μm の地点で生成され,これ以深で消費されていること,CH_4 は主に深さ 400 μm の地点で生成され,表層(表面から 300 μm の範囲)では生成されなかったことが明らかとなった。この研究では,CH_4 バイオ微小電極を新たに作成し,H_2 微小電極と併用し,FISH による微生物の空間分布とあわせて解析した結果,グラニュール表層において,*Chloroflexi* と *Firmicutes* により複雑な有機物から H_2 が生成し,その直下でメタン生成が生じていることが明らかとなった。

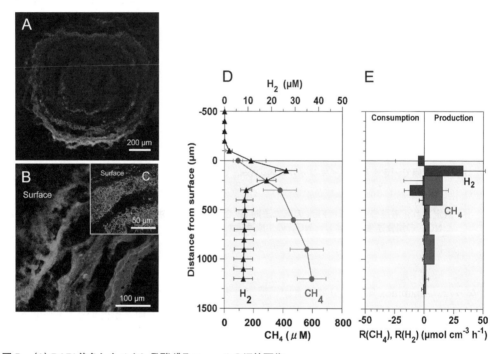

図 5 (A) DAPI 染色したメタン発酵グラニュールの切片画像

(B) 蛍光 *in situ* ハイブリダイゼーション(FISH)法によるメタン発酵グラニュール内のメタン生成古細菌と真正細菌の空間分布

真正細菌(緑:EUB338)とメタン生成古細菌(赤:ARC915)[55]。

(C) バイオフィルム表層部は特に GNSB-941 で検出される *Chloroflexi* が優占していた

(D) 微小電極で測定されたグラニュール内の H_2 と CH_4 の濃度分布

灰色の部分がグラニュール。

(E) 測定された濃度分布から,Fick の第二法則に基づいて求められた単位体積当たりの H_2 と CH_4 の生成および消費速度[55]

第 1 章　微小空間における難培養微生物群集の構造と機能解析

1.2　細胞レベルでの機能解析

　微小電極による基質濃度分布から求まる *in situ* 微生物活性分布と細菌空間分布および生理学的特性を関係づけて議論する場合，微小電極の空間的解像度（ca. 25 ～ 50 μm）は，FISH 法の解像度（シングル細胞レベル）と大きくかけ離れている。また，16S rRNA 遺伝子に基づく細菌の系統学的同定（FISH の結果）が，その細菌の *in situ* における生理学的特性（基質資化特性）を必ずしもあらわすとは限らない。さらに，純粋培養系における個々の微生物の生理学的機能は，必ずしも複雑な微生物生態系におけるそれを反映しない。そこで，近年，複合系微生物生態系内で，ある目的細菌の基質資化特性（代謝機能）を細胞レベルで解析するための方法として，マイクロオートラジオグラフィー（MAR；microautoradiography）と FISH 法を組み合わせた MAR-FISH 法が注目されている[42]。この方法は，FISH 法により目的とする細菌の特異的検出・同定を行うと同時に，放射性同位体元素標識の基質をトレーサーとしたマイクロオートラジオグラフィーにより，その細菌の基質資化特性の解析を細胞レベルで行うことが可能である極めて強力な機能解析ツールである。この方法は，1999 から 2000 年にかけて，MAR と FISH を組み合わせた方法（MAR-FISH, STAR-FISH, MICRO-FISH, Microautoradiography and FISH）として，異なる 4 つのグループから発表された[5, 18, 29, 46]。

1.3　MAR-FISH の手順

　図 6 に示すように，試料を採取した後，必要に応じて電子供与体として非放射性標識の基質を用いた前培養を行い，続いて放射性（RI）標識基質を用いた本培養を行う。前培養および本培養時間は試料および基質毎に実験により最適化する必要がある。培養後，試料をパラフォルムアルデヒド（最終濃度 4 ％）で固定，洗浄後，カバーガラス上に固定して，目的とする細菌に対して特異的な DNA プローブを用いて通常の方法で FISH を行い，その後，同一カバーガラス上で基質を資化した細菌をマイクロオートラジオグラフィーで検出する。FISH，MAR を施したカバーガラスは乾燥後，共焦点走査型レーザー顕微鏡を用いて観察する。マイクロオートラジオグラフィーにおいて細胞レベルで有機物の取込みを検出できる感度を得るために，前培養時間および本培養時間，基質濃度，トレーサー濃度，バイオマス濃度，乳剤膜への感光時間等，全てのパラメーターの最適化を図ることが極めて重要となる。著者らは，マイクロオートラジオグラフィーには，Liquid film emulsion（Amersham 社）を用いて行っている。露出時間は RI 基質の取り込み量に応じて 1 ～ 3 日程度に設定している。現像には Kodak D19 developer と 30 ％ チオ硫酸ナトリウムを Fixer として用いている。現像方法は，developer 3 分，蒸留水 1 分，Fixer 4 分，蒸留水 1 分，

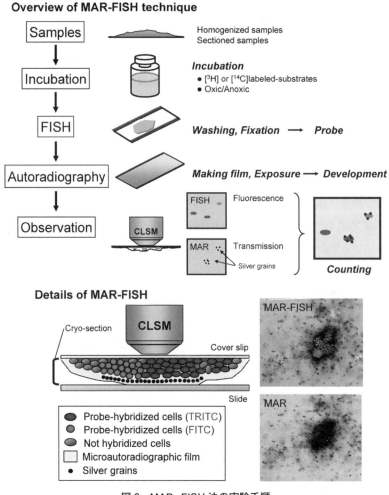

図6 MAR-FISH法の実験手順

水道水10分および蒸留水2分としている。

14 MAR-FISHの問題点

全ての元素にMAR-FISH法で使いやすいRIがあるわけでなく,使用できる元素の種類が限られている。主に,^{3}Hや^{14}Cが用いられているが,化合物中でRI標識される位置によって,資化特性に違いが生じるので注意が必要である。また,下水や底泥のように多くの基質が存在する環境では,外部から添加する放射性同位体標識基質は必ずしも *in situ* に存在する基質を反映しているとは限らない。また,培養時間の長期化にともなう基質のクロスフィーディングは,最も注意しなければならない問題であるので,適切な培養時間の設定が重要となる。さらに,培養時

第 1 章　微小空間における難培養微生物群集の構造と機能解析

間，放射性同位体標識基質濃度，菌体濃度，露光時間，など事前に検討すべき実験条件が多く，膨大な時間と労力を要する。当然のことではあるが，放射性同位体元素を使用するためある程度実験場所等の制限がある。しかし，これらの欠点を考慮しても MAR-FISH 法は，極めて強力な解析ツールであることは間違いない。MAR-FISH 以外にも，安定同位体基質を用いた分子系統学的同定・検出と基質利用特性を同時に解析する手法がある。その代表が Stable isotope probing（SIP）法（後述）である。

15　MAR-FISH を用いた解析例

各種放射性同位体元素標識の基質を用いた MAR-FISH 法により，活性汚泥フロック内の糸状性細菌 Thiothrix[35]，Type 0041 および TM7 グループ[58]，未分離の亜硝酸酸化細菌である Nitrospira 様細菌[7]，鉄還元細菌[36]，下水バイオフィルム内の硫酸塩還元細菌[20] および硝化細菌[21] に関する研究成果が報告されている。また，溶解性有機物（DOM）を利用する海洋微生物の分類[5,46]，海洋における Archaea の機能解析[47]，未分離の硫黄酸化細菌 Achromatium の基質利用特性[18] なども報告されている。さらに，MAR-FISH 法と CTC 法を組み合わせることにより，微生物の活性評価[37]や細胞レベルでの基質の取り込み速度を定量する定量 MAR-FISH[38] も開発され，膜分離活性汚泥法内における未分離 Chloroflexi の有機物利用特性の定量化がなされている[32]。MAR-FISH 法において，最大の欠点である基質のクロスフィーディングを逆に利用することにより，微生物間の生態学的相互作用を解析することも可能である。著者らは，まず $^{14}C-HCO_3^-$ を炭素源として硝化細菌バイオフィルムを培養し，硝化細菌を ^{14}C でラベルした。その後，硝化細菌が放出する ^{14}C 標識の溶解性微生物代謝産物（$^{14}C-SMP$）を MAR-FISH で追跡した。その結果，硝化細菌バイオフィルム内には系統学的に異なる様々な従属栄養性細菌が共存し，これらの従属栄養性細菌は硝化細菌が排出する SMP を利用することで有機物の蓄積を防ぎ，安定した微生物生態系を構築していることを明らかにした[21,43]。

16　おわりに

環境メタゲノミクスに代表されるように，微生物生態学研究は今，分子生物学的手法の発達により，微生物という生きている物体を対象とする研究から，遺伝子を標的とした遺伝子生態学の方向に流れていると思われる。しかしながら，様々な環境下にある自然生態系で微生物の果たす役割を正確に深く理解するためには，どのような微生物が，どこに，どのように，どれだけ存在し，どのような代謝活性を有しているか，可能な限り in situ（原位置）で測定することが重要で

ある。今後，さらに分子生物学的手法は発展し新たな新しいツールが開発されるであろう。"細胞レベル"や"群集レベル"さらには"生態系レベル"の適切な微生物群集構造と機能解析手法を効果的に組み合わせ，未踏の微生物生態系を切り開いていかなければならない。

文　　献

1) R. I. Amann, W. Ludwig and K.-H. Schleifer, *Microbiol. Rev.*, **59**, 143-169 (1995)
2) D. Amman, Ion-Selective Microelectrodes : Principles, Design and Applications. Heidelberg : Springer Verlag (1986)
3) K. Andersen, T. Kjaer and N. P. Revsbech, *Sensors Actuators B-Chemical*, **81**, 42-48 (2001)
4) J. Buffle and G. Horvai, In situ monitoring of aquatic systems : chemical analysis and speciation. New York : John Wiley (2000)
5) M. T. Cottrell and D. L. Kirchman, *Appl. Environ. Microbiol.*, **66**, 1692-1697 (2000)
6) C. C. H. Cronenberg, H. Van Groen, D. de Beer and J. C. van den Heuvel, *Anal. Chim. Acta*, **242**, 275-278 (1991)
7) H. Daims, J. L. Nielsen, P. H. Nielsen, K.-H. Schleifer and M. Wagner, *Appl. Environ. Microbiol.*, **67**, 5273-5284 (2001)
8) L. R. Damgaard and N. P. Revsbech, *Anal. Chem.*, **69**, 2262-2267 (1997)
9) D. de Beer, A. Glud, E. Epping and M. Kühl, *Limnol. Oceanogr.*, **42**, 1590-1600 (1997a)
10) D. de Beer and A. Schramm, *Wat. Sci. Tech.*, **39** (7), 173-178 (1999)
11) D. de Beer, A. Schramm, C. M. Santegoeds and M. Kühl, *Appl. Environ. Microbiol.*, **63**, 973-977 (1997b)
12) D. de Beer, R. Srinivasam and P. S. Stewart, *Appl. Environ. Microbiol.*, **60**, 4339-4344 (1994a)
13) D. de Beer and P. Stoodley, Microbial biofilms. In : M. Dworkin, S. Falkow, E. Rosenberg, K.-H. Schleifer, E. Stackebrandt, editors. The Prokaryotes : An Evolving Electronic Resource for the Microbiological Community. New York : Springer. p.267 (1999)
14) D. de Beer, P. Stoodley, Z. Lewandowski, *Biotech. Bioeng.*, **44**, 636-641 (1994b)
15) D. de Beer and J-P. R. A. Sweerts, *Anal. Chim. Acta*, **219**, 351-356 (1989)
16) D. de Beer and J. C. van den Heuvel, *Talanta*, **35**, 728-730 (1988)
17) A. Ebert and A. Brune, *Appl. Environ. Microbiol.*, **63**, 4039-4046 (1997)
18) N. D. Gray, R. Howarth, R. W. Pickup, J. G. Jones and I. M. Head, *Appl. Environ. Microbiol.*, **66**, 4518-4522 (2000)
19) G. Holst, M. Kühl, I. Klimant, G. Liebsch and O. Kohls, *SPIE Proc.*, **2980**, 164-171 (1997)
20) T. Ito, J. L. Nielsen, S. Okabe, Y. Watanabe and P. H. Nielsen, *Appl. Environ. Microbiol.*, **68**, 356-364 (2002a)
21) T. Kindaichi, T. Ito and S. Okabe, *Appl. Environ. Microbiol.*, **70** (3), 1641-1650 (2004)

第1章　微小空間における難培養微生物群集の構造と機能解析

22) T. Kindaichi, I. Tsushima, Y. Ogasawara, M. Shimokawa, N. Ozaki, H. Satoh and S. Okabe, *Appl. Environ. Microbiol.*, **73** (15), 4931-4939 (2007)
23) I. Klimant, V. Meyer and M. Kühl, *Limnol. Oceanogr.*, **40**, 1159-1165 (1995)
24) O. Kohls, I. Klimant, G. Holst and M. Kühl, *Proc. SPIE*, **2978**, 82-94 (1997)
25) M. Kühl, C. Lassen and B. B. Jørgensen, Optical properties of microbial mats : Light measurements with fiber-optic microprobes. In : L. J. Stal, P. Caumette, editors. Microbial Mats : Structure, Development and Environmental Significance. Berlin : Springer Verlag, p.149-167 (1994)
26) M. Kühl and N. P. Revsbech, Biogeochemical microsensors for boundary layer studies. In : B. P. Boudreau, B. B. Jørgensen, editors. The Benthic Boundary Layer. New York : Oxford University Press, p.180-210 (2001)
27) M. Kühl, C. Steuckart, G. Eickert and P. Jeroschewski, *Aquat. Microb. Ecol.*, **15**, 201-209 (1998)
28) L. H. Larsen, T. Kjaer and N. P. Revsbech, *Anal. Chem.*, **69**, 3527-3531 (1997)
29) N. Lee, P. H. Nielsen, K. H. Andersen, S. Juretschko, J. L. Nielsen, K.-H. Schleifer and M. Wagner, *Appl. Environ. Microbiol.*, **65**, 1289-1297 (1999)
30) J. Lorenzen, L. H. Larsen, T. Kjar and N. P. Revsbech, *Appl. Environ. Microbiol.*, **64**, 3264-3269 (1998)
31) R. L. Meyer, L. H. Larsen and N. P. Revsbech, *Appl. Environ. Microbiol.*, **68**, 1204-1210 (2002)
32) Y. Miura and S. Okabe, *Environ. Sci. Technol.*, **42** (19), 7380-7386 (2008)
33) F. Neudörfer and L.-A. Meyer-Reil, *Mar. Ecol. Prog. Ser.*, **147**, 295-300 (1997)
34) L. P. Nielsen, P. B. Christensen, N. P. Revsbech and J. Sorensen, *Microb. Ecol.*, **19**, 63-72 (1990)
35) P. H. Nielsen, M. A. de Muro and J. L. Nielsen, *Environ. Microbiol.*, **2**, 389-398 (2000)
36) J. L. Nielsen, S. Juretschko, M. Wagner and P. H. Nielsen, *Appl. Environ. Microbiol.*, **68**, 4629-4636 (2002)
37) J. L. Nielsen, M. A. de Muro and P. H. Nielsen, *Appl. Environ. Microbiol.*, **69**, 641-653 (2003a)
38) J. L. Nielsen, D. Christensen, M. Kloppenborg and P. H. Nielsen, *Environ. Microbiol.*, **5**, 202-211 (2003b)
39) S. Okabe, H. Satoh and Y. Watanabe, *Appl. Environ. Microbiol.*, **65**, 3182-3191 (1999a)
40) S. Okabe, T. Ito and H. Satoh, *Appl. Microbiol. Biotechnol.*, **63** (3), 322-334 (2003)
41) S. Okabe, T. Ito, H. Satoh and Y. Watanabe, *Appl. Environ. Microbiol.*, **65**, 5107-5116 (1999b)
42) S. Okabe, T. Kindaichi and T. Ito, *Microb. Environ.*, **19** (2), 83-98 (2004)
43) S. Okabe, T. Kindaichi and T. Ito, *Appl. Environ. Microbiol.*, **71** (7), 3987-3994 (2005)
44) S. Okabe, T. Kindaichi T. Ito and H. Satoh, *Biotech. Bioeng.*, **85** (1), 86-95 (2004)
45) S. Okabe, M. Odagiri, T. Ito and H. Satoh, *Appl. Environ. Microbiol.*, **73** (3), 971-980 (2007)
46) C. C. Ouverney and J. A. Fuhrman, *Appl. Environ. Microbiol.*, **65**, 1746-1752 (1999)
47) C. C. Ouverney and J. A. Fuhrman, *Appl. Environ. Microbiol.*, **66**, 4829-4833 (2000)
48) N. P. Revsbech, *Limnol. Oceanogr.*, **34**, 474-478 (1989)
49) N. P. Revsbech, Analysis of microbial mats by use of electrochemical microsensors : recent

advances. In : L. J. Stal, P. Caumette editors. Microbial Mats : Structure, Development and Environmental Significance. New York : Springer, p.149-163 (1994)

50) N. P. Revsbech, P. B. Christensen, L. P. Nielsen and J. Sørensen, *Appl. Environ. Microbiol.*, **54**, 2245-2249 (1988)

51) N. P. Revsbech and B. B. Jørgensen, Microelectrodes : their use in microbial ecology. In : K. C. Marshall editor. Advances in Microbial Ecology. New York : Plenum, p.293-352 (1986)

52) N. P. Revsbech, B. B. Jørgensen and T. H. Blackburn, *Science*, **207**, 1355-1356 (1980)

53) N. P. Revsbech, B. Madsen and B. B. Jørgensen, *Limnol. Oceanogr.*, **31**, 293-304 (1986)

54) N. P. Revsbech, L. P. Nielsen and N. B. Ramsing, *Limnol. Oceanogr.*, **43**, 986-992 (1998)

55) H. Satoh, Y. Miura, I. Tsushima and S. Okabe, *Appl. Environ. Microbiol.*, **73** (22), 7300-7307 (2007)

56) H. Satoh, Y. Nakamura and S. Okabe, *Appl. Environ. Microbiol.*, **73** (4), 3987-3994 (2007)

57) R. C. Thomas, Ion-sensitive intracellular microelectrodes, How to make and use them. London : Academic Press (1978)

58) T. R. Thomsen, B. V. Kjellerup, J. L. Nielsen, P. Hugenholtz and P. H. Nielsen, *Environ. Microbiol.*, **4**, 383-391 (2002)

59) P. van Houdt, Z. Lewandowski and B. Little, *Biotech. Bioeng.*, **40**, 601-608 (1992)

60) F. Xia, H. Beyenal and Z. Lewandowski, *Wat. Res.*, **32**, 3631-3636 (1998)

61) P. Zhao and W.-J. Cai, *Anal. Chem.*, **69**, 5052-5058 (1997)

第2章　生細胞内 RNA 検出のための化学反応プローブ

古川和寛[*1], 阿部　洋[*2], 伊藤嘉浩[*3], 常田　聡[*4]

1　はじめに

　環境中の微生物は，有用微生物・有用な酵素（タンパク質・遺伝子）・有用な化合物のソースとして非常に重要であり，様々な可能性を秘めている宝の山であるといえる。しかし現状の技術では地球上の99％以上の微生物は分離培養が不可能であり，効率的に活用できていない。これに対し，近年発展してきた PCR 法やクローニング法による塩基配列情報の取得に代表される分子生態学的な手法により，リボソーマル RNA（rRNA）遺伝子やメッセンジャー RNA（mRNA）のデータベースが膨れ上がってきている。これらの手法により，環境中には未培養の微生物がますます多く存在することが明らかになってきた。ところが，これらのアプローチでは，細胞から核酸を抽出もしくは細胞を化学固定するなどして細胞を殺す必要があり，興味のある細胞を検出することはできても，検出した細胞を再利用（分離培養）することは不可能である。このように，我々は「欲しい微生物がそこに存在することは分かっているのに分離培養できないジレンマ」に苛まれているのが現状である。しかしながら，我々はこの過程で，「RNA 情報」という抜群の特異性を持つ「釣り針」を手に入れている。よって，これまでに蓄積された膨大な環境微生物の遺伝子データベースを利用し，RNA 情報を釣り針として微生物を生きたまま選別・分取することができれば，微生物学の進展において革新的な技術となりうる。本総説では，環境中の微生物を生きたまま回収する釣り針となりうる「化学反応プローブ」について，これまでの知見について微生物細胞を対象とした研究に限らず広く概説し，また我々が現在取り組んでいる課題についても紹介する。

---

*1　Kazuhiro Furukawa　早稲田大学　先進理工学研究科　生命医科学専攻　博士研究員；
　　　　　　　　　　　㈱理化学研究所　基幹研究所　伊藤ナノ医工学研究室　訪問研究員
*2　Hiroshi Abe　㈱理化学研究所　基幹研究所　伊藤ナノ医工学研究室　専任研究員
*3　Yoshihiro Ito　㈱理化学研究所　基幹研究所　伊藤ナノ医工学研究室　主任研究員
*4　Satoshi Tsuneda　早稲田大学　理工学術院　教授

2 Fluorescence *in situ* hybridization（FISH）法

これまでに用いられてきた難培養性微生物解析の代表的なものとして，細胞内のRNAを検出するための，Fluorescence *in situ* hybridization（FISH）法がある[1]。プローブには，標的RNAに相補的な蛍光基で修飾した20 mer程度のオリゴヌクレオチドを用いる。細胞をホルムアルデヒドなどで固定する過程で細胞は死ぬが，その後の実験処理による細胞構造の崩壊を防ぐことができる。次に，蛍光オリゴヌクレオチドプローブを細胞内に導入する。蛍光オリゴヌクレオチドプローブは，細胞内で標的RNAに特異的に結合するが，同時に高いバックグラウンド蛍光を発するため，余分なプローブを洗浄する必要がある（図1A）。この洗浄操作のために，細胞を固定し，膜透過処理する必要がある。rRNAを標的としたFISH法は，標的とする難培養性微生物の定量解析や，バイオフィルム内の空間的分布など，微生物生態学分野に多大な貢献をしてきた。しかしながら，FISH法は，細胞の固定・洗浄という過程を経るために，結果として生きている細胞内のRNAは検出できないという決定的な欠点がある。

3 蛍光共鳴エネルギー移動（FRET）を利用した生細胞内RNA検出

化学固定化した細胞を用いるFISH法に対し，生きたまま細胞内を観察しようとする取り組みが最近活発に研究されるようになってきている。生細胞内を観察するためには，FISH法のように洗浄ができないため，標的RNA特異的な蛍光シグナルのみを観測し，非特異的な蛍光シグナルを排除することが重要な課題になる（図1B）。この目的のために，標的RNA依存的に蛍光シ

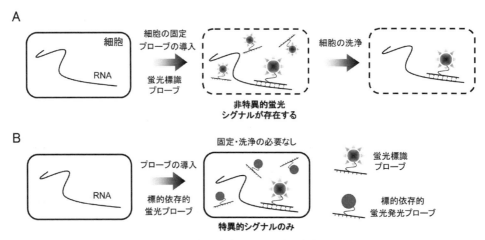

図1 死細胞検出（A）と生細胞検出（B）の違い

第 2 章 生細胞内 RNA 検出のための化学反応プローブ

グナルを発生するプローブがこれまで開発されてきている。これらプローブに共通していることは，蛍光共鳴エネルギー移動 (Fluorescence Resonance Energy Transfer ; FRET) 原理を基礎にしており，FRET プローブ，モレキュラービーコンプローブ (molecular beacon ; MB)，そして化学連結プローブなどがあげられる。これらの検出法は，各々バックグラウンド蛍光の排除の仕方に特徴がある。以下に各手法について紹介する。

3.1 FRET 法

FRET とは，ある波長で励起された蛍光分子の近傍に別の蛍光分子が存在し，それらの蛍光スペクトルと吸収スペクトルに重なりがある場合に，蛍光分子の励起エネルギーがもう片方の蛍光分子へ移動する現象である。この現象を利用し，2 本の DNA プローブにそれぞれ別の蛍光分子をラベルすることにより，標的 RNA 上でこれらの距離が縮まり，標的 RNA を検出することが可能である[2]（図 2A）。FRET は，RNA 検出のみならず，細胞内におけるタンパク質の局在[3]をはじめとして非常に多くの生物学研究に用いられている。

Tsuji らは BODIPY と Cy5 の FRET プローブを用いて生細胞内における *c-fos* mRNA のイメージングに成功した[4]。彼らは，DNA プローブが核内に急速に濃縮してしまう問題を回避するため，高分子量のアビジンをプローブに結合している。

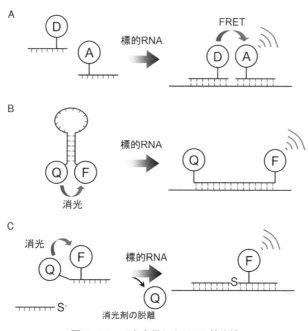

図 2 FRET を応用した RNA 検出法
(A) FRET 法, (B) モレキュラービーコン法, (C) 化学連結法

3.2 モレキュラービーコン(MB)法

MBとは，両末端に蛍光基と消光基を結合した，ステム―ループ構造を持つ1本鎖DNAである[5]。ループ部分は標的RNAに対して相補的となっており，ステム部分によって蛍光基と消光基が近傍に存在することにより，蛍光が消光している。しかし，標的RNAと結合することにより，ステムが開くことにより蛍光基と消光基の距離が遠ざかり，蛍光を発する(図2B)。

MBを用いた生細胞内RNA検出についても，いくつかの報告がある[6,7]。しかしながら，細胞内にMBを導入すると，細胞内の物質への非特異的な吸着や，細胞内ヌクレアーゼ等によるプローブ鎖の分解によってバックグラウンド蛍光を生じてしまうといった問題がある。そこで，Santangeloらは，標的RNAに対して隣り合う2本のMBを設計し，これらが標的RNA上でFRETを起こすシステムを開発し，バックグラウンドを下げることに成功し，ヒト生細胞内の*K-ras* mRNAおよび*survivin* mRNAを検出した[8]。Chenらは，これらのバックグラウンド蛍光が核内のみで生じ，細胞質ではほとんど生じないことを見い出し，MBと量子ドットをコンジュゲートすることにより，MBの核内への侵入を防ぐことによってバックグラウンドを飛躍的に低減することに成功した[9]。

3.3 化学連結法

近年，標的核酸をテンプレートとした化学反応により蛍光を発することによって標的RNAを検出する試みが，有機合成化学をバックボーンに持つ多くの研究者によってなされている[10~12]。しかし，これを生細胞内のRNA検出に応用したものは，Stanford大学のKoolらのグループによる報告のみである。彼らは，求核性官能基をもつプローブと，蛍光基と消光基を両方持つプローブを合成し，これらが標的RNAをテンプレートとして化学反応を起こすことにより消光基が脱離し，蛍光を発するシステムを開発した(図2C)。そして，このシステムを用いて，大腸菌細胞内のrRNAの検出に成功している[13]。また，4色の蛍光色素を用いたSNPのマルチカラー検出にも成功している[14]。

この方法とMB法との決定的な違いは，蛍光シグナルを蓄積できるか否かにある。MB法では，標的RNAに対して一過性のシグナルしか与えないのに対し，この方法では半永久的なシグナルを与える。したがって，DNA-RNAのハイブリダイゼーションが平衡化にあれば，プローブの鎖交換とそれに準ずる化学反応が触媒的に次々と起こり，結果として蛍光シグナルが蓄積する。この触媒的な化学反応の回転を有利に起こすため，脱離基としての消光剤とDNAプローブを繋ぐリンカーを最適化すると，最大で約100倍のシグナル増幅が可能となった[15]。さらに，このシステムとFRETを組み合わせることにより，バックグラウンドを低減し，さらに化学反応の回転によりシグナル増幅能を持つシステムとなった[16]。このシステムにより，ヒト生細胞内のβactin や GAPDH の mRNA をイメージングすることに成功している。さらに世界で初めてこれらのシグナルをフローサイトメトリーにより定量化することにも成功している。

4 蛍光発生分子を利用した生細胞内RNA検出法

　前節で紹介したMB法，テンプレート化学反応法は，消光基と蛍光剤の分子ペアを用いている。しかし，分子ペアを用いた消光率の最大値は98％程度であり，2％のバックグラウンド蛍光が存在することになる[17]。つまり，シグナル／バックグラウンド（S/B）比は，最大でも50倍となる。さらに，MB法においては，タンパク質への非特異的吸着，テンプレート化学反応法においては消光剤の加水分解等によるS/B比の減少が報告されている。プローブの更なる高感度化を達成するためには，新たな蛍光のon/offメカニズムが必要である。

　近年，生体内分子を検出できる新しい方法として，蛍光発生分子プローブが報告されている[18]。これらは，化学反応を引き金としてPET（光励起電子移動）原理や，吸収波長の変化に基づき蛍光発光が起こることを利用するものである。Naganoらは，一酸化窒素（NO）を検出標的として，これと反応して，トリアゾール環を形成することにより蛍光発光するジアミノフルオレセイン（DAF）を報告している[19,20]。また，Changらは，検出標的である過酸化水素（H_2O_2）と反応して，蛍光発光するフルオレセインのホウ素化誘導体を報告している[21]。これら分子の特徴は，一分子で蛍光シグナルのon/offが起こることにある。

　我々は，最近になって，このようなフルオロジェニック分子のメカニズムをRNA検出に適用することに成功した。還元を引き金として蛍光を発する蛍光分子のアジド誘導体を結合したDNAプローブと，還元剤を結合したDNAプローブを合成し，これらが標的RNA上で酸化還元反応を起こすことにより，標的RNAを認識できるシステム（Reduction-Triggered Fluorescence system；RETF）を開発した[22,23]。まず，ローダミンの片側のアミノ基をアジド基に変換したローダミン―アジド誘導体を合成した（図3A）。ローダミン―アジド誘導体は，還元剤と反応することによりアジドがアミンに還元され，共鳴構造が変化することにより吸収スペクトルが変化する。同時に，この反応によって還元前と比較して約2000倍の緑色蛍光を発したことから，従来法と比べ，S/B比の飛躍的な向上が達成できた。次に，ローダミン―アジド誘導体をDNAプローブに連結し，還元剤（トリフェニルホスフィン）を連結したDNAプローブと標的核酸上で反応させた（図4A）。その結果，標的核酸上での2つのプローブの化学反応に由来する蛍光シグナルが観察された。一方，標的核酸が存在しない場合においてはほとんど蛍光を発さないことから，本システムは優れたS/B比を持つことがわかった（図4B）[22]。また，ローダミン―アジド誘導体と同様のメカニズムで赤色蛍光を発する，ナフソローダミン―アジド誘導体を合成した（図3B）。ロー

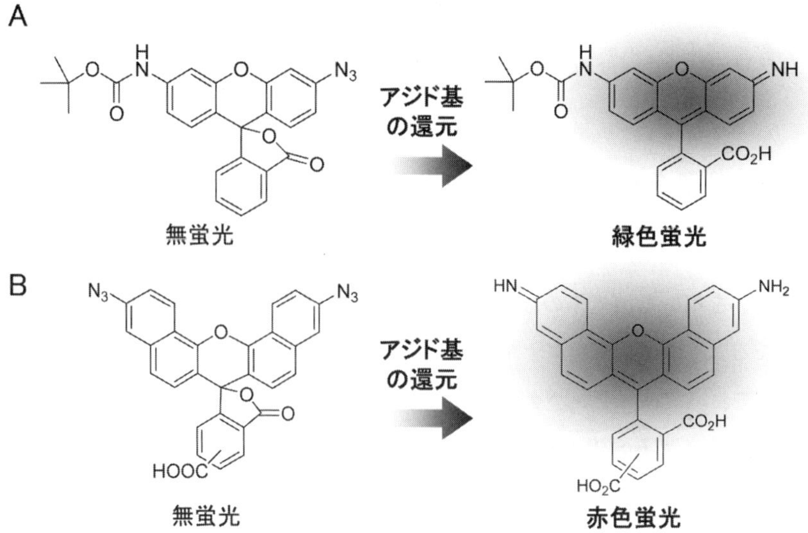

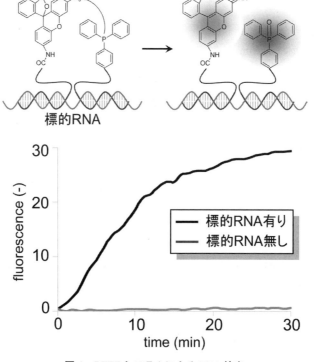

図3 筆者らが合成した各種蛍光発生化合物
(A) ローダミン—アジド誘導体，(B) ナフソローダミン—アジド誘導体

図4 RETFシステムによるRNA検出
(A) 標的RNA上での蛍光発生原理，(B) 標的RNA上における蛍光（励起490 nm，蛍光520 nm）の経時変化

第2章　生細胞内RNA検出のための化学反応プローブ

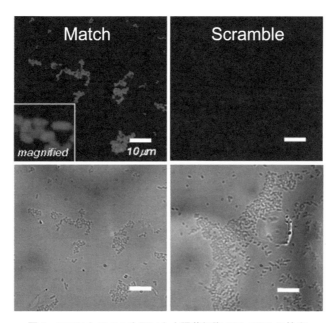

図5　RETFシステムを用いた大腸菌細胞23S rRNAの検出
完全相補鎖のプローブを用いたときのみ蛍光を発している。

ダミン―アジド誘導体と同様に，還元剤との反応で共鳴構造が変化することにより吸収スペクトルが変化し，還元前と比べて約550倍の赤色蛍光を発した[23]。このように，波長域の異なる2種類の蛍光発生分子の合成に成功し，異なる2種類の細胞，もしくは細胞内における2種類のRNA分子を同時に検出する可能性を示すことができた。

また，本システムが，細胞内で有効に機能するかどうかを検討するため，ホルムアルデヒド固定した大腸菌細胞内の23S rRNAの検出を試みた。プローブ配列の設計は，既往の研究[24]を参考に，アクセシビリティーの高い部位を選択した。実際に大腸菌細胞内にローダミン―アジド誘導体およびトリフェニルホスフィンを結合したプローブを導入したところ，完全相補鎖のプローブを用いた場合に強いシグナルが得られたのに対し，スクランブル配列のプローブについてはシグナルが得られなかったことから，本プローブは微生物細胞内においても有効に働くことがわかった（図5）。

さらに我々は，生細胞を検出可能なRETFシステムを用い，微生物生細胞内におけるRNAを蛍光検出し，このシグナルに基づいて，フローサイトメトリー・セルソーター（FACS）を用いて分離することを試みた（図6）。微生物2菌種を混合してこれをモデル複合系とし，FACSを用いて標的微生物のみを分離・濃縮することに成功した[25]。まずは，*Escherichia coli*, *Paracoccus denitrificans* それぞれに対し，*E. coli* の23S rRNAをターゲットとしたRETFプローブを低濃度

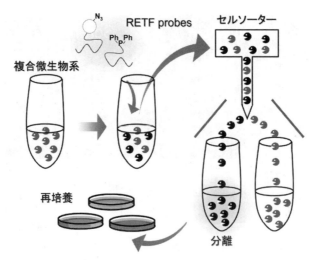

図6 RETFプローブを用いるRNA情報に基づいた微生物生細胞の分離

(0.01%)のSDSを用いて細胞内に導入し,フローサイトメトリーによって解析した。その結果, *E. coli* のみから特異的なシグナルを検出し,プローブの特異性が確認できた。次に, *E. coli* と *P. denitrificans* を1:1で混合したサンプルに対し, *E. coli* をターゲットとしたRETFプローブを適用し,FACSを用いて強いシグナルが得られた領域を分取した。これを再培養し,得られたコロニーをPCRで解析したところ,サンプルの95%以上が *E. coli* であることが確認できた。これより,本手法を用いることで,ターゲットの微生物をRNA配列に基づいて,高度に濃縮できることが示唆された。FACSを用いて,蛍光検出した微生物生細胞を選択的に分取したという報告は,微生物細胞はもとより他のいかなる細胞においても,これまでに皆無であり,これはRNA情報に基づく細胞分離技術の開発に成功した世界で初めての報告である。

5 まとめ

化学反応プローブを用いる生細胞内におけるRNAの検出技術は,現在のところ,細胞生物学などの基礎研究での応用が報告されているものの,微生物学においては,いまだ身近な技術とはなっていない。その大きな要因として,微生物細胞においては,生細胞へのプローブの導入方法が確立されていないことがあげられる。これまで我々は,RETFプローブと低濃度のSDSを共存させることによってプローブを導入しているが,多くの微生物細胞にとってマイルドな条件であるとは言い難い。また,環境中の微生物においては,凝集体をいかにマイルドに分散させるかといったことも問題となる。優れた蛍光プローブの開発とともに,こういった生細胞ならではの

第2章　生細胞内RNA検出のための化学反応プローブ

課題を1つ1つ克服していく必要がある。そして，分光学的技術の発展と両輪となって進むことも必要であり，両技術の融合により，微生物生態学に大きなブレイクスルーが生まれることを期待したい。

文　　献

1) R. I. Amann *et al.*, *Appl. Environ. Microbiol.*, **56**, 1919 (1990)
2) R. A. Cardullo *et al.*, *Proc. Natl. Acad. Sci. U S A*, **85**, 8790 (1988)
3) V. Calleja *et al.*, *Biochem. J.*, **372**, 33 (2003)
4) A. Tsuji *et al.*, *Biophys. J.*, **78**, 3260 (2000)
5) S. Tyagi and F. R. Kramer, *Nat. Biotechnol.*, **14**, 303 (1996)
6) T. Matsuo *et al.*, *Biochim. Biophys. Acta*, **1379**, 178 (1998)
7) D. L. Sokol *et al.*, *Proc. Natl. Acad. Sci. U S A*, **95**, 11538 (1998)
8) J. P. Santangero *et al.*, *Nucleic Acids Res.*, **32**, e57 (2004)
9) K. Antony *et al.*, *Nucleic Acids Res.*, **35**, e105 (2007)
10) J. Cai *et al.*, *J. Am. Chem. Soc.*, **126**, 16324 (2004)
11) T. N. Grossmann *et al.*, *J. Am. Chem. Soc.*, **128**, 15596 (2006)
12) B. A. Sparano *et al.*, *J. Am. Chem. Soc.*, **129**, 4785 (2007)
13) S. Sando and E. T. Kool, *J. Am. Chem. Soc.*, **124**, 2096 (2002)
14) S. Sando *et al.*, *J. Am. Chem. Soc.*, **126**, 1081 (2004)
15) H. Abe and E. T. Kool, *J. Am. Chem. Soc.*, **126**, 13980 (2004)
16) H. Abe and E. T. Kool, *Proc. Natl. Acad. Sci. U S A*, **103**, 263 (2006)
17) A. E. Salvatore *et al.*, *Nucleic Acids Res.*, **30**, e112 (2002)
18) 前田初男ほか，生物工学，**84**，169 (2006)
19) E. Sasaki *et al.*, *J. Am. Chem. Soc.*, **127**, 3684 (2005)
20) H. Kojima *et al.*, *Angew. Chem. Int. Ed.*, **38**, 3209 (1999)
21) E. W. Miller *et al.*, *Nat. Chem. Biol.*, **3**, 263 (2007)
22) H. Abe *et al.*, *Bioconjugate. Chem.*, **19**, 1219 (2008)
23) K. Furukawa *et al.*, *Org. Biomol. Chem.*, **7**, 671 (2009)
24) B. M. Fuchs *et al.*, *Appl. Environ. Microbiol.*, **67**, 961 (2001)
25) 古川和寛ほか，第61回日本生物工学会大会講演要旨集，p127，日本生物工学会 (2009)

第3章　Stable Isotope Probing 法とその応用

堀　知行＊

1　はじめに

　自然環境中に存在する微生物の多くが未培養であると判明してから20年以上が経過したが，この間，難培養微生物を解析する技術も目覚しい進歩を遂げている。16S rRNA遺伝子を標的としたクローン解析により，未培養なものを含む微生物群集の全体像が捉えられるようになった。DGGEやT-RFLPなどに代表される分子フィンガープリント法は，迅速かつ簡便に微生物群集の概観をつかみ，多数の環境サンプルを比較・特徴づけるのに活用されている。さらにFISH法により，微生物細胞の直接計数に加え，環境における微生物群の空間局在解析が可能となった。これらの分子生態学的手法を用い，さまざまな環境で微生物の「種類」や「分布」が明らかにされてきたが，未培養微生物の生態系における「代謝機能」は長い間未解明のままであった。この閉塞状況を打破したのが，2000年に発表されたStable Isotope Probing (SIP) 法である[1]。SIP法は，微生物による安定同位体基質の取り込みを追跡することで，未培養微生物の「系統」と「機能」を直接結びつける技術である。本手法は，安定同位体の扱いやすさ，多様な環境サンプルへの適用性，他の最新解析技術（メタゲノム解析法など）との融合性を利点として，爆発的な広がりを見せており，DGGEやFISHなどと並んで微生物生態学分野における基盤技術のひとつになりつつある。NCBIの提供する文献検索エンジンPubmedで"Stable Isotope Probing"をキーワードとして検索すると，第一報[1]以降，150以上の論文がヒットする（2009年10月現在）。中には本手法と関係のない論文もごく少数含まれるが，それでもSIP法のインパクトや広がりを垣間見るのには十分であろう。SIP法に関連するこれら全ての事柄を本章だけで紹介するのは困難であるため，興味のある方は現在まで報告されているレビュー[2~6]などを参照して頂きたい。本章では，これからSIP法を行おうとする方々も理解しやすいように，SIP法の原理や実施手順を解説し（第2節），実際の解析例をいくつか挙げる（第3節）。さらにここ数年におけるSIP法の技術的進展および応用を紹介し（第4節），最後に今後の展開について考察したい（第5節）。

＊　Tomoyuki Hori　㈱産業技術総合研究所　ゲノムファクトリー研究部門
　　日本学術振興会特別研究員

第 3 章　Stable Isotope Probing 法とその応用

2　Stable Isotope Probing 法の原理と実施手順

　SIP 法は，同位体追跡の対象とする細胞構成画分（DNA, RNA, PLFA, Protein）によって分類される。PLFA-SIP は，リン脂質脂肪酸を標的分子種として，核酸ベースの SIP 法が報告される以前に確立された技術である[7]。微生物細胞の同位体ラベルを高感度に検出することが可能であるものの，得られる系統学的情報は乏しく，好気性メタン酸化細菌などの特徴的なリン脂質脂肪酸をもつ一部の微生物群を除いて適用例は比較的少ない。また Protein-SIP は，2008 年に報告されたばかりの新しい手法であり，現在も技術改変が進んでいる[8]（本章第 4.2 項を参照）。そこで本節では，SIP 法における中核的技術とも言える核酸ベースの解析（DNA-SIP, RNA-SIP）を取り上げる。

　核酸ベースの SIP 法は，まず DNA へと適用された[1]。微生物による DNA 合成には細胞分裂が必要なため，SIP 法での検出に十分な ^{13}C 標識 DNA を得るためには，一般に多量の安定同位体基質や長期の培養時間を要する。そこで同位体標識された微生物の検出向上を目的とし，RNA を対象分子種とする方法（RNA-SIP）が開発された[9]。RNA-SIP は，微生物細胞の少量の同位体ラベルを高感度に検出する技法として，増殖は遅いが代謝活性の高い微生物群などの検出に利用されている。一方，DNA-SIP は，16S rRNA 遺伝子に加えて機能遺伝子による解析が可能であること，メタゲノム解析との融合が可能であることなどの強みを持ち，未だなお重要な解析法であることに変わりはない。

　SIP 法は，以下に示す 5 つの実験ステップからなる。(i) 環境サンプルに安定同位体（^{13}C など）で標識された基質を添加して一定期間培養し，サンプル内の微生物細胞を同位体標識する，(ii) 環境サンプルから核酸（DNA または RNA）を抽出する，(iii) 同位体ラベルされた核酸を密度勾配遠心により分離し，回収する，(iv) 核酸の各密度画分を分子フィンガープリント法により解析する，(v) 核酸の高密度画分を用いてクローン解析を行い，同位体を取り込んだ微生物を系統的に同定する。これらの行程の中に定量 PCR やマイクロアレイ解析などが組み込まれることもあるが，ここに示した 5 ステップを基本骨格と捉えてよいだろう。ここで，それぞれの実験行程における手順や注意点を簡潔に紹介する（第 2.1 〜 2.5 項）。より詳細な事項については，発表されているプロトコル[10,11]をご参照いただきたい。

2.1　安定同位体基質を用いた培養

　安定同位体基質による培養はフィールドまたはバイオリアクターなどの現場で行われることもあるが，ここでは試験管やバイアルを用いる一般的な培養実験について解説する。環境サンプルを採取し，実環境を模擬した条件下で同位体基質により培養する。添加する基質の濃度は，実環

境で観察されるものに近い値に設定する。対象とする物質が「実環境で蓄積は確認されないが代謝フローは大きい」と想定される場合，基質物質を低濃度で連続的に添加することが有効な手段となる[12]。実環境条件を無視した過剰な基質添加や長期間の培養は，検出に十分量の同位体ラベル核酸を取得できるが，特殊な集積培養条件下における微生物の物質代謝を見ているに過ぎず，決して勧められるものではない。非標識基質を用いた培養実験により，対象とする物質の経時的分解データを事前に取得した上で，安定同位体基質による本培養実験を設計・開始するのが望ましい。また安定同位体物質の変換速度や微生物による取り込み量を決定するには，Isotopic Ratio Mass Spectrometry (IRMS) 解析法を用いるのが良い。対照実験として非標識基質を用いる培養系を用意し，同位体基質による培養系と同様に以降の実験に供する。

2.2 核酸の抽出

安定同位体基質および非標識基質で培養した環境サンプルから適切な方法を用いて全核酸を抽出する。DNA-SIP では，抽出 DNA の中に RNA が混在していても大きな問題はない[10]。また本手法をメタゲノム解析の一次スクリーニングとして利用する場合 (本章第 4.3 項を参照) には，抽出過程でのゲノム DNA の損傷を最小限に抑える必要がある。RNA-SIP では，DNase 酵素処理により RNA を精製する。抽出した DNA や RNA は，アガロース電気泳動法または分光光度法により定量を行う。

2.3 密度勾配遠心と分画

DNA の密度分離のためには塩化セシウム (CsCl) を，RNA の分離にはセシウムトリフルオロ酢酸 (CsTFA) を用いる。核酸の適切な添加量は超遠心で用いるチューブ容量によって変わってくるが[10,11]，過剰量の添加は正常な密度勾配の形成を妨げるので注意されたい。適当量の DNA または RNA を勾配バッファと混合し，それぞれに CsCl または CsTFA を加える。この核酸混合溶液の初期密度は，超遠心での勾配形成に大きく影響するため，報告されている最適値[10,11]に合っていることを屈折計などで必ず確認する。密度を合わせた混合溶液を超遠心に供する。遠心条件として，DNA では $177,000 \times g$ で 36〜40 時間，RNA では $128,000 \times g$ で 42〜65 時間が推奨されている。得られた密度勾配をペリスタポンプによる水の注入により分画する。取得された核酸画分の密度を屈折計などで測定し，続いて画分内の DNA または RNA をそれぞれ PEG 沈殿またはイソプロパノール沈殿を用いて精製する。ここで，さらに定量 (RT-) PCR により各画分における核酸量を測定することで，対象とする微生物種の同位体標識程度を確認することが可能である[11]。DNA-SIP において UV 照射下で同位体ラベル核酸を直接回収する場合，CsCl・核酸混合溶液の調整時にエチジウムブロマイド (EtBr) を添加する。しかし周知のように，EtBr は毒性

第 3 章 Stable Isotope Probing 法とその応用

が強く取り扱いに厳重な注意が必要である．さらに UV 照射による回収では，同位体標識画分と非標識画分が明確に分かれていなければならず，僅かに同位体標識された DNA の回収が難しいという欠点もある．これらのことから，同位体ラベル DNA の採取にはペリスタポンプを用いる方法を勧める．

2.4 分子フィンガープリント解析

精製された各密度画分を（RT–）PCR を介した DGGE や T–RFLP などの分子フィンガープリント法によって解析する．RNA–SIP では主に 16S rRNA を対象とするが，DNA–SIP では rRNA 遺伝子に加えて機能遺伝子を扱うことができる．核酸の密度画分ごとの微生物群組成を解析し，密度が上昇するにつれ，いくつかのバンド（ピーク）が優占化していく（群集構造が変化していく）過程が観察されるか否かを確認する．高密度画分で特徴的なバンドが検出された場合，そのバンドに由来する微生物が安定同位体基質を取り込んでいると推定できる．ただし密度勾配の形成は，核酸の G＋C 含量などにも影響を受けていることを注意しなければならない．密度画分間で見られる群集構造の変化が同位体取り込みに依ることを証明するには，非標識基質を用いた対照実験系でそのような群集変化が見られないことを確かめる必要がある．また本行程において，高密度画分における（RT–）PCR 増幅が確認されただけで，核酸の同位体ラベルが得られたと勘違いする場合が多い．各密度画分には一定量の核酸がバックグランドとして含まれるため，（RT–）PCR のサイクル数を増やせば，原理的にはどの画分からも増幅産物が得られることを注意して頂きたい．

2.5 クローン解析

前項の DGGE や T–RFLP で見出された同位体の資化微生物を系統的に特徴づけるために，適切な密度画分を用いてクローン解析を行う．目的微生物の同定には，同位体実験系で特徴的なバンド（ピーク）の優占化が見られた高密度画分と対照実験系でそれに対応する密度画分の 2 つを解析するので基本的には十分であるが，さらに同位体実験系の低密度画分からもライブラリを構築する場合が多い．ここで取得されたクローンが，優占バンドと一致すれば，同位体を取り込んだ微生物由来であると判断してよい．ARB（http://www.arb-home.de）などのソフトウエアを用い系統樹を作製することで，得られたクローン配列の系統的特徴や基質資化に関わる代謝生理機構などを考察する．なお微生物による同位体取り込みの信頼性を確保するために，クローン解析と分子フィンガープリント解析で得られる結果の定性的かつ定量的な一貫性を示すことが求められる．また，特に好気性メタン酸化細菌などを対象とした研究では，マイクロアレイを用いて *pmoA* などの機能遺伝子を高密度画分から網羅的に検出する方法も頻繁に用いられている．

3 Stable Isotope Probing 法の適用例

　DNA-SIP が開発された当初は，C1 化合物（メタンなど）の安定同位体基質を用いて土壌や湖沼底泥などの環境サンプルを培養するのが主体であった。しかし，現在までに研究対象とされる安定同位体基質や環境サンプルはますます多様になってきている。これまでに利用されている安定同位体基質として，重炭酸，低級脂肪酸，長鎖脂肪酸，グルコース，ベンゼンなどの市販されている物質に加え，化学合成されたナフタレン，フェナントレン，ピレンや Acetobacter xylinum 培養で生合成されたセルロース，植物培養で生合成されたでんぷんなどが挙げられる。また培養の接種源も，海洋底泥やサンゴ礁堆積物，河川底泥，水田などの農耕地土壌，湿地土壌，汚染地下水，活性汚泥，嫌気消化汚泥，腸内細菌群など非常に多岐にわたる。それぞれの詳細については投稿論文やレビュー[2~6]をご覧頂きたい。本節では，SIP 法の最新の解析例として水田土壌における新規な鉄還元細菌群を RNA-SIP 法により同定した研究報告[13]を解説する（第3.1項）。本研究は，第2節で示した SIP 法の手順に基本的に即してあるため，実験ステップを確認しながら読んで頂くと理解しやすいと思う。さらに SIP 法の最も魅力ある活用術のひとつである「生物間食物連鎖の解析」について，最新の研究例をいくつか簡単に紹介したい（第3.2項）。

3.1　^{13}C-acetate Probing を用いた水田土壌における鉄還元細菌の同定[13]

　嫌気水田土壌において，鉄還元反応は最も重要な最終電子受容プロセスのひとつである。しかし，鉄還元細菌を特異的に検出するマーカー機能遺伝子の設定が困難なため，生態系でどのような微生物が鉄還元反応を担っているかについては全く分かっていなかった。本研究では，土壌環境に普遍的に存在する結晶性酸化鉄（Ferrihydrite と Goethite）の存在下において ^{13}C 酢酸を用いた RNA-SIP 法を適用することで，水田土壌で活躍する新規な鉄還元細菌群（Geobacter spp., Anaeromyxobacter spp., Betaproteobacteria 綱細菌）を同定した。

　水田に内在する硝酸や硫酸などの電子受容体を枯渇させた後，土壌サンプルに 2mM の ^{13}C 酢酸とその酸化反応に十分量の酸化鉄を添加し 72 時間嫌気的に培養した。ここで設定した基質濃度は耕作後に水田土壌で検出される値に相当し，培養時間も先行の SIP 研究と比べて短い。また「酢酸」という基質設定も重要である。酢酸は，CO_2 以外の電子受容体が不在の場合，その酸化が吸エルゴン反応となるため，酢酸資化性メタン生成以外の代謝反応には基本的には利用されない。このような背景のもと，ある微生物群（メタン生成菌以外）が鉄(III)の存在下で ^{13}C 酢酸を取り込んだ場合，それらは鉄還元能を有すると判断できる。まず初めに，添加した ^{13}C 酢酸の変換を追跡するために，HPLC による有機酸濃度の測定，GC によるガス発生量測定，GC-IRMS によるガスの ^{13}C atom ％の解析を行った（図1）。さらに土壌内の全鉄と鉄(II)の濃度をフェロジ

第3章　Stable Isotope Probing 法とその応用

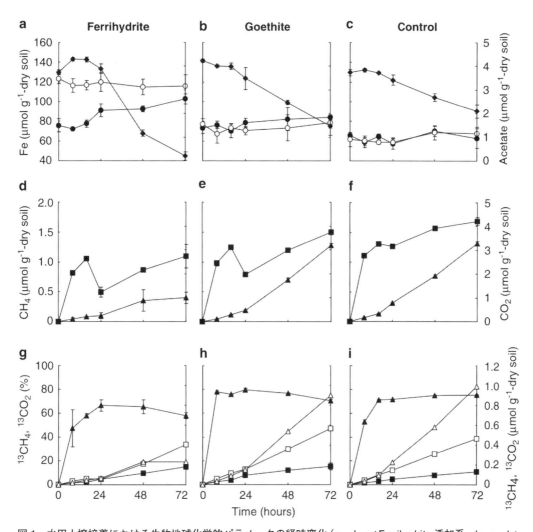

図1　水田土壌培養における生物地球化学的パラメータの経時変化 (a, d, g：Ferrihydrite 添加系, b, e, h：Goethite 添加系, c, f, i：無添加系)[13]

a–c：全鉄 (○), 第一鉄 (●), 酢酸 (◆), d–f：CH_4 (▲), CO_2 (■), g–h：CH_4 の ^{13}C atom% (▲), CO_2 の ^{13}C atom% (■), $^{13}CH_4$ (△), $^{13}CO_2$ (□) を示す.

ン法によって求めた (図1)。Ferrihydrite 添加系では, 化学量論に見合った酢酸酸化と鉄還元が観察され, 著しいメタンの発生量の減少が確認された。Goethite 添加系では, 鉄還元活性やメタン産生抑制は見られなかったものの, 無添加系 (対照実験系) と比べ, $^{13}CO_2$ の発生量が僅かに多く, 酢酸の分解速度も勝っていた。次に, 3つの実験系 (Ferrihydrite または Goethite 添加系, 無添加系) から抽出した RNA を密度勾配遠心に供し, それぞれの密度画分を RT-PCR を介した T-RFLP 法によって解析した (図2)。Ferrihydrite 添加系では, 細菌の高密度画分で 161 bp と 163 bp のピークが優占化し, 129 bp も僅かに検出された。Goethite 実験系では, 161 bp ピークは

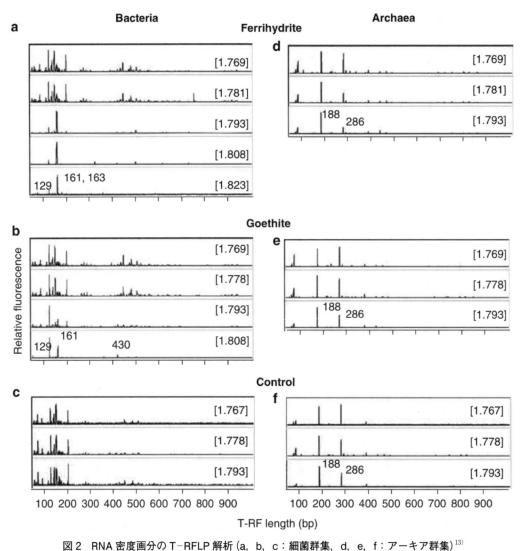

図2 RNA 密度画分の T-RFLP 解析（a, b, c：細菌群集，d, e, f：アーキア群集）[13]
a, d：Ferrihydrite 添加系，b, e：Goethite 添加系，c, f：無添加系を示す。角括弧の中の数値は，浮遊密度（g ml^{-1}）を表す。T-RF サイズ（bp）をプロファイル中に表示する。

検出されたものの，129 bp の占める割合が大きく増加し，さらに第三ピークとして 430 bp が得られた。細菌の高密度画分を対象としたクローン解析の結果，161 bp と 163 bp は *Geobacter* 属に，129 bp は *Anaeromyxobacter* 属に由来することが分かった。これらの微生物群は鉄還元細菌として知られているが，本実験で取得された配列は既知の分離株のものとは異なり，系統樹上で新しい分岐群を形成した。また Goethite 実験系のみで検出された 430 bp は，*Betaproteobacteria* 綱の未知の細菌群に属することが判明し，これらは結晶性酸化鉄の還元に関与する新しい細菌群であると考えられた。興味深いことに，添加した酸化鉄の種類によって特有の鉄還元細菌群が検出さ

第 3 章　Stable Isotope Probing 法とその応用

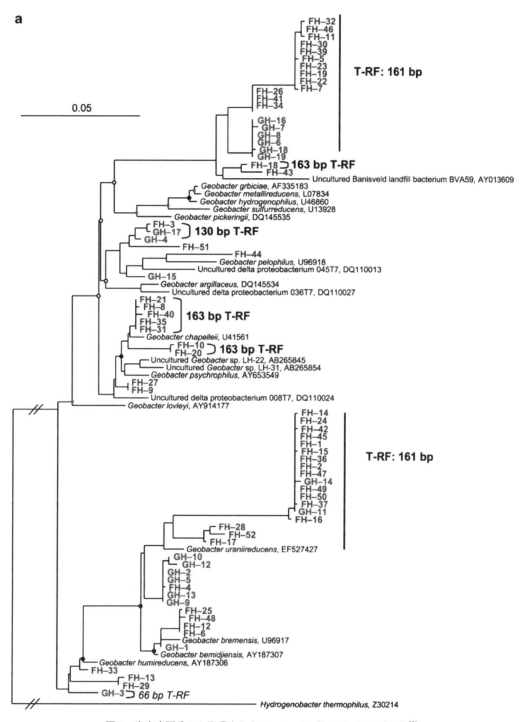

図 3　高密度画分から取得された *Geobacter* 属クローンの系統樹[13]

「FH-」、「GH-」の頭文字で始まるクローンは、それぞれ Ferrihydrite 添加系、Goethite 添加系の高密度画分から取得されたものである。クローンの推定される T-RF サイズ (bp) を系統樹中に表示する。

れており（図3；本研究で検出された *Geobacter* spp. の系統樹），結晶性酸化鉄の化学特性が異なる鉄還元細菌群を選択している可能性が強く示唆された。これらのことから，Ferrihydrite の還元には *Geobacter* spp. が中心的に関与していること，さらに結晶性のより高い Goethite の還元には *Anaeromyxobacter* spp. やこれまで鉄還元細菌と知られていなかった新規な *Betaproteobacteria* 綱細菌群もその役割を担っていることが明らかになった。

3.2 SIP 法を用いた生物間食物連鎖の解析

初期の SIP 解析では，長期間培養により添加した安定同位体基質が生物間を伝達し，対象とする基質物質の一次分解者が同定できないという問題がしばしば生じていた。しかし現在では，このクロスフィーディングの短所を長所に変え，安定同位体伝達を巧みに利用することで，生態系における生物間食物連鎖が解析されている。例えば，CH_4 と O_2 の空間的濃度勾配を再現した土壌培養チャンバーを用い，$^{13}CH_4$ がメタン酸化細菌から特定の原生動物に移行する様子が明らかにされた[14]。さらに ^{13}C 標識培養細胞を基質とした SIP 解析によって，土壌において *E. coli* 細胞の補食細菌・原生動物が[15]，海洋ではピコシアノバクテリアを補食する原生動物が[16]，河口環境では種々の細菌群を補食する *Bdellovibrio* 様細菌群が同定されている[17]。さらに SIP 法は植物—微生物間の代謝物質伝達にも適用されている。具体的には，$^{13}CO_2$ でイネを *in situ* 培養したところ，その植物由来 ^{13}C が根圏土壌のメタン生成アーキア Rice cluster I によって $^{13}CH_4$ へと変換される様子が示されている[18]。このように SIP 法は，基質資化微生物を直接的に突き止めるだけでなく，経時的解析や ^{13}C 標識細胞基質などを組み合わせて用いることにより，生物間食物連鎖を解明する重要なツールとして利用することができる。

4 Stable Isotope Probing 法の技術的進展と応用

SIP 法が開発されて以降，その技術的進展はとどまることなく，解析対象の幅を広げ，多くの環境における多様な微生物の代謝生理を明らかにしている。ここまでは，特に ^{13}C を用いた核酸ベースの SIP 法について詳しく紹介してきた。この中でも同位体ラベル微生物の検出感度向上のために，RNA の追跡[9]や核酸密度勾配の分画[19]，超遠心への ^{13}C キャリア DNA の導入[20]などが活用されている。最近では，窒素および酸素原子の安定同位体（^{15}N, ^{18}O）が SIP 法に適用され[21~23]，さらに微生物細胞ラベルの新たな追跡対象として Protein が用いられるようになった[8]。一方，SIP 法の魅力ある応用法として，他の解析技術との融合利用が挙げられる。特に DNA-SIP は，本書の最大トピックとなっているメタゲノム解析の一次スクリーニング技術として利用可能である[2,3]。本節では，重要な技術的進展である ^{15}N-SIP および ^{18}O-SIP（第4.1項），Pro-

第 3 章 Stable Isotope Probing 法とその応用

tein ベースの SIP 法 (第 4.2 項) を取り上げ，さらに SIP 法の応用法として DNA-SIP とメタゲノム解析の融合法を紹介する (第 4.3 項)。

4.1 ^{15}N-SIP と ^{18}O-SIP

核酸ベースの SIP 法では，^{13}C に加えて，ヌクレオチドの構成元素である N や O の安定同位体も原理的に利用できる。しかし，特に ^{15}N を対象とする場合，主要同位体核種である ^{14}N と質量数の違いが +1 (^{12}C と ^{13}C の関係と同様) であり，さらに核酸における N の占める割合が C に比べて小さいため (例：dAMP = $C_{10}H_{14}N_5O_6P$)，^{15}N で標識された核酸と非標識核酸との分離は，^{13}C の場合よりも困難になる。より厳密に言うと，^{15}N で標識された際の DNA 密度変化は約 $0.016\,\mathrm{g\,ml^{-1}}$ であり，^{13}C の場合の変化 (約 $0.036\,\mathrm{g\,ml^{-1}}$) に比べて小さい。一方，ゲノム DNA は，その G + C 含量により，$0.05\,\mathrm{g\,ml^{-1}}$ もの密度の違いを生じさせる。そのため，^{15}N-DNA-SIP を確立するためには，DNA の ^{15}N 取り込みとゲノム G + C 含量のもつれを紐解くことが必要不可欠であった。この困難を密度勾配遠心における技術的改変により見事に打開し，2007 年に ^{15}N-DNA-SIP 法が発表された[21]。ここでは，^{15}N ラベルされた DNA を分離・濃縮するために，2 回の密度勾配遠心を行っている。特に，2 度目の超遠心において G + C 含量依存的に DNA に結合してその浮遊密度を変える挿入剤 Bis-benzimide を用いることで，^{15}N 標識 DNA と高 G + C 含量の非標識 DNA の分離に成功した。同研究グループは，この技術開発に続き，^{15}N$_2$ を基質とした DNA-SIP 法を土壌環境に適用することで，新規な窒素固定細菌を発見している[22]。さらに最近では，^{15}N-SIP 法は多様な窒素化合物 (^{15}N 標識されたアンモニウム，硝酸，尿素，グルタミン酸など) に適用され，*Synechococcus* や珪藻を含む海洋微生物群集内における N サイクルが明らかにされている[24]。

DNA-SIP 法は，酸素安定同位体である ^{18}O へも拡大している。2007 年には，$H_2{}^{18}O$ を基質として用い，*E. coli* または土壌環境サンプルを培養することで，^{18}O 標識された DNA の取得・分離に成功した[23]。その後の報告例は見られないが，本技術によって自然環境における水分含量と微生物代謝活性の関係を調べることが可能になると期待される。

4.2 Protein-SIP

SIP 法における同位体ラベルの追跡対象は PLFA から DNA，RNA へと広がっていったが，2008 年には新たな細胞画分であるタンパク質 (Protein) がその一員として加わった[8]。Protein-SIP では，^{13}C 標識基質または非標識基質で培養した微生物細胞からタンパク質を抽出し，二次元電気泳動へと供した後，切り出したスポットに対して MALDI-MS によるペプチド質量フィンガープリント解析，さらに MS-MS 解析を行うことで，標的タンパク質の ^{13}C ラベルをペプチド

およびアミノ酸レベルで同定する。本手法における ^{13}C 標識の検出限界は，1〜2atom％である。核酸ベースのSIP法では，密度勾配遠心分離に少なくとも30atom％の ^{13}C ラベルが必要なのを考えると，Protein-SIPがいかに高感度な同位体ラベル検出法であるかが伺える。この手法を確立するために，硝酸還元条件下でトルエン分解能を持つ *Aromatoleum aromaticum* EBN1株とグルコン酸分解微生物群集UFZ-1の共培養系が用いられた（EBN1株はグルコン酸を利用できず，UFZ-1集積培養系はトルエンを資化することができない）。$^{13}C_7$-トルエン／非標識グルコン酸塩，または非標識トルエン／非標識グルコン酸塩という2通りの基質の組み合わせを採用し，^{13}C-トルエンを用いた培養系において，EBN1株由来のタンパク質特異的に ^{13}C が取り込まれることを確認した[8]。さらに同じ研究チームにより，ベンゼン分解細菌 *Pseudomonas putida* ML2株の純粋培養系に対して，^{13}C-ベンゼンおよび ^{15}N-アンモニウムを基質として用いた時のタンパク質への同位体取り込みが明らかにされている[25]。さらに現在では，本技術は二次元電気泳動だけでなく，無傷タンパク質プロファイリング（Intact Protein Profiling；IPP）やショットガン質量マッピング（Shotgun Mass Mapping；SMM）にも適用され，それらの有効性が証明されつつある[26]。Protein-SIPが実際の自然環境における微生物群集解析に用いられた例はまだ無いが，本手法は未培養微生物の「系統」と「機能」を直接結びつけ，さらに ^{13}C-タンパク質発現からその「基質代謝機構」を同定する強力なツールとして今後ますます拡大していくと予想される。

4.3 DNA-SIPとメタゲノム解析の融合法

DNA-SIP法では，安定同位体基質を取り込んで重くなったゲノムDNAをまるごと回収するため，16S rRNA遺伝子だけでなく，機能遺伝子も対象にできる。現在，このコンセプトは高密度DNA画分を用いたメタゲノム解析へとつながっている[2,3]。DNA-SIPで回収された重いゲノムDNAをBacterial Artificial Chromosome（BAC），FosmidやCosmidなどのラージインサートベクターへと導入し，全ゲノムショットガン法などによって塩基配列を決定する。このような手順を踏めば，着目した微生物代謝に対する機能メタゲノムライブラリを構築することが可能であり，メタゲノム解析でしばしば問題となる目的遺伝子取得のための膨大なスクリーニングを回避できる。またDNA-SIPとの融合法に限ったことではないが，塩基配列解析に次世代シーケンサーを用いることもできるため，これまでに比べて低コスト・短時間で，SIP由来メタゲノムDNAの解読が可能になると予想される。DNA-SIP・メタゲノム融合法の初めての発表[27]以来，メタゲノム解析に必要量の高密度DNAをどのように確保するかが問題となってきた。これまで，DNA-SIP解析の前に集積培養のステップを経ることで，目的とする機能微生物群（遺伝子群）を系内に濃縮する策がとられている[28,29]。しかし，この方法では低濃度の基質資化に適した酵素遺伝子群の取得は難しい。近年，Multiple Displacement Amplification（MDA）を組み合わせることで，

第 3 章　Stable Isotope Probing 法とその応用

ごく少量の高密度 DNA からメタゲノムライブラリを構築することに成功している[30, 31]。MDA において鋳型 DNA 不足によるバイアスやキメラ人工物の問題が完全には解決されていないものの，本手法によって，低濃度の同位体基質を用いた DNA-SIP 解析から十分量の同位体ラベル DNA を取得することが可能になり，実環境で実際に働いている未培養微生物群を対象としたメタゲノム解析への道が開けたことになる。少量 DNA からのゲノム解析についてはここでは詳しく述べないが，本書の第 13 章などを参照して頂きたい。

5　おわりに

　SIP 法が微生物生態学分野に導入されてから，約 10 年の月日が流れた。本手法は環境微生物の「系統」と「機能」を直接つなげるという極めて大きなインパクトを与え，その技術的進歩や応用・活用は未だとどまるところを知らない。ここ数年では，1 μm 以下の高解像度で安定同位体追跡を可能にする Nanometer-scale Secondary-Ion Mass Spectrometry (NanoSIMS) が導入され，微生物による同位体基質の取り込みをシングルセルレベルで高感度に検出することができるようになった[6]。FISH-NanoSIMS などと呼ばれるこの技術も，広義では Stable Isotope Probing と捉えられるだろう。NanoSIMS の適用は，微生物同位体ラベルの検出感度を格段に向上させ，さらに微生物群の空間局在と代謝機能の関係を次々と明らかにしつつある[32~34]。これまで紹介したように，安定同位体追跡に基づく微生物生態学的手法は，さまざまな学問領域の最新技術と融合しながら，今まさにその力を存分に発揮しようとしている。

　一方，同位体追跡技術の基盤である SIP 法を用いた研究は，これまで欧米を中心にして強力に押し進められてきたが，国内での広がりはいまひとつ鈍いようである。SIP 法の持つ魅力を本章だけで伝えきれたかどうかは甚だ疑問であるが，この文章を読み，あらたに SIP 法に挑戦しようという方がいれば，嬉しい限りである。DGGE や FISH などの微生物生態学分野の中核的技術と同様に，SIP 法がより身近な技術として普及することを願う。

　SIP という新しい技術の登場・進展によって，環境中で重要な役割を担う未培養微生物群の全貌が解明されつつある。今後は，分離・培養法や生理・生化学的手法，分子遺伝学的手法，ゲノム解析法などを駆使して，その未培養微生物群の重要性を形づくる分子メカニズムに迫ることが求められるだろう。自然生態系ではたらく微生物の研究は，まだ始まったばかりである。

文　献

1) S. Radajewski *et al.*, *Nature*, **403**, 646–649 (2000)
2) M. G. Dumont and J. C. Murrell, *Nat. Rev. Microbiol.*, **3**, 499–504 (2005)
3) M. W. Friedrich, *Curr. Opin. Biotechnol.*, **17**, 59–66 (2006)
4) A. S. Whiteley *et al.*, *Curr. Opin. Biotechnol.*, **17**, 67–71 (2006)
5) J. D. Neufeld *et al.*, *ISME J.*, **1**, 103–110 (2007)
6) V. J. Orphan, *Curr. Opin. Microbiol.*, **12**, 231–237 (2009)
7) J. T. Boschker *et al.*, *Nature*, **392**, 801–805 (1998)
8) N. Jehmlich *et al.*, *ISME J.*, **2**, 1122-1133 (2008)
9) M. Manefield *et al.*, *Appl. Environ. Microbiol.*, **68**, 5367–5373 (2002)
10) J. D. Neufeld *et al.*, *Nat. Protoc.*, **2**, 860–866 (2007)
11) A. S. Whiteley *et al.*, *Nat. Protoc.*, **2**, 838–844 (2007)
12) T. Hori *et al.*, *Appl. Environ. Microbiol.*, **73**, 101–109 (2007)
13) T. Hori *et al.*, *ISME J.*, doi:10.1038/ismej.2009.100.
14) J. Murase and P. Frenzel, *Environ. Microbiol.*, **9**, 3025–3034 (2007)
15) T. Lueders *et al.*, *Appl. Environ. Microbiol.*, **72**, 5342–5348 (2006)
16) J. Frias-Lopez *et al.*, *Environ. Microbiol.*, **11**, 512–525 (2009)
17) A. Chauhan *et al.*, *Proc. Natl. Acad. Sci. USA*, **106**, 4301–4306 (2009)
18) Y. Lu and R. Conrad, *Science*, **309**, 1088–1090 (2005)
19) T. Lueders *et al.*, *Environ. Microbiol.*, **6**, 73–78 (2004)
20) E. Gallagher *et al.*, *Appl. Environ. Microbiol.*, **71**, 5192–5196 (2005)
21) D. H. Buckley *et al.*, *Appl. Environ. Microbiol.*, **73**, 3189–3195 (2007)
22) D. H. Buckley *et al.*, *Appl. Environ. Microbiol.*, **73**, 3196–3204 (2007)
23) E. Schwartz, *Appl. Environ. Microbiol.*, **73**, 2541–2546 (2007)
24) B. Wawrik *et al.*, *Appl. Environ. Microbiol.*, **75**, 6662–6670 (2009)
25) N. Jehmlich *et al.*, *Rapid Commun. Mass Spectrom.*, **22**, 2889–2897 (2008)
26) N. Jehmlich *et al.*, *Rapid Commun. Mass Spectrom.*, **23**, 1871–1878 (2009)
27) M. G. Dumont *et al.*, *Environ. Microbiol.*, **8**, 1240–1250 (2006)
28) M. G. Kalyuzhnaya *et al.*, *Nat. Biotechnol.*, **26**, 1029–1034 (2008)
29) W. J. Sul *et al.*, *Appl. Environ. Microbiol.*, **75**, 5501–5506 (2009)
30) J. D. Neufeld *et al.*, *Environ. Microbiol.*, **10**, 1526–1535 (2008)
31) Y. Chen *et al.*, *Environ. Microbiol.*, **10**, 2609–2622 (2008)
32) S. Behrens *et al.*, *Appl. Environ. Microbiol.*, **74**, 3143–3150 (2008)
33) T. Li *et al.*, *Environ. Microbiol.*, **10**, 580–588 (2008)
34) N. Musat *et al.*, *Proc. Natl. Acad. Sci. USA*, **105**, 17861–17866 (2008)

第4章 核酸に基づく複合微生物群中の特定微生物群の定量分析法

関口勇地[*]

1 はじめに

　未培養微生物，難培養微生物の解析を含む微生物生態学分野，微生物を活用した環境工学分野，発酵工学や食品・衛生検査，医療分野などにおいて，複合微生物群集に存在する特定微生物群の挙動を定量的に把握することが求められる場合がある。その際，微生物の持つ単純な形態情報のみに基づいた顕微鏡観察では，その挙動を正確に解析することはできない。また，培養できない，あるいは難培養微生物群を定量する場合，培養に基づく定量法も使用できない。そのため，特定微生物群の定量分析を技術的にいかに可能にするかが各分野において解決すべき重要な課題の一つであった。近年の分子生物学の進展により，核酸を標的とした微生物定量法が開発，利用されるようになり，本課題に関してようやく正確な回答が得られるようになりつつある。核酸を標的とした定量技術は，定量性や簡便性，コスト面やスループット性などの面でさらなる改良の余地があるため，これまで様々な技術開発が進行している。本章では，核酸を標的とした微生物定量技術に関してその概要を述べると共に，最近開発された定量技術，特に新しい定量的核酸増幅法，HOPE (hierarchical oligonucleotide primer extension) 法，配列特異的 rRNA 切断 (sequence-specific rRNA cleavage) 法の詳細を紹介する。

2 核酸を対象とした微生物の定量法：定量的核酸増幅法

　1980年代より現在まで，環境微生物学分野において最も重要な技術革新の一つは核酸を標的とした分子生物学的な微生物解析技術の開発である[1]。よく知られているように，従来使用されていた培養を介した方法では培養できる微生物しか対象にできないなど，その方法に付随する様々なバイアスにより微生物群集の真の姿を正確に捉えられないという問題があった。この技術革新は，微生物の遺伝的多様性，微生物の環境中での分布や機能といった観点で，これまでの知見を大きく覆すほどのインパクトを環境微生物学分野にもたらした[1]。これまで，微生物群集構造やその機能の解析のための多彩な分子生物学的技術が開発されており，通常のPCRに基づい

---

[*] Yuji Sekiguchi　�独産業技術総合研究所　生物機能工学研究部門　研究グループ長

た検出法，微生物細胞内の標的核酸分子の in situ 検出から，DNAマイクロアレイや微小流路を利用した方法，様々な"-omics"解析法など，多岐にわたる解析技術が開発，提供されている。それぞれの方法が異なるレベルの特異性，解析の解像度やスループット性を有しており，解析する対象とその目的に応じ適切な方法を選択する必要がある。本章においてその解析技術の全てを解説することはできないが，より包括的な微生物相解析技術に関しては他章，あるいは拙著などを参照されたい[1〜3]。本章では特に，核酸に基づく特定微生物群の新しい定量分析法に焦点を当てたい。

一般に，定量分析法に関する定量性の評価項目としては以下の8点に集約することができる[4]。すなわち，①特異性(specificity)，②真度(trueness)，③精度(precision)，④検出限界(detection limit)，⑤直線性(linearity)，⑥範囲(range)，⑦頑健性(robustness)，⑧分析法間比較同等性(commutability)である。①特異性とは，共存する類似分子が存在する中で対象とする分子のみを正確に測定する能力であり，核酸検出においては標的核酸分子とそれ以外の配列を持つ核酸分子をきちんと識別できるかどうかという点が重要となる。②真度は，測定結果と測定対象の真の値との間の一致の度合を指し，③精度は，繰り返し測定を行った際の測定結果のばらつきの(低さの)度合を意味する。④検出限界は測定対象分子を検出する際の最低量を指し，定量限界の場合は適切な真度と精度を保って定量できる測定対象分子の最低量を意味する。⑤直線性は，一定の範囲内で測定対象分子の物質量と測定結果が直線関係で表される能力の度合であり，⑥範囲は，適切な真度，精度，直線性を与える測定対象分子の濃度の上限および下限を意味する。⑦頑健性は，測定の条件が変動した場合に測定値が影響を受けにくい度合を意味し，例えばPCRにおける阻害物質の混入の影響などもこの要素に影響を及ぼすものと考えられる。⑧分析法間比較同等性は，得られた測定値に関して，同一試料を他の(基準となる)方法で測定した結果と比較した場合の測定値の同等性を意味する。これらの定量性の指標以外にも，⑨簡便性，⑩コスト性，⑪スループット性，⑫迅速性なども，計測の実施上重要な要素となるであろう。

核酸を対象として特定の微生物分類群を検出，定量する際には様々な遺伝子が利用されるが，最も一般的な方法はrRNAもしくはその遺伝子を検出,定量する方法である。rRNA遺伝子(DNA)を標的とした場合，上記の定量性に関する評価項目をかたより無く満たす最も信頼性の高い方法は，定量的PCR法を利用して特定のrRNA遺伝子を増幅，定量する方法であろう。各微生物分類群を標的とするプライマー配列やPCR条件等の反応条件はこれまで多数報告されている。一般的にはリアルタイム定量PCRシステムによる定量が行われており，この方法がrRNA遺伝子の定量法として基準的な方法であると言っても良いと思われる。本手法は，特異性も高く，十分に精製された純度の高いDNAを試料として用いれば，真度，精度，検出限界，直線性，範囲とも他の方法と比較して高い能力を示すと考えられている。しかしながら，一般的なリアルタイム

第4章　核酸に基づく複合微生物群中の特定微生物群の定量分析法

　定量PCR法は，ポリメラーゼの活性を阻害する物質（フミン質など）が反応系に混入すると測定値を過小評価する傾向があることが知られている[1]。また，簡便性，コスト性，スループット性や迅速性などの点で改善の余地がある方法である。そのため，リアルタイム定量PCR法以外の定量的核酸増幅法も多数報告があり，定量性に関する評価項目をリアルタイム定量PCR法と同等としながら，より簡便なものや[5]，迅速性や低コスト性をうたったもの[6]，あるいは増幅時に混入する阻害剤に対して強く頑健性の高いシステムなどが開発されている[7,8]。一例を挙げると，競合的PCR法の原理を利用し，簡便にエンドポイント計測（リアルタイム定量PCR法のように，核酸増幅中リアルタイムで蛍光検出する必要は無く，反応終了後蛍光輝度を測定）で定量を行うABC-PCR（Alternately Binding Probe Competitive PCR）法が開発されている[7,8]。本手法は競合的PCR法の原理に基づいているため，PCRを阻害する物質の混入の影響を受けにくく，エンドポイント測定のため簡便に定量が行えるという特徴を持つ。また，最近開発されたSMAP（Smart Amplification Process）法は，阻害剤に強いポリメラーゼを利用し頑健性を向上させ，プライマーと，プライマーと結合するDNA間のミスマッチ部位を識別して結合するミスマッチ結合タンパクを利用し特異性を向上させている[5]。また，等温反応で核酸増幅を行うことによって簡便性を向上させることに成功している。その結果，血液試料などでも核酸の精製の必要が無く，血液から直接反応を開始し30分程度で結果が得られるシステムを提供している。このような定量的PCR法に基づいた技術開発と環境微生物分野への応用も今後さらに進められていくであろう。

3　DNAを標的とした簡便な微生物定量法：HOPE法

　定量的核酸増幅法以外に，PCRなどの核酸増幅に寄らない方法の開発も別に進められている。そのような技術として，これまで複合微生物試料から抽出したDNAやRNAを利用したメンブレンハイブリダイゼーション法が利用されてきた[1]。また，同様の技術としてDNAマイクロアレイ法による特定遺伝子の網羅的な検出と定量もあげられる。核酸の指数関数的な増幅を伴わない定量方法の利点としては，以下の要素があげられる。通常，複合微生物群集に存在する特定微生物群の存在量を測定したい場合，微生物群集における存在比が定量（相対定量）できれば十分である場合が多い（例えば全バクテリア中の特定バクテリア種の割合など）。その場合，定量的核酸増幅法であれば，全バクテリア由来の16S rRNA遺伝子と特定バクテリア種由来16S rRNA遺伝子の二種類の遺伝子を別々に（絶対）定量し，その比を算出しなければならない。最近はマルチプレックスPCRなど，同時に二種類以上の標的を定量するためのシステムが提唱されているが，まだその増幅条件の検討など，煩雑な操作が必要である。核酸増幅法とは別の原理を利用して相対比を簡便に定量できれば，必ずしも定量的PCR法のように各遺伝子量をその都度絶対

定量する必要は無い。また,微生物群集中の10%,あるいは20%程度の存在率を示すような主要微生物群の存在比の変遷を知りたい場合,対象微生物群の存在比が10%から15%に増加したという違いを正確に定量できる方法がより望ましい。定量的核酸増幅法ではその測定の過程で標的遺伝子を指数関数的に増幅するため,一般に定量範囲は広いが,1.5倍の違いを高い精度で定量するのは難しい場合が多い。このような場合,指数関数的な増幅を伴わない手法の方が,特定の測定範囲内において真度,精度とも高い技術であり得る場合が考えられる。

　そのような観点から,定量部分に関して核酸増幅を必ずしも伴わずに特定の微生物を定量する方法として最近提案されたものとして,HOPE (hierarchical oligonucleotide primer extension) 法がある[9]。本技術は,DNAをもとに標的微生物群の存在比を簡便に定量する方法として提案されている。本技術では,rRNA遺伝子を標的とした長さの異なる2種類以上のオリゴヌクレオチドプライマー,および蛍光ラベル化されたジデオキシヌクレオチドを利用し,あらかじめPCR増幅したrRNA遺伝子を対象にポリメラーゼによる一塩基伸長反応を行う(図1)。例えば,バクテリアの16S rRNA遺伝子全てに結合するユニバーサルプライマーと,特定のバクテリア種の16S rRNA遺伝子に特異的に結合する特異的プライマーを添加してハイブリダイズさせる(図1)。その状態で伸長反応を行った場合,それぞれの標的配列(16S rRNA遺伝子)の存在量に応じてプライマーでの伸長反応が起こる。ここでは,蛍光標識されたジデオキシヌクレオチドが取り込まれるため,一塩基が取り込まれた段階で伸長反応が停止すると共に,プライマーに蛍光色素がラベルされる。そのため,それぞれの標的配列(16S rRNA遺伝子)の存在量に応じて,各プライマーが蛍光ラベル化されることになる。その後,反応後のプライマーをキャピラリー電気泳動で分子量分画し,蛍光ラベル化されたプライマーを検出する。バクテリアの全16S rRNA遺伝子を標的としたプライマーの長さと,特定の細菌種を標的としたプライマーの長さが異なるように設計してあるため,蛍光ラベル化された2種のプライマーを別々の蛍光ピークとして検出することが可能となる。その検出されたピークの面積あるいは高さの比から,全バクテリア由来16S rRNA遺伝子量と,標的バクテリア種由来16S rRNA遺伝子量の比を計測するという原理に基づいている。その結果,一回の反応と電気泳動操作によって特定のバクテリア種の存在量(相対比)を計測することができる方法である。本技術は,①PCR産物から反応を開始した場合,定量まで1.5〜3時間程度と迅速である,②測定毎に標準物質(標準菌株の既知濃度rRNA遺伝子)を利用した校正の必要がない,③一度の反応と電気泳動だけで標的微生物由来16S rRNA遺伝子の相対比の算出が可能となる,④原理的には,プライマーの長さが全て異なるように設計さえすれば,複数の対象微生物群を同時に定量するマルチプレックス化が可能であるなど,簡便性や迅速性,スループット性等の面で利点がある。また,使用するプライマーも,すでに設計されたrRNA遺伝子を標的とする既存のプライマー配列などを利用することができる。

第4章　核酸に基づく複合微生物群中の特定微生物群の定量分析法

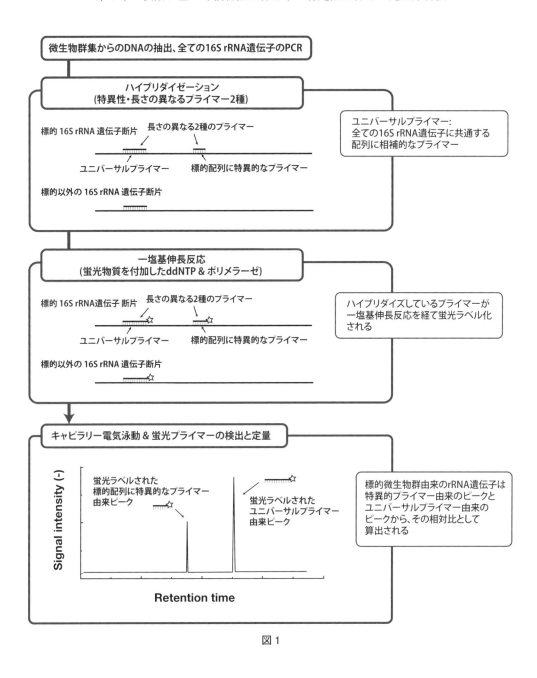

図1

　この方法は，あらかじめ複合微生物試料から抽出したDNAをもとに，ユニバーサルプライマー等によって一度rRNA遺伝子をPCR増幅する必要があり，厳密にはPCRを介した手法である。そのため，PCRによる遺伝子増幅時にPCRバイアス（異なる配列を持つDNA断片を増幅すると，各断片の構成比が増幅に応じて変化するなどの現象）が含まれる可能性があるという点に注意が必要である[1]。しかしながら，ここでPCRによる増幅が必要なのは，現状のキャピラリー電気泳

45

動装置ではゲノム DNA から直接一塩基伸長反応を行っても蛍光プライマーの蛍光シグナルが検出できないからであり，原理的には PCR を介さずに，直接ゲノム DNA から実施することも可能な技術である。

　本手法では，既存のプライマーの 5' 末端に 5〜15 塩基程度の poly-A を付加することによってその長さを調整し，他のプライマーと異なる長さの断片を生成するよう工夫されている。本技術の開発に際しては，Bacteroides 属バクテリアを対象に，分類レベルにおいて階層的（hierarchical）に異なる特異性を持つプライマーを 4 種類用いている。ユニバーサルプライマーとして，ほぼ全てのバクテリア由来16S rRNA 遺伝子に結合するプライマーを用い，合計 5 種類のプライマーを同時に反応させ，4-plex の同時相対定量を行っている[9]。ただし，それぞれのプライマーは同じ 16S rRNA 遺伝子配列に対して異なる反応効率（ハイブリダイゼーション効率や，結合後の一塩基伸長反応の効率）を持つため，プライマーの組み合わせに応じて，測定結果を校正するための校正係数を事前に測定する必要がある。すなわち，同一の 16S rRNA 遺伝子断片に対し，ユニバーサルプライマーを反応させ一塩基伸長反応を行った際の蛍光輝度と，同じ量の 16S rRNA 遺伝子断片を用いて特異的プライマーを利用し一塩基伸長反応を行った際の蛍光輝度を比較し，その差を補正するための係数を事前に求めなければならない。

　本手法の定量限界は，実環境試料を用いた場合，全体のポピュレーション（ユニバーサルプライマーで検出するポピュレーション）の 0.1％程度とされている[9]。これまで，本手法は，糞便中や廃水中の Bacteroides 属バクテリアの相対定量[9]や，Bacteroides 属バクテリアを対象とした河川中の糞便汚染源の特定[10]，糞便中の Bifidobacterium 属バクテリアの定量[11]などに利用されている。本手法と定量的 PCR 法との比較はなされていないため厳密な定量性の比較はできないが，その定量性は定量範囲と検出（定量）限界以外，定量的 PCR 法と遜色ないのではないかと思われる。ただ，0.1％よりも低い存在量を持つ微生物ポピュレーションを定量するには，定量的 PCR 法が依然有効であろう。HOPE 法は，原理的に定量的 PCR 法よりもはるかに簡便に特定微生物の相対量の定量を行うことができるユニークな方法であり，今後広く利用されていく可能性がある方法である。

4　RNA を標的とした簡便な微生物定量法：rRNA 配列特異的切断法

　rRNA は代謝機能が活発な細胞において多く発現されているため，rRNA を標的とした方法は rRNA 遺伝子（DNA）を標的とした定量法に比べ環境中での活性を反映した定量結果が得られる方法と位置づけられる。また，通常細胞内には多数（数千から数十万）の rRNA 分子が存在するため，rRNA 遺伝子のように増幅反応を経なくても測定対象を直接評価ができるという利点があ

第 4 章　核酸に基づく複合微生物群中の特定微生物群の定量分析法

る。そのため，より定量時のバイアスの少ない定量方法と言うこともできるだろう。rRNA を標的とした核酸増幅を伴わない手法としては，メンブレンハイブリダイゼーション法や DNA マイクロアレイ法などがあるが，両者とも比較的煩雑な作業が必要な方法である。比較的簡便に複合微生物群中の特定微生物の相対定量を可能にする方法として，配列特異的 rRNA 切断法（sequence specific rRNA cleavage 法，RNase H 法）が開発されている[12]。本技術は，抽出された rRNA を標的として利用する。複合微生物試料から抽出された rRNA は，主に LSU（large-subunit）rRNA と SSU（small subunit，真核生物であれば 16S）rRNA より構成されている。本手法においては，この内の SSU rRNA 分子の特定の塩基配列を認識して切断することにより，特定微生物（群）を検出定量する（図 2）。この塩基配列特異的な SSU rRNA 分子の切断には，RNase H（リボヌクレアーゼ H）と特定微生物に特異的な DNA プローブ（切断プローブ）を利用する。RNase H は，DNA-RNA によるヘテロ 2 本鎖を認識し，その RNA 鎖のみを分解する酵素である。DNA プローブが rRNA の標的部位に結合すると，その 2 本鎖部分の RNA 鎖を分解，切断する。一方，非標的 rRNA 分子は DNA プローブとハイブリッドを形成しないため，切断は起こらない（図 2）。したがって，この切断後の RNA をキャピラリー電気泳動などにより分子量分画すると，切断された SSU rRNA と未切断の SSU rRNA が検出される。ここで切断されているものは標的 rRNA 分子であり，未切断 rRNA は非標的 rRNA 分子ということになる。切断されて出現した 2 本のピークと切れ残った SSU rRNA ピークが検出できるが，このピークの面積あるいは高さの比から，全 SSU rRNA 中の標的 SSU rRNA の割合を算出することができるという原理に基づいた方法である。本技術は，①抽出から定量まで 3 ～ 4 時間程度，切断反応自身は 15 分と測定が迅速である，②測定のための標準物質（標準菌株の既知濃度 rRNA）による校正を毎回必要としない，③一度の切断反応と電気泳動だけで標的微生物由来 rRNA の相対比の算出が可能となる，などの利点がある。本手法は，抽出 RNA を基に，単に切断して電気泳動を行うだけなので，非常に簡便な技術である。また，利用する切断プローブの配列は，既存の rRNA 標的プローブ，プライマーを直接利用可能である。

　本手法では，DNA プローブにより DNA と RNA のハイブリッドを形成した部位の RNA 鎖を選択的に消化，切断するため，DNA プローブと rRNA との結合の効率が重要となる。通常，ハイブリダイゼーションの温度を 40 ～ 60℃ に設定し，バッファー中のホルムアミド濃度を変化させて，ハイブリッドの形成度（ストリンジェンシー）を調整している。この調整により，対象配列では切断が起こるが，対象配列を持たない rRNA では切断が起こらない条件を実験的に見出し，最も切断効率が高くかつ対象外の rRNA はまったく切断しない条件を最適な条件として設定する。この場合，プローブによっては，最適条件下で標的配列を持つ rRNA 分子が 100% 切断されない場合があり，その場合，切断効率を算出し，その係数を測定結果に反映させる形で測定値の補正を行う必要がある。しかし，この補正値は一度求めておけば良く，測定毎に補正値を評価す

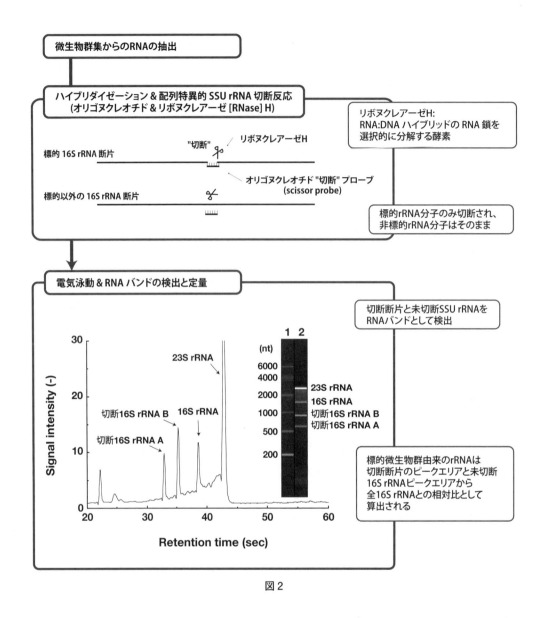

図 2

る必要は無い。

　開発当初は大腸菌由来の RNase H を使用していたが，長期に冷凍庫で保存した大腸菌由来 RNase H を使用すると測定値が不安定になるなど，測定値の精度が低下する現象が見られたため，好熱性バクテリア由来の RNase H（*Thermus aquaticus* 由来）に変更したところ，精度の安定が見られている[13]。また，温度耐性を持つ酵素であるためと思われるが，切断反応（40〜60℃条件下）も迅速になり，特異性の向上も見られている[13]。本手法では，DNA プローブと rRNA との結合部位の 1 塩基ミスマッチを明確に識別することは困難であるが，2 塩基以上のミスマッチがあれ

第4章 核酸に基づく複合微生物群中の特定微生物群の定量分析法

ば，正確な定量が可能である[13]。定量範囲は全体のポピュレーション中の0.5～100％であるが，実環境試料での実際の定量ではRNAの品質により，その定量限界（下限値）はもっと高くなる。すなわち，RNA全体に分解が見られると，rRNAの切断ピークが分解RNA由来のピーク（ベースライン）と重なってしまい，明確な切断ピーク，およびSSU rRNAピークが検出できなるという問題が生じる。従って，この方法は品質の高い（分解の少ない）RNAが豊富に手に入る試料でなければ適用できないという欠点がある。また，高品質のRNAを確保する上で，RNA試料採取から解析まで，試料の取り扱いにも十分注意が必要である。しかし，生物学的廃水処理プロセスの汚泥などであれば容易に高品質のRNAを大量に調整することは可能である。また，特定の16S rRNA断片の末端のみを蛍光標識するような過程を加え，蛍光断片のみをキャピラリー電気泳動などで検出するような方法に変更すれば，より高感度な検出も可能になると思われる。

本手法は，これまで嫌気性廃水処理（メタン発酵）汚泥や活性汚泥の微生物群集構造解析[12]，メタン発酵汚泥の各種メタン生成アーキアの定量解析[13]，各種の牛ルーメンバクテリアの定量解析[14,15]，ヒト糞便試料中の各種バクテリアの定量解析[16]，シロアリ腸内の未培養バクテリア群の定量解析[17]などに利用されている。また，本手法はRNAを標的としているため，特定の基質や培養条件下の難培養微生物由来rRNA量の変動を本手法で解析することによって，対象の微生物がどのような代謝能を持つかを評価することもできるだろう。

本手法と同様の原理で，切断部分をRNase Hに寄らずDNAzymeにより切断を行う方法も開発されている[18]。DNAzymeは，対象配列にハイブリダイズするための2つの結合ドメイン（それぞれ10～20塩基）と，その間に15塩基程度の触媒ドメインを持つDNAであり，結合ドメインが対象配列に結合し，触媒ドメインがマグネシウムイオンの働きにより対象の結合配列を切断する。切断反応後の過程はRNase H法と同様である。本手法は，検出DNAプローブそのものが触媒機能を有するDNAとして機能するため，RNase Hなどの酵素の添加が必要ない。そのため，RNase H法に比べ簡便である。一方，触媒ドメインが切断できる部位の配列に制限があるため，既存のプローブ配列情報を基に適切なDNAzymeを単純に設計することができない場合があることに注意が必要であろう。それらの技術には全て一長一短であり，目的や用途に応じて取捨選択していくことが必要である。

5 おわりに

本章では，最近開発された新規定量技術に焦点を当て，その概要を解説した。本章で述べたとおり，精度や定量範囲など，定量性に関するいくつかの要素においてこれまでの既存の技術を凌駕する方法の開発が進められていると共に，定量性以外の要素である簡便性や迅速性，スループッ

ト性などの点で既存の技術を上回る遺伝子(あるいはRNA)定量手法の開発が進められている．今後もこのような技術開発が進められ，より簡単に特定微生物群の定量が行われるようになり，その結果が微生物生態学分野，環境工学分野，発酵工学や食品・衛生検査，医療分野などの各分野における研究，未培養微生物遺伝子資源の探索，難培養微生物の挙動把握，各種の検査や診断などに応用されて行くだろう．

文　　献

1) 中村和憲ほか，微生物相解析技術—目に見えない微生物を遺伝子で解析する，米田出版 (2009)
2) 関口勇地ほか，In 辨野義己ほか編，微生物資源国際戦略ガイドブック，57-68，東京，サイエンスフォーラム (2009)
3) 関口勇地ほか，In 中尾尚道ほか編，バイオガスの最新技術，3-13，シーエムシー出版 (2008)
4) 山本慶和，臨床化学，**38**, 35-38 (2009)
5) Mitani, Y., *et al., Nat Methods*, **4**, 257-62 (2007)
6) Tani, H., *et al., Anal Chem*, **81**, 5678-85 (2009)
7) Tani, H., *et al., Anal Chem*, **79**, 5608-13 (2007)
8) Tani, H., *et al., Anal Chem*, **79**, 974-9 (2007)
9) Wu, J. H., *et al., Nucleic Acids Res*, **35**, e82 (2007)
10) Hong, P. Y., *et al., Appl Environ Microbiol*, **74**, 2882-93 (2008)
11) Hong, P. Y., *et al., Environ Microbiol*, (2009)
12) Uyeno, Y., *et al., Appl Environ Microbiol*, **70**, 3650-63 (2004)
13) Narihiro, T., *et al., ISME J*, **3**, 522-535 (2009)
14) Uyeno, Y., *et al., J Appl Microbiol*, **103**, 1995-2005 (2007)
15) Uyeno, Y., *et al., Anaerobe*, in press (2009)
16) Uyeno, Y., *et al., Int J Food Microbiol*, **122**, 16-22 (2008)
17) Noda, S., *et al., Appl Environ Microbiol*, **71**, 8811-7 (2005)
18) Suenaga, H., *et al., Appl Environ Microbiol*, **71**, 4879-84 (2005)

第5章　統計学的微生物群集構造の解析

本郷裕一[*1], 大熊盛也[*2]

1　はじめに

環境中の微生物群集は一般に,極めて多様な種によって構成され,そのほとんどが難培養性である。したがって,真の多様性を知るためには,培養を介さない,分子生物学的手法が必要である。

環境サンプルの微生物生態学的研究は,まずsmall subunit(SSU:原核なら16S,真核なら18S) rRNA遺伝子をPCR増幅して,配列解析をすることからはじまる(SSU rRNAクローン解析と呼ぶ)。かつては配列解析が非常に高コストであったため,RFLP(restriction fragment length polymorphism)や,T-RFLP(terminal-RFLP),DGGE(denatured gradient gel electrophoresis)解析を中心に行なうことが多かったが,現在では,数十~数百クローン/サンプル以上のSSU rRNA配列解析が強く望まれる。

多サンプル間の比較にはT-RFLPやDGGEは未だ有効ではあるが,クローン・ライブラリーを比較するための解析プログラムも飛躍的に進歩しており,これからは,SSU rRNAの大量配列間での比較解析が,一般的になるであろう。現実に,454パイロシーケンサー(Roche)[1)]を用いた,数万クローン/サンプルの16S rRNA配列解析もはじまっている。

本章では,まずSSU rRNA遺伝子クローンの取得と配列解析のための実験上の注意点を述べ(プロトコルの詳細は前書「難培養微生物研究の最新技術」(シーエムシー出版)を参照のこと),続いて統計学的解析を,よく用いられるプログラムの紹介とともに解説する。

2　SSU rRNA遺伝子の取得と配列解析におけるポイント

2.1　サンガー法による配列解析を行う場合

① DNA抽出

各環境サンプルに適したプロトコルが必要となる。一般に,広範な微生物種のDNAを偏りな

---

*1 Yuichi Hongoh　東京工業大学　生命理工学研究科　准教授
*2 Moriya Ohkuma　�独理化学研究所　バイオリソースセンター　微生物材料開発室　室長

表1 SSU rRNA 遺伝子の増幅用 PCR プライマー（5′→3′）

名前	配列（5′→3′）	標的*	文献
Euk18F	GATCCMGGTTGATYCTGCC	E	29)
A25F	CYGGTTGATCCTGCCRG	A	30)
27F-mix	AGRGTTTGATYMTGGCTCAG	B	31, 32)
338R	GCTGCCTCCCGTAGGAGT	B	33)
533F	GTGCCAGCMGCCGCGGTAA	B, A, E	34)
1390R	ACGGGCGGTGTGTACAA	B	34, 35)
1492R	GGHTACCTTGTTACGACTT	A, B, E	31)
Euk1772R	CWDCBGCAGGTTCACCTAC	E	29)

＊ E：真核生物，A：古細菌，B：真正細菌

く抽出したい場合には，ビーズ・ビーターでの物理的破砕を含むプロトコルが推奨されるが，DNAが激しく断片化するため，長断片が必要な場合には化学的に溶解する手法を用いねばならない。重要なのは，比較するサンプル間でのDNA抽出法を統一することである。

② SSU rRNA 遺伝子の PCR 増幅

SSU rRNA 遺伝子増幅用の代表的な PCR プライマー配列を表1にあげた。遺伝子全長に近い配列を取得した方が情報が多くてよい。比較したいサンプル間では，鋳型DNA量やサイクル数などのPCR条件を統一する。95℃ 2 min →（95℃ 15 sec → 50℃ 30 sec → 72℃ 4 min）× 10 〜 20 サイクル → 72℃ 10 min といった反応条件で行うが，増幅エラーやキメラ配列形成，増幅バイアスを抑制するために，PCRサイクル数は極力少なくし，伸張時間を長くするのがポイントである。

③ PCR 増幅産物からのライブラリー作成

PCR反応のバラツキを抑制するため，例えば50 μl で4本反応させ，混合してから精製するとよい。Qiagen の MinElute や GL Science の MonoFas などのキットを用いると，10 μl 程度に濃縮精製されるので便利である。サンガー法による配列解析には，Invitrogen の TOPO TA cloning kit などを用いてクローン・ライブラリーを作成する。

2.2 パイロシーケンス法による配列解析を行う場合

Roche 454 パイロシーケンサーで数千〜数万クローンを解析する場合も，注意点は同様である。ただし，454で解読可能な配列長（GS-FLXで250 bp，Titaniumで400 bp程度）を増幅するようにPCRプライマーを設計する。配列長が短くても，250 bp以上でかつV1〜V8のうち1つか2つの可変領域（hyper-variable region）を含んでいれば，系統分類に必要な解像度は得られる。表1にあげたものを含む多様なプライマー配列が使用されており，パイロシーケンサーを用いた文献を参照してほしいが，配列が適切かどうか，必ず自分でARBやRDP, GreenGenesなどでチェッ

第5章 統計学的微生物群集構造の解析

クする。

　PCRプライマーの5'端には，454アダプター配列（A or B）をつけておく。こうすると断片を直接解析でき，ベクターへのクローニングは不要である。また，"バーコード"と呼ばれる5塩基程度のタグ配列をアダプターとプライマー配列の間に挿入しておくことで，multiplex PCR産物や，数十〜数百もの異なるサンプルを1回のランで混同することなく解析できる[2,3]。

　パイロシーケンスを行うことで，1ランで数万以上もの配列が取得できる。単純な構造の微生物叢であれば，構成種をほぼ網羅できるであろう。しかし同法には欠陥がある。それは，特にホモポリマー（例えば アデニンが10個連続）配列の解析精度が低いことである。対策として，①N（同定不能塩基）を含む配列を除外，②ある配列quality値以下の塩基を含む部分を（両端の場合）トリミングする，③中央部でも，配列quality値0.2％（／塩基のエラー率を意味する：*phred* quality値で27相当）を閾値として配列を取捨する，④3％でOTU（operational taxonomic unit）に分類する（1％ではエラーを"吸収"しきれない），などを行う[4,5]。また，454のシグナル読み取りエラーを修正するプログラムも開発されているので[6]，試みてもよい。

3　統計学的解析

　SSU rRNA遺伝子配列を情報解析する上でまず必要なのは，配列の分類である。それによって，群集の種構成を知ることができ，種多様性推定も可能となる。それらの情報を基に，群集間での種構成と多様性の比較や，どの物理化学的因子と相関しているかなどの評価を行うことができる。

　下記サイトには，公共データベース上のSSU rRNA配列を網羅した整列（align）済みデータと，各種のonline toolがあるので，習熟しておく。

　RDP II（Ribosomal Database Project II）：http://rdp.cme.msu.edu/index.jsp

　Silva：http://www.arb-silva.de/

　GreenGenes：http://greengenes.lbl.gov/cgi-bin/nph-index.cgi

　また，これらのデータベースは，ダウンロードしてARBソフトウェア[7]（http://www.arb-home.de/）で操作・改変可能である。SSU rRNAクローン解析にはARBの使用は不可避であり，インストールして必ず習得する。LinuxやOSXで動作可能である。

3.1　キメラチェック

　取得した配列は，まずキメラの有無をチェックする。キメラとは，PCR増幅の過程で異種由来の配列断片同士が結合した人工産物である。キメラ配列の同定は，

　① RDP Chimera_Check：http://35.8.164.52/cgis/chimera.cgi?su＝SSU

② Bellerophon：http://foo.maths.uq.edu.au/~huber/bellerophon.pl

③ Mallard：http://www.bioinformatics-toolkit.org/Mallard/index.html

のうち2つ以上を用いて行う。GreenGenes[8]の整列機能を用いた場合は，そのまま同サイトの"chimera check with Bellerophon"を利用してもよい。

門レベルで異なる細菌配列によるキメラなどは，RDPで明確に同定可能だが，比較的近縁な種間では困難である。Bellerophoneは，自分の配列をアップロードして，その中でのキメラ形成を精査できる[9]。Mallardは，基準となる非キメラ配列と比較して，アブノーマルな配列を領域ごとの遺伝距離から同定するものである[10]。詳細は各文献を参照のこと。最終的にはARBの整列画面で，目で見て判断するのが確実である。

また，大量配列を扱う際には，ベクター／プライマー配列と，品質の低い両端をGreenGenesのtrim機能などで削除しておく。

3.2 整列（アラインメント）

キメラや低品質配列を除外した配列群は，ARBソフトウェア[7]を使用して，整列済みデータベースの中に挿入する。マニュアルで整列を修正した後，データベースにリンクしたARBの系統樹に，専用のtoolを用いて挿入する。これによって簡易系統分類も行える。

現在，SSU rRNA配列の公共データベースへの登録数は膨大なため，RDPやSilvaが配布しているARB用データベースも巨大であり，コンピューター上の動作が非常に重くなっている。その点，キメラ配列などを除外してコンパクトにしたGreenGenesのARB用データベースは，最尤法で描かれた付属系統樹も含めて，使い勝手が良い（ARBはNewick形式の系統樹を読み込み可能である）。

ARBデータベースに一度配列を挿入してしまえば，その状態で維持することができる。その中から必要に応じて，任意の配列をフィルター（塩基サイトの取捨）に掛けてexportできるし，ARB付属の系統解析tool（NJ, MP, ML）もある。距離行列（distance matrix）の作成も可能である。

3.3 OTU（operational taxonomic unit, phylotype）への分類

整列したSSU rRNA配列は，一定の基準のもとにOTU（phylotype, ribotypeともいう）に分類する。細菌の場合，配列相同性が97％以上であれば同一OTUとするのが一般的である。これは，単離細菌株の同定に用いられるDNA-DNAハイブリダイゼーションで，70％以上の相同性が同一種の基準となっていることに関係している[11]。ただ，あくまで便宜的なものである。一方，99％以上の配列相同性をOTUの定義に使用する例も近年増加している。これは，細菌16S rRNA配列が，99％以上の相同性でクラスターを形成する傾向にあることから[12]，一定の合理性

がある。ただし前述のように，454パイロシーケンサーを用いた場合には，3%で定義した方が安全で，かつデータの扱いも楽である。

いずれにせよ，ARBで作成した距離行列をSchloss and Handelsman (2005)が開発したDOTURというプログラムで読み込めば，任意の定義で簡単にOTUに分類できる[13]。DOTURを使うと，同時にCollector's curve, Rarefaction curve, Chao1-OTU数推定（後述）も行ってくれるので，大変便利である。これらのグラフ曲線から，その群集の多様性をどの程度網羅できているか（配列の追加解析が必要かどうか）を知ることもできる。

3.4 分子系統解析

各OTUから代表を1配列ずつ選び，既知分類群を代表する配列と，BLASTで近縁種としてヒットした参照配列とともに，分子系統解析を行う。取得した全配列を使用してもよいが，解析配列数が数百以上の場合，系統解析に時間がかかり，構築した系統樹も混雑して見苦しくなる。特にパイロシーケンスで数千以上の配列を得ている場合，全配列を使用するのは現実的でない。

取得OTUの系統分類を示すだけの目的ならば，ARBで作成した系統樹をexportして論文に載せてもよい。しかし，系統進化を論じたり，新門や新属など新しい分類群の提唱をしたいのであれば，より緻密な系統解析が必要となる。その場合は，整列データを適切なフィルターを掛けてexportし，系統解析専用プログラムを使って系統樹を作成する。フィルターは，超可変領域など整列困難な部位やサイトを除外するように作成する。系統解析には，計算の速い，ベイズ法のMrBayesや，最尤法のPhyMLかRAxML，行列距離法（近隣結合法NJや最小距離法ME）のMEGAなどを使うのがよい。分子系統解析の詳細については，各プログラムのwebサイトの解説や専門書を参照してほしい。

各OTUの系統分類ができたら，それを任意の分類単位（門や属）で表やグラフにしてまとめる。

3.5 種数推定と多様性比較

1つの群集内の多様性をα-diversity，群集間の多様性をβ-diversity，全群集中の多様性をγ-diversityという。

解析した環境サンプル中に何種類の微生物がいるのか（α-diversity），というのは重要な基礎データである。しかし，決定的な推定法は未だ存在しない。伝統的生態学においては，植物群落や動物群集を対象として種数推定法が考案されてきたため，それを桁違いに多様な微生物群集に援用するのが困難なのである。そもそも，微生物の「種」を定義すること自体が難しいという事情もある。

したがって，問題はあるものの，現状では最良と考えられる手法を用いざるを得ない。最も頻

用されているのは，Chao1 推定法である[14]。これは生態学における標識再捕獲法を基にした非線形（non-parametric）推定法で，$S_{Chao1} = S_{obs} + F_1^2/2F_2$ [S_{obs}：観察された OTU 数，F_1：1 個のクローンのみが観察された OTU 数（singleton），F_2：2 個のクローンのみが観察された OTU 数]によって示される。

Chao1 値は，十分なサンプルサイズによって singleton の割合がある程度以下になるまで，サンプル数依存的に推定値も増加してしまう。微生物群集は多様性が極めて大きいため，実際には，ほとんどの解析において過小な推定値しか出せない。したがって，推定種数の最低ラインを示すものと考えるべきである。ただし，解析クローン数と Chao1 値をプロットしてグラフにすることにより，Chao1 曲線の平坦化が十分な解析クローン数の目安になる。またエラーバーを付けて，他サンプルの多様性との比較にも利用できる。

多様性の比較と解析配列数が十分かどうかの判断だけならば，Rarefaction curve を描いてもよい[13]。これは，ピックアップするクローンの順番を，仮想下でランダム化して多数回繰り返し，OTU 数の平均値を解析クローン数に対してプロットしたものである。この手法も頻用されており，Chao1 値とともに，DOTUR で簡単に計算できる。

非線形推定法である Chao1 が微生物群集の種多様性解析に頻用されるのは，種-個体数の分布モデルが不要なためである。植物や動物と異なり，種多様性が膨大な微生物群集では，どのモデルが正しいのか検証できない。Log-normal モデルなどを仮定した線形種数推定法も試用されているが[15]，あくまで仮定に基づくものである。Quince ら（2008）のように，複数のモデルを仮定して線形推定を行えば，結果の信頼度は高くなる[16]。しかし計算式が難解で，多くの微生物生態学者には利用しにくい。

3.6　種（系統）構成による群集間の比較

群集内の種数推定とともに，多くの研究者が興味をもつのは，群集の種構成の類似度であろう（あるいは距離；β-diversity）。複数のプログラムによって解析可能である。

3.6.1　群集構造の有意差検定

地域間や宿主個体間，薬剤処理前後などで，微生物群集構造の有意差を検定できる（表2）。Singleton ら（2001）が開発した Libshuff はその先駆けである[17]。2つの群集（X，Y）内で，各々 coverage を計算する（C_X, C_Y）。coverage とは，$C = (1 - N/n)$ [N はユニーク配列（つまり singleton）の数；n は総配列数]である。次に，群集間での coverage (C_{XY}) を計算する。その差 $\Delta C_{XY} = (C_X - C_{XY})^2$ を，OTU の定義（遺伝距離）を 0.01 や 0.001 ずつずらしながら加算し，その値が両群集の配列をランダムにシャッフルした場合と比べて，有意に高いかどうかを検定する。XY と YX の両方向に同時計算するので多重検定となり，両方向とも（あるいか片方だけ）$p < 0.025$

第5章 統計学的微生物群集構造の解析

表2 β-diversity（群集間の相違）を評価するための解析プログラム

プログラム	内容	S*	C**	文献
∫-Libshuff	coverageと遺伝距離に基づく	○	×	17, 18)
TreeClimber	系統樹に基づく（P-test）	○	×	19, 20)
SONS	OTUの共有度に基づく	×	○	27)
UniFrac***	系統樹中の群集特異的枝長に基づく	○	○	21, 22)
Weighted UniFrac	同上だが，量的情報を加算	○	○	24)
Arlequin（F_{ST} test）	群集内と全群集内の平均遺伝距離差に基づく	○	○	19)

*有意差検定機能
**クラスター解析機能
***現在は，数万本の大量配列解析に対応したFast UniFrac（Weightedを含む）も配布されている。

であれば有意差があると判定する。

同手法で，OTUの定義をなくし積分計算するように改良したのが，Schloss and Handelsman (2004) の∫-Libshuffである[18]。∫-Libshuffでは，ARBで作成した距離行列をinput dataとし，多サンプル間での比較を同時に行ってくれる。Schlossはこの後，有用なプログラムを次々に開発しており，現在ではそれらを統合したプログラムを運用している（Mothur）。

Libshuffに続いて提唱された有意差検定法が，Martin (2002) のP-testとF_{ST}-testである[19]。P-testは，比較する全群集の配列で系統樹を作成し，各配列のそれぞれのサンプルへの帰属を1つの「属性」と考え，その「属性」が「発生」するのに必要な「変異数」を最節約的に計算する。この値と，ランダムに作成（例えば1000回）した系統樹における同値を比較することで，両サンプル間の相違を検定する。Schloss and Handelsman (2006) の開発したTreeClimberで計算できる[20]。また，Lozuponeら (2005) の開発したUniFracにも，UniFrac testとともに，実質的に同じ検定法が搭載されている[21]。

F_{ST}-testは，集団遺伝学で用いられる手法の援用である。1つの集団内の配列ペアの遺伝距離の平均値と，比較する全集団内の配列ペア遺伝距離の平均値の差をとり，ランダムに配列を帰属させた場合での同値と比較する。Arlequin（http://lgb.unige.ch/arlequin/）で計算可能である[19]。

現在，最もよく用いられているのがUniFrac testである[21~23]。比較する全群集の配列で系統樹を作成し（これがinput data），比較するペアごとに，各々の群集配列にユニークな枝の長さを合計する。これをrootから両群集配列までの全枝長で割ったものがUniFrac値（U値）である。これと，ランダムに配列を配属させた場合での同値を比較して検定する。

また2007年には，多配列につながる枝にweightをかけることで量的要素を加算したWeighted UniFracが開発された[24]。これによって，構成種は同様だが，頻度が異なる群集同士の有意差検出力が強化された。ただし，構成種の相違による有意差検出力は，通常のUniFracやP-test

の方が優れている[25]。

なお上記全ての解析は，3個以上のサンプルでのペア比較をする場合，多重検定になる。∫-Libshuff や TreeClimber，UniFrac などでは，補正後の値を用いた検定結果も出力してくれるが，改良型 Bonferroni 法などの別法によって自分で行ってもよい[26]。多重検定については専門書を参照のこと。

3.6.2 群集間の類似度解析

サンプル間で微生物群集構造に有意差がある，と記述するだけでは意義は薄い。本当に知りたいのは，どの程度違うのか，どのサンプル同士が近いのか，といったことであろう。現在 UniFrac が頻用されているのは，有意差検定だけではなく，群集間距離（U 値）に基づいたクラスター解析や主座標分析（Principal coordinate analysis，PCoA）も行えるからである。Weighted UniFrac の値（W 値）や F_{ST} 値を用いても同様の解析ができる[23]。

クラスター解析結果は，平均距離法（UPGMA）による dendrogram での表示が一般的である。配列群の一部（例えば半数）をランダムに抽出してクラスター解析を繰り返すことで，Jackknife 法による信頼度を付与することも可能である。主座標分析とともに，UniFrac に tool として付属している。これらの結果と，各サンプルの物理化学的あるいは地理的属性などを比較すれば，どの要素と群集構造が最も相関しているかを見ることもできる。

UniFrac によるクラスター解析が普及する一方で，サンプル間で共有される OTU の数を推定したい場合もある。このような場合，系統樹ベースの UniFrac ではなく，OTU ベースで開発された，Schloss and Handelsman (2006) の SONS が便利である[27]。このプログラムでは，Chao1 種数推定法に基いて，共有 OTU 数とそれらに含まれる配列数を推定できる。また，OTU ベースの最尤法による集団間類似度を使ったクラスター解析も可能である。

現在では，パイロシーケンスによる数千～数万もの配列取得が容易となり，紹介してきたような各種プログラムが対応不能となる，新たな問題が浮上している。そこで Hamady ら（2009）は，数万本の配列解析に対応する，Fast-UniFrac を開発した[28]。このプログラムでは，大量配列の疑似系統樹作成を GreenGenes のデータベースを用いて行い，それを使用して改良型 UniFrac（及び Weighted UniFrac）解析を行う。今後は，こうした大量配列用のプログラム開発が進んで行くであろう。

4 おわりに

SSU rRNA 配列に基づく群集構造解析は，この 10 年間で飛躍的な進歩を遂げた。特に，パイロシーケンサーなどによる大量配列取得と，Fast-UniFrac などのプログラムによる比較解析は，

第5章 統計学的微生物群集構造の解析

今後数年間の標準的手法になる可能性がある．しかし，先端的な分野であるだけに，その実験手法やプログラムには欠陥があることも多く，無批判な使用は避けたい．例えばQuinceら（2008）は，これまでのパイロシーケンスによるSSU rRNA解析は，多様性を著しく過大評価していると批判しているし[6]，Schloss（2008）は，UniFrac値は集団間距離に比例しておらず，集団間の類似度解析には不適切だという批判をシミュレーションに基づいて行っている[25]．

この分野は，シーケンサーの改良とともに加速度的に進化しているので，各自，情報をアップデートして研究に望まなければならない．

文　　献

1) M. Margulies *et al.*, *Nature*, **437**, 376 (2005)
2) M. Hamady *et al.*, *Nat. Methods*, **5**, 235 (2008)
3) S. R. Miller *et al.*, *Appl. Environ. Microbiol.*, **75**, 4565 (2009)
4) S. M. Huse *et al.*, *PLoS Genet.*, **4**, e1000255 (2008)
5) V. Kunin *et al.*, *Environ. Microbiol.*, DoI:10.1111/j.1462-2920.2009.02051.x (2009)
6) C. Quince *et al.*, *Nat. Methods*, **6**, 639 (2009)
7) W. Ludwig *et al.*, *Nucl. Acids Res.*, **32**, 1363 (2004)
8) T. Z. DeSantis *et al.*, *Appl. Environ. Microbiol.*, **72**, 5069 (2006)
9) T. Huber *et al.*, *Bioinformatics*, **20**, 2317 (2004)
10) K. E. Ashelford *et al.*, *Appl. Environ. Microbiol.*, **72**, 5734 (2006)
11) E. Stackebrandt *et al.*, *Int. J. Syst. Bacteriol.*, **44**, 846 (1994)
12) S. G. Acinas *et al.*, *Nature*, **430**, 551 (2004)
13) P. D. Schloss *et al.*, *Appl. Environ. Microbiol.*, **71**, 1501 (2005)
14) B. J. Bohannan *et al.*, *Curr. Opin. Microbiol.*, **6**, 282 (2003)
15) T. P. Curtis *et al.*, *Proc. Natl. Acad. Sci. U. S. A.*, **99**, 10494 (2002)
16) C. Quince *et al.*, *ISME J*, **2**, 997 (2008)
17) D. R. Singleton *et al.*, *Appl. Environ. Microbiol.*, **67**, 4374 (2001)
18) P. D. Schloss *et al.*, *Appl. Environ. Microbiol.*, **70**, 5485 (2004)
19) A. P. Martin, *Appl. Environ. Microbiol.*, **68**, 3673 (2002)
20) P. D. Schloss *et al.*, *Appl. Environ. Microbiol.*, **72**, 2379 (2006)
21) C. Lozupone *et al.*, *Appl. Environ. Microbiol.*, **71**, 8228 (2005)
22) C. Lozupone *et al.*, *BMC Bioinformatics*, **7**, e371 (2006)
23) C. A. Lozupone *et al.*, *FEMS Microbiol. Rev.*, **32**, 557 (2008)
24) C. A. Lozupone *et al.*, *Appl. Environ. Microbiol.*, **73**, 1576 (2007)
25) P. D. Schloss, *ISME J*, **2**, 265 (2008)

26) B. S. Holland *et al.*, *Psychol. Bull.*, **104**, 145 (1988)
27) P. D. Schloss *et al.*, *Appl. Environ. Microbiol.*, **72**, 6773 (2006)
28) M. Hamady *et al.*, *ISME J*, DoI:10.1038/ismej.2009.97 (2009)
29) M. Ohkuma *et al.*, *J. Euk. Microbiol.*, **47**, 249 (2000)
30) M. A. Dojka *et al.*, *Appl. Environ. Microbiol.*, **64**, 3869 (1998)
31) W. G. Weisburg *et al.*, *J. Bacteriol.*, **173**, 697 (1991)
32) Y. Hongoh *et al.*, *Appl. Environ. Microbiol.*, **73**, 6270 (2007)
33) R. I. Amann *et al.*, *Appl. Environ. Microbiol.*, **56**, 1919 (1990)
34) D. J. Lane *et al.*, *Proc. Natl. Acad. Sci. U. S. A.*, **82**, 6955 (1985)
35) T. Thongaram *et al.*, *Extremophiles*, **9**, 229 (2005)

第6章 SIGEX：メタゲノムからのハイスループットな代謝系遺伝子スクリーニング法

内山　拓*

1　はじめに

　自然界には多様な代謝機能を有した様々な微生物が存在しているが，これらの大多数は単離・培養が困難であり，今後も困難であり続けると考えられる。しかしながら微生物の保有する多種多様な酵素からは，産業上有用な酵素が多数獲得されており，単離・培養が困難でスクリーニングの対象にのぼらなかった微生物は，有用酵素の新たなスクリーニング源として期待できる。近年，微生物の培養に頼らず有用酵素遺伝子を獲得する方法として，環境試料から直接微生物群のゲノムDNA（メタゲノム）を抽出し，これをスクリーニング源として用いる手法が注目を集める様になった。我々はこの手法の中で，新たなアプローチとして遺伝子の発現に依存した代謝系酵素遺伝子スクリーニング法，SIGEX(Substrate Induced Gene EXpression)法を考案した[1]。本稿ではSIGEX法の開発と実施，そしてその有用性と限界について述べる。

2　メタゲノムのスクリーニング：従来法とSIGEX法

　自然界には多様な環境が存在し，そこにはその環境に適応した微生物生態系が形成されている。自然界から産業上有用な酵素や生理活性物質をスクリーニングしようと考えた場合，伝統的な手法においては目的の活性を表現系として保持する微生物を環境中から分離し純粋培養する試みからはじめられる。しかしながら近年の分子生態学的研究手法の発展にともない，実は自然環境中に存在する微生物の大多数が，今までに単離・培養されたことのない未知の微生物であるということが明らかとなってきた[2]。この事実は次のことを明らかにした。すなわち微生物の単離・培養とは，実は非常に困難な作業であるということ，そして我々は今まで多くの遺伝子資源をスクリーニングすることなく見逃してきたという事実である。そこで微生物の単離という作業をやめ，環境試料から直接微生物群のゲノムDNA（メタゲノム）を抽出し，ここから有用酵素や生理活性物質をスクリーニングしようという試みが始まった[3,4]。

＊　Taku Uchiyama　㈱産業技術総合研究所　生物機能工学研究部門　酵素開発研究グループ研究員

メタゲノムからの遺伝子スクリーニング法は，主に2つの方法に大別する事ができる(図1)[5]。1つは，活性に準拠した方法(function-based approach)である。これは専ら大腸菌を宿主として構築したメタゲノムライブラリー中から，任意の活性を発現する様になった陽性クローンをスクリーニングする方法である。この方法は，任意の活性を発現するメタゲノム由来遺伝子断片が確実に得られるという利点があるものの，問題点として宿主による遺伝子の発現バイアスが生じることが指摘されている[6]。またマルチコンポーネント型の酵素などにおいては，遺伝子を単純に組替え宿主にクローニングしただけではその活性を発現させることは難しいという問題点もある。

もう一方のスクリーニング法は，遺伝子・アミノ酸配列の相同性に準拠した方法(sequence-based approach)である。すなわち既知の酵素遺伝子配列相同性を基にPCRプライマーやハイブリダイゼーションプローブを作製し，メタゲノムを鋳型にしたPCRやハイブリダイゼーションによって目的遺伝子のスクリーニングを行う方法である。この方法によって得られる遺伝子断片は当然既知遺伝子によく似たものとなるため，このスクリーニング法は真に新規な遺伝子をスクリーニングする方法とはいえない。しかしながら多くの酵素はそのアミノ酸配列相同性が高くとも，基質特異性や至適温度，至適pHに大きな差異が生じる場合もあるので，当該方法も有効なスクリーニング法であるといえる。

我々は活性に準拠した方法の1つとして，直接酵素の活性を検出するのではなく，遺伝子の発現を検出することによって任意の酵素遺伝子のクローン化を試みる新たな方法，SIGEX (Substrate Induced Gene EXpression) 法を考案した[1,7,8]。この方法は次の様な知見に基づいている。

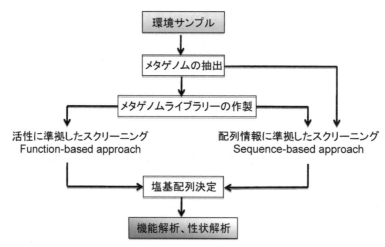

図1 メタゲノムライブラリーのスクリーニング法

第6章　SIGEX：メタゲノムからのハイスループットな代謝系遺伝子スクリーニング法

すなわち，①多くの代謝系酵素がその基質や反応生成物に依存して誘導的に発現するということであり，そして②微生物の代謝系遺伝子の多くがオペロンを形成しており，その発現制御因子は代謝系酵素遺伝子群の近傍に存在することが多いということである。

　SIGEX法について具体例を挙げて説明しよう。ここではSIGEX法を用いて*lac*オペロンをゲノムライブラリーからクローン化したいと考えた場合を想定する。酵素活性に準拠した従来法においては，陽性クローンのβガラクトシダーゼ活性を検出することでスクリーニングを行うことになる。一方SIGEX法においては，ライブラリーを構築する際のベクターに，あらかじめ*lac*オペロンと同調的に発現する様に構築されたマーカー遺伝子（例えば緑色蛍光タンパク質：green fluorescence protein, GFP）を仕込んでおく。この場合，陽性クローンはイソプロピルガラクチドピラノシド（IPTG）で*lac*オペロンの発現を誘導すると，オペロンの発現に同調してGFPが発現する様になる。SIGEX法ではこのようなクローンをスクリーニングの対象とする。すなわち酵素活性ではなく，マーカーの発現の有無を確認することにより，任意遺伝子が含まれるオペロンを保持する陽性クローンのクローン化を試みるというのがSIGEX法の考え方である。

　SIGEX法の流れを図2に示す。はじめに環境試料からDNAを抽出・断片化し，マーカー遺伝

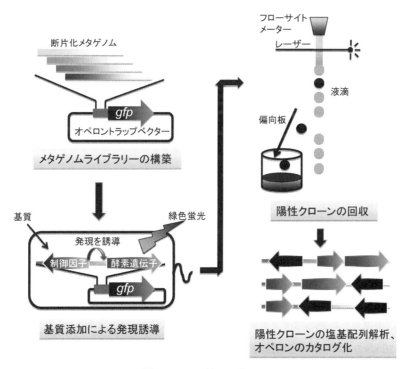

図2　SIGEX法のスキーム

子（GFP）を含むオペロントラップベクターを用いてメタゲノムライブラリーを構築する。GFPが非誘導的に発現するクローンをライブラリーから除去した後、ライブラリーに任意の基質を加え、GFPを基質誘導的に発現する陽性クローンを回収する。これらの各ステップを、フローサイトメーターを用いることによりスクリーニングの効率を飛躍的に上昇させることができる。フローサイトメーターという装置は、直角にレーザーを照射した細い水流に細胞を流し、レーザーを横切る細胞一つ一つの大きさや蛍光強度を測定する装置である。1秒間に3,000個以上の細胞を測定可能で、さらに特定の表現系を示す細胞（例えばGFPを一定量発現している）を一つ一つ選択的に選別し、分離・回収することが可能である。この装置を使用する事により、膨大な量のメタゲノムライブラリーからでも陽性クローンを短時間で効率よく回収することが可能である。例えばライブラリーの大きさが1,000,000クローンあったとしても、わずか6分で全ライブラリーのスクリーニングを終了させることができる。SIGEX法は、フローサイトメーターの利用を基本としたハイスループットなスクリーニング法であるといえる。

3 SIGEX法の開発と実施

SIGEX法の開発にあたり、はじめにオペロントラップベクター：p18GFPを構築した。このベクターは大腸菌で一般的に用いられるpUC系プラスミドのマルチクローニングサイトに *gfp* 遺伝子を挿入したごく単純な組成であるが、以下の2つの工夫を施してある。1つはインサートがクローン化されていない状態のベクターでは、*lac* プロモーターによってGFPの発現が誘導されるように構築した。2つ目は *gfp* 遺伝子の上流にクローン化された遺伝子とGFPが融合タンパクを形成しないように、*gfp* 遺伝子上流のすべての読み枠で終止コドンが生じるように構築した。p18GFPで形質転換された大腸菌は、フローサイトメーター上で、GFP非発現株と比較して100倍以上の蛍光強度を示す様に認識される。

次にSIGEX法の評価を目的として、単一菌から作製したゲノムライブラリーから任意のオペロンをクローン化可能であるか実験を行った。実験に用いたのは *Ralstonia eutropha* E2株というフェノール分解資化能を有する *β*-プロテオバクテリアに属する菌で、フェノール分解系オペロン、*pox* オペロンを保持している[9]。このオペロンはフェノールの有無によって発現が誘導されることが知られており、我々はSIGEX法の利用により *pox* オペロンがクローン化可能であるか確かめることにした。実験の流れを（図3）に示す。

はじめにこの細菌を培養してゲノムを抽出し、4塩基認識の制限酵素 *Sau*3AIで部分消化した。次に5から10kbのDNA断片をp18GFPベクターにライゲーションさせ、これを用いて大腸菌を形質転換させゲノムライブラリーを構築した。最終的に26,000クローンからなるライブラリー

第6章　SIGEX：メタゲノムからのハイスループットな代謝系遺伝子スクリーニング法

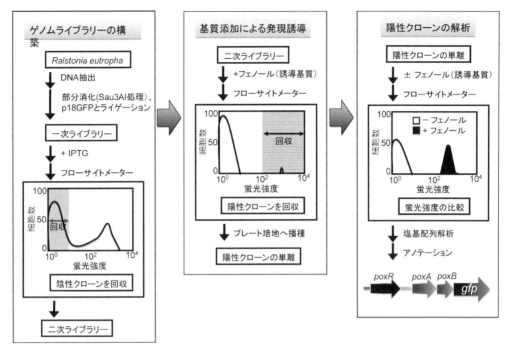

図3　SIGEX法を用いたpoxオペロンスクリーニングのフロー

(1次)を構築した。この1次ライブラリーをIPTGを含む液体培地中で培養し，フローサイトメーターを用いてGFPを発現していないクローンを回収，これを2次ライブラリーとした。この操作は，GFPを恒性的に発現するクローンやインサートの含まれないベクターを保持したクローンをライブラリー中から除く為に行った。そして2次ライブラリーにpoxオペロンの誘導基質であるフェノールを加えて培養した後，フローサイトメーターを用いてGFPが発現した陽性クローンを回収した。回収したクローンは寒天プレート培地上に塗布してコロニーとして単離したのち，フェノール添加・非添加時におけるGFP発現強度をフローサイトメーターにより比較した。得られた陽性クローンの塩基配列を決定したところ，poxオペロンの転写制御因子(poxR)と構成遺伝子の一部(poxA, poxB)がgfp遺伝子上流にクローン化されていることが確認された。

　SIGEX法により単一菌から任意オペロンのクローン化が可能であることが示されたので，次にSIGEX法によりメタゲノムライブラリーから任意オペロンのクローン化が可能であるかを確かめることとした。メタゲノムを抽出する環境試料として，地下石油備蓄基地からサンプリングした地下水中に含まれる微生物群を用意した[10]。微生物群からメタゲノムDNAを抽出し，単一菌からゲノムライブラリーを構築した実験操作(図3)と同様の手法でメタゲノムライブラリー(152,000クローン)を構築した。そしてメタゲノムライブラリーに対しベンゼン，キシレン，フェ

65

ノール，安息香酸，ナフタレンを添加して，芳香族化合物分解代謝系酵素遺伝子を含むオペロンのクローン化を試みた。その結果，基質誘導的にGFPの発現が認められた62個の陽性クローン（安息香酸で58クローン，ナフタレン4クローン）をクローン化することに成功した。各陽性クローンの制限酵素切断長多型解析の結果から，安息香酸誘導型クローンは33種類，ナフタレン誘導型クローンは2種類に分けられることが明らかとなった。安息香酸によって誘導のかかる陽性クローンがナフタレンよりも多く得られた理由として，安息香酸が微生物の芳香族化合物分解代謝系における中間代謝産物である為，この基質で発現が誘導されるオペロンが多いのではないかと推察された。一方ベンゼン，キシレン，フェノールでGFPの発現が誘導されるような陽性クローンは，得ることができなかった。次に得られた陽性クローンのうち，安息香酸で誘導の確認された6種，ナフタレンで確認された2種のクローンの全塩基配列を決定し，BLAST検索などの配列相同性解析によってそのORF予測を行った（図4）。これらの解析結果により，SIGEX

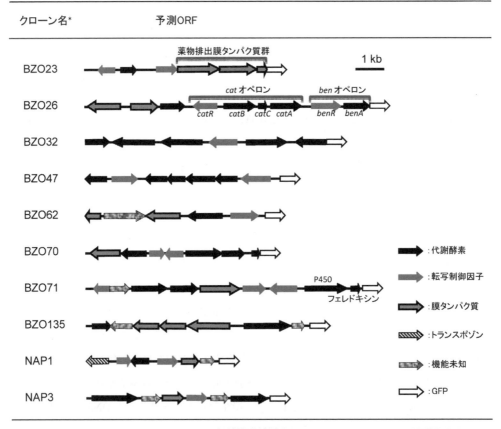

＊ BZO, 安息香酸誘導型クローン；NAP, ナフタレン誘導型クローン

図4　メタゲノムライブラリーから得られた陽性クローンのORF予測結果

第6章 SIGEX：メタゲノムからのハイスループットな代謝系遺伝子スクリーニング法

法により選択されたメタゲノム断片中には転写制御因子や代謝系酵素遺伝子と予想される ORF が多数含まれていることが示された。

取得した安息香酸誘導型クローンで，遺伝子配列の相同性解析からその機能が予測されたものについて紹介する。クローン BZO26 は *gfp* 遺伝子の上流に，安息香酸をカテコールに代謝する酵素，安息香酸ジオキシゲナーゼの一部（*benA*）がクローン化されており，その上流にはこの酵素の転写制御因子（*benR*）が存在していた（図4）。これらは既知の安息香酸代謝系酵素遺伝子群をコードするオペロンである *benABC* オペロン[11]とアミノ酸レベルで70％程度の高い相同性を示した。そしてその上流にはカテコールの代謝に関わるカテコールジオキシゲナーゼ（*catA*），ムコン酸シクロイソメラーゼ（*catB*），ムコノラクトン-D-イソメラーゼ（*catC*）が存在し，その転写制御因子（*catR*）も存在していた。これらは既知のカテコール分解代謝系酵素遺伝子群をコードする *cat* オペロン[12]とアミノ酸レベルで70％程度の高い相同性を示した。この結果は，SIGEX 法によりメタゲノムライブラリーから目的とする代謝系オペロンをクローン化することができることを強く示唆している。

また次の様な安息香酸誘導型クローンも得られた。クローン BZO23 は *gfp* 遺伝子の上流に，薬物排出膜タンパク質とアミノ酸レベルで30〜60％程度相同性のある ORF が3つ存在し，さらにその上流に薬物排出膜タンパク質の転写制御因子とアミノ酸レベルで40％程度相同性のある ORF が存在していた（図4）。このクローンがクローン化していた遺伝子は，細胞内から芳香族化合物を排出するポンプあるいは取り込みポンプをコードしているのではないかと推察される。この結果は，メタゲノムライブラリーのスクリーニングに SIGEX 法を用いることによって，酵素活性に準拠したスクリーニング法では得られない様な遺伝子資源を得ることが可能であることを強く示唆している。

一方で，今回陽性クローンとしてクローン化された DNA 断片の SOM 解析の結果から，SIGEX 法で得られるメタゲノム由来遺伝子断片には微生物種の偏りが生じる可能性があることが明らかとなった（表1）。SOM 解析とは Self-Organizing Map（自己組織化地図）の略で，DNA 塩基配列の連続塩基の組合せの出現頻度から，そのメタゲノム由来遺伝子断片がどのような微生物種由来かを推定する方法である[13,14]。解析の結果，GFP の誘導・非誘導下での発現効率に大きな差が生じた陽性クローンがクローン化していた遺伝子断片は，すべて γ-プロテオバクテリア由来と推定された。これはおそらく宿主として利用した γ-プロテオバクテリアである大腸菌の RNA ポリメラーゼなどの遺伝子発現機構が，γ-プロテオバクテリア由来の遺伝子断片の発現に有利に働く為であろうと推測される。得られる遺伝子断片の微生物種の偏りを解消する為には，例えば大腸菌以外の微生物をライブラリーの宿主として使用すること[15]，遺伝子発現機構を改変した大腸菌をライブラリーの宿主として使用すること[16,17]などが考えられる。

難培養微生物研究の最新技術 II

表1　GFP の発現強度と SOM 解析結果の相関

クローン名*	蛍光強度（倍）	SOM 解析（％）
BZO23	40	*Betaproteobacteria*（96）
BZO26	302	*Gammaproteobacteria*（100）
BZO32	6	*Actinobacteria*（96）
BZO47	152	*Gammaproteobacteria*（100）
BZO62	13	*Gammaproteobacteria*（66）
BZO70	7	*Alphaproteobacteria*（91）
BZO71	160	*Gammaproteobacteria*（87）
BZO135	11	*Deltaproteobacteria*（81）
NAP1	12	*Gammaproteobacteria*（97）
NAP3	53	*Betaproteobacteria*（94）

＊　BZO，安息香酸誘導型クローン；NAP，ナフタレン誘導型クローン

　次に安息香酸誘導型クローン，BZO71 がクローン化していたシトクロム P450 に相同性を示す ORF の機能解析を行った結果について述べる。このクローンは，*gfp* 遺伝子の上流にフェレドキシンの一部とシトクロム P450 と相同性のある ORF がクローン化され，これらの転写制御因子と考えられる ORF もその上流に存在していた（図4）。シトクロム P450 とは微生物から植物，動物まで生物界に幅広く分布するヘムタンパク質型の酵素であり，モノオキシゲナーゼ活性を持つ事が知られている。そしてその特筆すべき性質として，個々のシトクロム P450 の基質特異性がきわめて多様であることが知られている。クローン BZO71 のクローン化している P450 様 ORF は，機能の同定されている P450 の中ではテルペン類を水酸化する *Pseudomonas* sp. 由来の P450 と 30％ 程度の相同性を示した[18]。この新規 P450 の予測される酵素反応としては，P450 を含むオペロンの発現が安息香酸により誘導されることから，安息香酸またはその類縁体が基質になると考えられた。我々はこの予測を基に新規 P450 の酵素活性を調べることにした。クローン BZO71 自体には安息香酸またはその類縁体を水酸化する活性は認められなかったため，解析手法として新規 P450，フェレドキシン，フェレドキシンリダクターゼのそれぞれの大量発現系を構築し，3種のタンパク質を混ぜて反応系を再構成する手法を採用した。フェレドキシン，フェレドキシンリダクターゼは P450 への電子供与体としてその酵素活性に不可欠なものであるが，それぞれの遺伝子の完全長がクローン BZO71 にはクローン化されていなかったため，*P. putida* 由来のもの[19]で代用することにした。実験の結果，この新規 P450 がヘムタンパク質としての分光スペクトルを示すこと，その特異的基質は安息香酸ではなく 4-ヒドロキシ安息香酸であることが明らかとなった。また再構成系により新規 P450 の基質変換能を調べたところ，4-ヒドロキシ安息香酸の 3 位にヒドロキシル基を付加し，プロトカテク酸に変換する活性を持つことが明らかとなった。P450 の基質として多様な分子種が知られているが，このような反応を特異的に触媒するも

のははじめての発見であった。

　ゲノム中の未知 ORF の機能推定は，基本的にはその一次構造と既知遺伝子との相同性からなされるため，新規配列の機能推定は困難である。一方，SIGEX 法により得られた ORF の機能推定においては，前述の実験結果からも明らかなように，一次構造に加えスクリーニングの際に用いた誘導基質からも推定できる。これは SIGEX 法の大きな利点である。さらに新規 P450 の機能解析により，宿主中では容易に活性が発現しない様なマルチコンポーネント型酵素も SIGEX 法により獲得できる可能性が強く示唆された。

4　SIGEX 法の有用性と限界

　一連の実験により SIGEX 法の有用性を示すことができたが，その一方でこの方法の限界も明らかになった。それらを表2にまとめた。また限界への対処法を次に示す。限界のうちの①に関しては，大腸菌以外の様々な宿主を利用する系の構築[20]や，大腸菌の遺伝子工学的な改変[16,17]が有効であると考えられる。②に関しては，原則解決不可能である。しかし多くの場合，発現制御因子は代謝系オペロンの一部として存在しているので，スクリーニングするライブラリーを大きくすることによって，目的の遺伝子が獲得される可能性を高めることができるのではないだろうか。③に関しては，我々は既にメタゲノムを効率的に PCR ウォーキングし，遺伝子全長をクローン化する方法を開発している[21]。④に関しては，SIGEX 法を行う際，ターゲットとする基質以外にその類似物質も誘導基質に用いる事を推奨する。

表2　SIGEX 法の有用性と限界

有用性
①フローサイトメーターの利用により，ハイスループットなスクリーニングが可能である。
② GFP の発現の有無を確認するだけで，様々な酵素遺伝子のスクリーニングを行うことができる。
③未知の遺伝子配列を持った酵素遺伝子が得られる可能性がある。
④酵素の活性に準拠したスクリーニング法では得難い遺伝子資源（例：薬剤排出ポンプ）を得られる可能性がある。
⑤活性を発現させる事が難しい酵素遺伝子（例：マルチコンポーネント型酵素）を取得できる可能性がある。
⑥誘導基質から酵素遺伝子の標的基質が予測可能である。

限界
①転写制御因子の発現や働きが宿主依存的におこなわれ，得られる遺伝子資源に偏りが生じる可能性がある。
②転写制御因子と制御される構造遺伝子が，それぞれゲノム上の別々の場所に存在するタイプは取得できない。
③完全長の酵素遺伝子が得られない可能性がある。
④オペロンにコードされている代謝酵素の標的基質と，発現誘導基質が一致しない場合がある。

5 おわりに

近年の著しいDNAシーケンサーの能力の向上およびゲノムインフォマティクスの発展により，ゲノム生物学的研究手法は目覚ましい進歩を遂げ，それにともない遺伝子資源の探索方法は大きく様変わりした。様々な生物の全ゲノム配列が決定され，得られたゲノム情報を基に新たな遺伝子資源を獲得しようとする試みが盛んにおこなわれている。また特定生態系の全微生物の遺伝子情報を解析しようと試みるメタゲノム解析も盛んに行われており，微生物生態系を理解する為のアプローチとして重要視されている[22]。メタゲノム解析は取り扱い可能な遺伝子資源をさらに広げる手法であり，今後ますます重要になると考えられる。

なお本研究は，経済産業省の「生物機能活用型循環産業システム創造プログラム」の一環として，㈱新エネルギー・産業技術総合開発機構より「生分解・処理メカニズムの解析と制御技術開発プロジェクト」として委託を受け実施されたものである。

文　献

1) T. Uchiyama *et al.*, *Nat. Biotechnol.*, **23**, 88 (2005)
2) R. I. Amann *et al.*, *Microbiol. Rev.*, **59**, 143 (1995)
3) F. G. Healy *et al.*, *Appl. Microbiol. Biotechnol.*, **43**, 667 (1995)
4) J. Handelsman *et al.*, *Chem. Biol.*, **5**, 245 (1998)
5) P. D. Schloss *et al.*, *Curr. Opin. Biotechnol.*, **14**, 303 (2003)
6) T. Uchiyama *et al.*, *Curr. Opin. Biotechnol.*, **20**, 1 (2009)
7) T. Uchiyama *et al.*, *Biotechnol. Genet. Eng. Rev.*, **24**, 107 (2007)
8) T. Uchiyama *et al.*, *Nat. Protoc.*, **3**, 1202 (2008)
9) S. Hino *et al.*, *Microbiology*, **144**, 1765 (1998)
10) K. Watanabe *et al.*, *Appl. Environ. Microbiol.*, **66**, 4803 (2000)
11) C. E. Cowles *et al.*, *J. Bacteriol.*, **182**, 6339 (2000)
12) R. K. Rothmel *et al.*, *J. Bacteriol.*, **172**, 922 (1990)
13) T. Abe *et al.*, *Genome Res.*, **13**, 693 (2003)
14) 中川智ほか，化学と生物，**43** (4)，238 (2005)
15) A. Ono *et al.*, *Appl. Microbiol. Biotechnol.*, **74**, 501 (2007)
16) M. Ferrer *et al.*, *Appl. Environ. Microbiol.*, **70**, 4499 (2004)
17) J. R. Bernstein *et al.*, *J. Biol. Chem.*, **282**, 18929 (2007)
18) J. Peterson *et al.*, *J. Biol. Chem.*, **267**, 14193 (1992)
19) J. A. Peterson *et al.*, *J. Biol. Chem.*, **265**, 6066 (1990)

第 6 章　SIGEX：メタゲノムからのハイスループットな代謝系遺伝子スクリーニング法

20) T. Aakvik *et al.*, *FEMS Microbiol. Lett.*, **296**, 149 (2009)
21) T. Uchiyama *et al.*, *BioTechniques*, **41**, 183 (2006)
22) P. Hugenholtz *et al.*, *Nature*, **455**, 481 (2008)

第 2 編

難培養微生物のゲノム・メタゲノム解析

第7章 次世代シークエンサーを用いたゲノム解析とメタゲノム解析

大島健志朗[*1]，服部正平[*2]

1 はじめに―次世代シークエンサーについて―

2005年にロッシュ・ダイアグノスティクス社の454が登場し，それ以降もイルミナ社のGenome Analyzer，ライフテクノロジーズ社のSOLiDなど次世代型シークエンサーが実用化されている。これらは非常に膨大な量の塩基配列を高速に読み取ることが可能であり，従来のキャピラリー型シークエンサーと比較して，数百〜数万倍の解析能力をもつ。また技術進歩はめまぐるしく，各社とも半年から1年おきにバージョンアップが行われている（表1）。

これらの装置の共通する特徴として，短いリードでサンプルを大量に並列処理するところにある。また，それを可能とするために従来のサンガー法ではなく，各社独自のシークエンス反応技術を採用してハイスループット化を実現している。

また，塩基配列決定を目的とした従来の使用用途のほかに，装置の特性をうまく利用して，mRNAを対象とした定量性の高いトランスクリプトーム解析や機能性RNAの網羅的なシークエンス解析，転写調節因子の結合するゲノム上の位置を網羅的に解析するChIP-seq，リシークエンスによる多型やin-del解析など，これまでのマイクロアレイ法を使用した場合と比較して，より高い定量性および精度で解析することが可能となってきている。

表1 次世代シークエンサーの性能

装置	454GS FLX Titanium	Genome Analyzer IIx	SOLiD3 plus
販売元	ロシュ・ダイアグノスティクス	イルミナ	ライフテクノロジーズ
シークエンス反応	パイロシークエンス法	一塩基合成法	ライゲーション法
1リード当たりの読取塩基数	400〜500塩基	75塩基	50塩基
1ラン当たりの総読取塩基数	4億塩基	80億塩基	300億塩基
1ラン当たりの時間	10時間	3日間	10日間

---

*1 Kenshiro Oshima 東京大学 大学院新領域創成科学研究科 特任助教
*2 Masahira Hattori 東京大学 大学院新領域創成科学研究科 教授

2　細菌ゲノム解析研究への活用

1995年にインフルエンザ菌（*Haemophilus influenzae*）の全塩基配列が発表されて以来，大腸菌や枯草菌といったモデル微生物，大腸菌O157やウェルシュ菌などの病原微生物，そして放線菌，乳酸菌などの産業有用微生物のゲノム配列の解析がなされてきた。

そして，次世代シークエンサーの登場によりデータの生産量が増えたため，ゲノム解析のプロジェクト数も年々増えてきており，細菌ゲノム解析ではこの5年間で従来の約4倍のゲノムプロジェクトが立ち上がり，爆発的な増加を示している（図1）。

新規ゲノムを次世代シークエンサーで解析する場合，比較的長い読取塩基長という特徴をもち，*de novo* シークエンス解析に向いているロッシュ社の454が多く用いられている。キャピラリー型シークエンサーとほぼ同等の読取塩基長であることから，塩基配列の情報処理で従来のゲノム解析の方法をそのまま用いることが可能である。しかも1ランで4～8菌種を同時に解析できるため，非常にハイスループットでゲノム配列のドラフトデータを作成することが可能である。ゲノム解析を454で行う場合，冗長度が約10Xのデータを出せば，ほぼゲノム全体の配列をカバーすることができ，15～20X程度でギャップ部分が最小となる。3 Mbの細菌のゲノム解析を行う場合には，50～60 Mb程度の配列データが必要であると考えられる（図2）。

しかしながら，ゲノム配列を完全に決定するためのギャップクロージングは従来通りPCRに

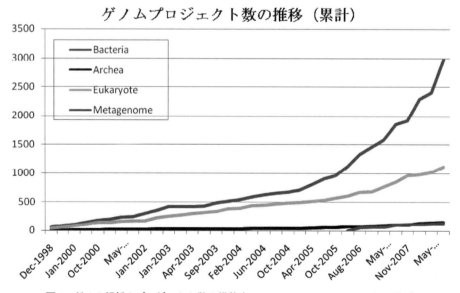

図1　ゲノム解析のプロジェクト数の推移（genomes online databeseより引用）

これらの中には精度良く完全にゲノムを解読しているもの以外に，おおまかにゲノムを概読しただけのドラフトシークエンスも含まれる。

第 7 章　次世代シークエンサーを用いたゲノム解析とメタゲノム解析

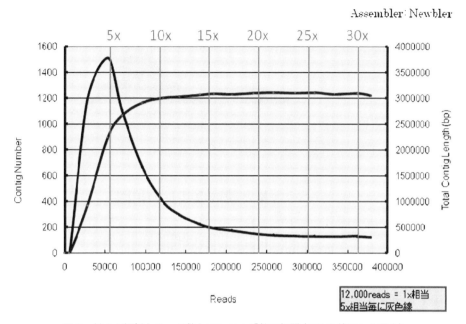

図2　ゲノム解析とリード数とコンティグ数の相関（454を使用した場合）

よるギャップ部位の配列の取得や，プライマーウォーキングによる塩基配列決定を行わなければならないので律速となっており，今後の課題である。

　454ではサンプル調製時にエマルジョンPCRによる1分子増幅でシークエンス鋳型の調製を行う。PCRは増幅対象の配列のGC含量の影響（バイアス）を受ける場合があるため，その検証を行った。メタゲノム試料をもちいて解析したところ，GC含量30〜80%において平均読取塩基長が400塩基であり，大変安定していることが分かった（図3）。一部を除き，ほとんど細菌のゲノム配列ではGC含量30〜80%の間で構成されているためゲノム解析においては問題ないと考えられる。

　また，今までは培養可能な細菌のみが対象とされたゲノム解析であるが，難培養性細菌を含む細菌叢全体を対象としたメタゲノム解析も可能となり，ヒト常在菌・土壌・海などあらゆる環境に生息する細菌のもたらすシステムの解明に向けた研究が可能となった。

　De novo シークエンス解析以外に，同菌種間や近縁種間での多型解析・in-del解析・リアレンジメント解析といった比較ゲノム解析では，イルミナ社GAやライフテクノロジーズ社SOLiDが有効である。454以上に爆発的なデータ産生能力を持つため，100菌株以上を同時に，さらに高精度で解析することが可能である。

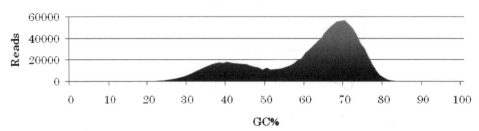
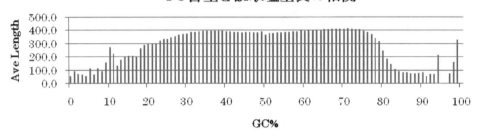

図3　GC含量と読取塩基長の関係（454を使用した場合）

3　マイクロバイオーム計画

ヒトの体内または皮膚に生息する常在菌の生理学的機能を網羅的に解明する目的でヒトマイクロバイオーム計画（Human Microbiome Project：HMP）が立ち上がり，2008年には国際コンソーシアム（International Human Microbiome Consortium：IHMC）が設立された。ヒトの皮膚，口腔，鼻腔，消化管，泌尿器，生殖器などには難培養菌のような未知のものを含む膨大な細菌が存在し，10,000菌種以上，総数としては100兆個におよぶといわれている。常在菌は以前からヒトの健康と病気に密接に関係していることが知られているが，その作用機序はほとんど明らかでない。そのヒト常在菌叢の機能および実体を解明することが大変重要な課題である。しかし，膨大な菌種から構成される集団のため，分子レベルでの研究はほとんど行われていない状況にある。HMPではヒトの皮膚，口腔，鼻腔，消化管，泌尿器，生殖器などの各細菌叢を分子レベルで解析するために，大きく以下の3つの解析手法がとられている。

(1)　16SrRNA遺伝子解析

16SrRNA遺伝子配列は細菌間で高度に保存されており，PCRによって容易に得ることが可能である。細菌叢から得られたゲノムDNAに対しユニバーサルプライマーによるPCRで16S特異的な増幅を行って，得られたクローンの配列情報からそこに存在する細菌の同定を行うことが

第7章　次世代シークエンサーを用いたゲノム解析とメタゲノム解析

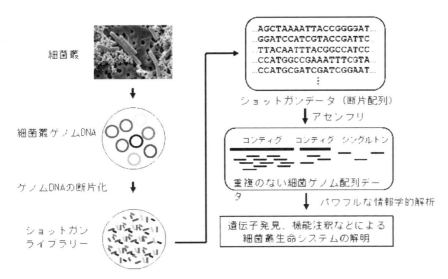

図4　メタゲノム解析の流れ

可能である。

(2) メタゲノム解析

細菌叢を構成する細菌を個別に分離することなく，そのまま細菌叢から調製したゲノムDNAを使って，配列情報を直接得る方法である。得られた配列を情報学的に解析することにより，細菌叢全体の遺伝子の組成や機能を解析する手段として有効である(図4)。

(3) 個別ゲノム解析(リファレンスゲノム解析)

細菌叢から培養可能または難培養なものを含め，個別に細菌を単離して従来行われpていたようにゲノム配列を決定する。メタゲノム解析では分からない，その菌種特有の遺伝子情報を収集することが可能となる。HMPでは，ヒトより分離された1,000菌株を目標としてゲノム配列解析が行われている。常在菌ゲノムの個別解析が進めば，それをリファレンスにすることによりメタゲノム解析データを高い精度で解析することが期待できる。

4　メタゲノム解析

従来，腸内細菌叢の分類や機能を研究するためには個々の細菌を分離培養して解析を行う細菌学的手法と16SrRNA遺伝子による細菌の分類・同定を目的とした分子生物学的手法が用いられてきた。しかし，腸内細菌叢の大半が難培養性の嫌気性菌であり，現状では分離培養して解析するには限界がある。また，16S解析では菌種の同定には有効であるが，機能に関する情報を得ることはできない。そのため，腸内細菌叢の構成する全体像の把握や，機能面の研究を進めて行く

ことは難しい。

　これらの問題を補うものとして，近年メタゲノム解析が用いられている。細菌叢から得られたゲノムDNAに対しホールゲノムショットガン解析の手法を用い，細菌叢を1つの有機体としてとらえて遺伝子情報の網羅的な解析を行う方法である。この際に先項で述べた次世代シークエンサーを使用することは大変有効であり，膨大なデータを得ることが可能であるため網羅性が向上する。

　得られた大量の配列データはアセンブルを行って，重複のないゲノム配列を作成する。そこにはタンパク質をコードする多数の遺伝子情報が含まれており，それらを情報学的に解析処理することによって細菌叢全体の遺伝子組成，また網羅的な機能特性の解明が可能となる。細菌叢のゲノム上にコードされている遺伝子は，その配列の類似度からクラスタリングをすることが可能であり，各クラスターには同様の機能を持つと考えられるオーソログといわれる類似遺伝子でまとめられる（COG：Clusters of Orthologous Groups）。各COGを構成する遺伝子に対し，機能既知遺伝子との相同性を求めてやることで，機能別にカテゴライズすることが可能である。そして，各COG中にある遺伝子数からその細菌叢にある機能別の遺伝子の頻度が計算できる。またこの際，既知遺伝子と相同性を示さない遺伝子は新規遺伝子候補として考えられる。したがってCOGを解析することにより，その環境に存在する細菌叢の遺伝子の機能注釈，個人間の比較解析，他の環境細菌叢との比較，新規遺伝子の発見，細菌叢の特徴解明などの細菌叢の実態と生理機能特性の解明をすることができる（図5）。

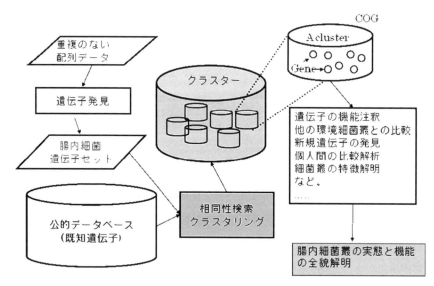

図5　メタゲノム解析による細菌叢の機能特性の解明

5 個別ゲノム解析(リファレンスゲノム解析)

　HMPの中では,ゲノム配列未知の細菌のゲノム解析を1,000菌株を目標に配列決定を行う予定である。著者ら日本のグループではゲノム配列既知の細菌の16SrRNA遺伝子配列と比較して相同性が97％以下のヒトから分離された細菌100菌株のゲノム解析を目標として進めている。

　ゲノム既知の細菌の遺伝子情報が増えることにより,メタゲノム解析のデータ精度の向上が期待されるほか,細菌叢の組成を解析する上でも重要な役割をする。図6で示すようにメタゲノム配列データをリファレンスに相同性計算をしてマッピングしてやることにより,マッピング頻度から,細菌の組成比を計算することが可能となる。今までのやり方では,正確な細菌叢の組成比を求めることは難しいが,この手法であれば,かなり高精度に組成比を割り出すことが可能である。現在はまだゲノム未知の細菌が多いために困難であるが,リファレンスとなるゲノム配列が今後増えて行くことにより,このような解析手法が可能となってくる。

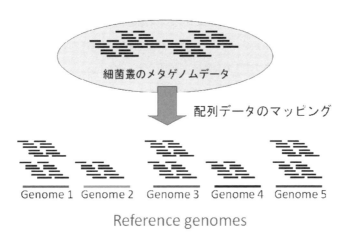

図6　リファレンスゲノム配列へのメタゲノムデータのマッピング

6　おわりに

　次世代シークエンサーの登場により,今までの生命科学の分野における研究の進め方が変わろうとしている。膨大な配列情報を解析するためのバイオインフォマティクス技術が必要になってきており,それを教育するための人材の育成が急務であると思われる。

第8章　メタゲノムインフォマティクス

森　宙史[*1]，丸山史人[*2]，黒川　顕[*3]

1　メタゲノム解析とは

　細菌は，海洋や河川，土壌や大気中，さらにはヒトや動物の腸内，皮膚，口腔内など地球上のあらゆる環境に存在し，その環境に特化した多様な細菌が群集を形成し棲息することで，地球環境における物質循環の根幹を形成している。それら細菌群集由来の膨大な遺伝子で満たされた環境は，巨大な「遺伝子プール」と言っても過言ではない。したがって，環境の根幹を形成する細菌群集の総体としての生命システムを明らかにするためには，環境中の細菌群集さらには遺伝子プールについての詳細な理解が必須となる。しかしながら，環境中に存在する細菌のほとんどが培養困難であるため，培養技術に立脚したこれまでの細菌学的手法では，環境中の細菌に関して得られる知識が極めて偏倚かつ限定されており，群集を構成する種の組成や，生命システムとしての機能，環境との相互作用などについては未解明な部分が多い。

　メタゲノム解析は，環境中の細菌群集からDNAを丸ごと抽出し，徹底的に配列解読することによって，細菌の群集構造を明らかにし，遺伝子プールの変動や環境との相互作用を解明することを可能にした解析手法である。したがって，メタゲノム解析を実施するためには，大量のシークエンシングならびにそれら膨大な情報を処理するコンピュータ，バイオインフォマティクス技術が必須となる。古くは1998年に「メタゲノム」が提唱されていたが[1]，本格的なメタゲノム解析は，10億塩基にもおよぶシークエンスのメタゲノム解析を実施し，120万個もの新規遺伝子を発見した，J. C. Venterらによるサルガッソー海における海洋細菌群集をターゲットとしたメタゲノム解析と言えよう[2]。本研究の成功を受け2004年以降は，細菌群集の生態の理解や，細菌が持つ膨大な未知の遺伝子資源の発見を目的として，盛んにメタゲノム解析が行われるようになった。これまでに，鉱山排水，海水，土壌，ヒト・動物・昆虫腸内，活性汚泥，大気など様々な環境において細菌群集のメタゲノム解析が行われ，環境中の遺伝子プールに関する基盤データが地球レベルで明らかになりつつある。

[*1]　Hiroshi Mori　東京工業大学　大学院生命理工学研究科
[*2]　Fumito Maruyama　東京工業大学　大学院生命理工学研究科　助教
[*3]　Ken Kurokawa　東京工業大学　大学院生命理工学研究科　教授

第8章 メタゲノムインフォマティクス

2 メタゲノム解析の目的

上述した通り，メタゲノム解析自体は，環境中から細菌由来のDNAを回収し，それらを徹底的に解読し，バイオインフォマティクス技術を駆使することで環境由来の遺伝子プールを解析する手法である。このメタゲノム解析には，以下に挙げる大きく2つの課題が存在する。

(1) 群集構造解析，遺伝子プール解析

これまで成果として公開されているメタゲノム研究には様々な目的が存在する。これらメタゲノム研究のリストは，Genomes OnLine Database (GOLD)[3]に良く整理されているが，そのうち2005年上旬までに行われた研究の多くは，例えば，上述のサルガッソー海の海水や酸性鉱山排水[4]，ミネソタ土壌，深海のクジラ遺骸[5]など，種や遺伝子プールの記載を中心としたメタゲノム解析である。酸性鉱山排水のメタゲノム解析では強酸性の環境に適応した少数種のいわゆる極限環境細菌により群集が形成されていることが明らかになり，ミネソタ土壌や深海のクジラ遺骸のメタゲノム解析では，群集のほとんどが多様かつ未知の細菌から構成されていることが明らかになった。初期のこれらのメタゲノム研究は，基本的には環境中の遺伝子プールの記載に留まっているものの，これまで目にすることが不可能であった環境中の遺伝子プールを明らかにしたという点で高く評価される研究となっている。

(2) 有用遺伝子探索

メタゲノム解析では，効率は悪いものの培養困難な細菌のゲノムも解読可能であるため，細菌が持つ新規有用遺伝子の発見を目的とした研究も勢力的に実施されている。その代表的な研究が，木質を栄養源とするシロアリの腸内メタゲノム解析であり，バイオエタノールの生産に有用な酵素遺伝子の発見を主な目的とした研究である[6]。本研究により，シロアリ腸内における複数種からなる共生細菌の存在が明らかになるとともに，新規の糖代謝遺伝子が多数発見された。また，下水処理に利用されている活性汚泥中に存在する微生物群集の理解と，より効率的な下水処理を実現するための有用遺伝子発見を目的として，活性汚泥中の特に細菌群集をターゲットとしたメタゲノム解析が行われ[7]，特定の優占種に偏った群集構成や，下水処理時のリン除去に関わる重要な遺伝子群が明らかとなった。

3 メタゲノムインフォマティクス

メタゲノム解析では細菌群集をまるごとゲノム解析するために，得られるゲノムデータは膨大なものとなる。この膨大な情報から有益な知識を効率よく発見するためにはバイオインフォマティクス技術を駆使した解析が必須となる。メタゲノム解析では，サンプリングからシークエン

スまでが実験を主体とするいわゆる「ウェット」の解析であり，その後のアッセンブルや遺伝子予測，遺伝子機能推定，種組成解析，統計解析などの解析については，バイオインフォマティクスによる「ドライ」な解析である。このうちバイオインフォマティクスによる解析は，個別菌のゲノム解析と基本的には共通しているが，メタゲノム解析の場合は多数の種由来の配列が混在していること，さらには解析対象としている細菌群集由来の全DNAが得られている訳ではないなどの理由により，これまでのゲノム解析とは根本的に異なる複雑な解析「メタゲノムインフォマティクス」が必要となる。

3.1 メタゲノム解析手法

図1には，環境からの細菌群集のサンプリングおよびDNA抽出，シークエンシング以降の一般的なメタゲノム解析の流れを示している。図中左上に記述してある「リード」とは，シークエ

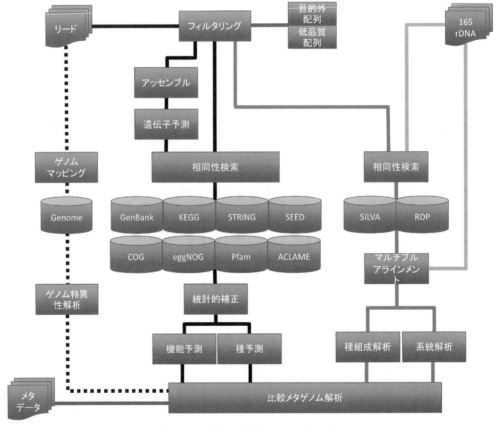

図1 メタゲノム解析のフローチャート

図中左上に記述してある「リード」とは，シークエンシングによって得られた配列データを意味する。

第8章　メタゲノムインフォマティクス

ンシングによって得られた配列データを意味する。以降，このフローチャートに沿ってメタゲノム解析手法に関して解説していく。一般的なメタゲノム解析は，ゲノムマッピング，遺伝子アノテーション，群集構造解析の主に3種類の解析に分類する事ができる。

3.2　ゲノムマッピング

　環境中の遺伝子プールから得られた配列データを，既知のゲノム配列にマッピング（アラインメント）することで，環境中の細菌と既知の細菌とのゲノム構造の相違を推定する事が可能となる。図1の破線のフローを参照しながら，ヒト腸内細菌叢のメタゲノム解析を例に挙げて考えよう。成人の腸内にはそれほど多くはないものの大腸菌が存在している。したがって腸内細菌叢をターゲットとしてメタゲノム解析を実施すれば，腸内に生息している大腸菌由来の遺伝子断片も多数得られる事になる。では，ヒト腸内に生息している大腸菌のゲノム配列は，既知のK-12株のゲノム配列とどの程度似ているのだろうか？　違うとすればどのような領域が異なるのだろうか？　この疑問に答えるにはゲノムマッピング解析が有効となる。シークエンスした断片配列を，すでにゲノム全配列が得られている大腸菌K-12株のゲノム配列上にマッピングした場合，腸内に生息する大腸菌とK-12株のゲノム配列が類似している領域は，腸内由来の断片配列でマッピング可能であるが，類似していない領域はマッピングする事ができない。すなわち，単離培養することなくK-12株とは異なる腸内大腸菌のゲノム構造を理解することが可能となる。図2は実際にヒト腸内メタゲノム解析から得られたリードを[8]，アラインメントソフトblastnにより

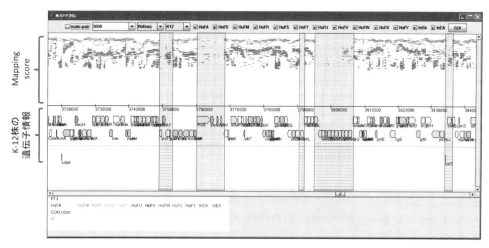

図2　ゲノムマッピングの例

ヒト腸内メタゲノム解析から得られたリードを，アラインメントソフトblastnにより大腸菌K-12株ゲノム上にマッピングした結果。図の上段がリード（各線分）のマッピングの様子を示している。縦軸はblastnのスコア。グレーの長方形で囲った領域は，大腸菌K-12株と比較して，ヒト腸内大腸菌において欠損している，または全く異なる配列が挿入されていることを意味する。

K-12株ゲノム上にマッピングした結果である。この図の上段が各リードのマッピングの様子を示しているが，長方形で囲ったK-12株のゲノム領域には，ほとんどリードがマッピングできていない。この事は，ヒト腸内には大腸菌が存在するものの，ゲノム構造は既知のK-12株とは異なり，腸内大腸菌においてこれらの領域が欠損している，またはK-12株とは全く異なる配列が挿入されていることを意味している。

このように，ゲノムマッピング解析を多数の種にわたり実施することで，研究対象の環境に生息する細菌種のゲノム構造を理解することが可能となる。しかしながら，本解析は環境中の細菌種と進化的に近縁の既知ゲノム配列（レファランスゲノム）が得られる場合にのみ可能となるものであり，すべてのメタゲノム解析において有効なものではないので注意が必要である。

3.3 遺伝子機能アノテーション

研究対象としている環境中の遺伝子プールを記述する事，すなわち遺伝子アノテーションは，個別菌のゲノム解析同様，メタゲノム解析においても必ず実施せねばならない重要な解析である。図1の黒の実線のフローを参照されたい。遺伝子アノテーションは大きく2つの方法があるが，どちらにも共通して，まずは得られたリードをフィルタリングする必要がある。

3.3.1 フィルタリング

ここで言うフィルタリングとは，信頼性の低いリードの除去，および真核生物やウイルスなど細菌以外の生物種由来のリードの除去を意味している。信頼性の低いリードの除去に関しては，シークエンサーから出力されるクオリティデータを参照し，ある基準以下のリードをすべて排除すれば良い。細菌由来でない配列の除去は，いくつかの行程を経る必要がある。代表的には，①GenBank-nrデータベースに対する相同性検索により，細菌やファージ，プラスミド以外に高い相同性でヒットしたリードを除去，②いわゆる「コンタミ」が予想される生物種のゲノム配列に対してマッピングを行い，高いスコアでマップされたリードを除去，③ACLAME[9]などに含まれるウイルスデータベースに対する相同性検索により，高い相同性でヒットしたリードを除去（ファージ，プラスミドは除く），などの方法がある。このフィルタリング処理によって，高い割合でリードが除去されてしまうような場合には，サンプリングやDNA抽出法を再検討し，シークエンシングをやり直した方が良いと思われる。

フィルタリングにより低品質配列および目的外配列を除去したリードを使用して，遺伝子アノテーションを実施する。遺伝子アノテーションは，リードをアッセンブルするか否かにより2つの方法にわける事ができる。どちらの方法も遺伝子機能をアノテーションするには，既存の遺伝子データベースに対して相同性検索を実施することになるが，相同性検索時の計算コストや得られた結果からサンプル内に含まれる遺伝子数の予測をする際の統計処理方法が異なる。

3.3.2 アッセンブルを伴う遺伝子アノテーション

シークエンスによって得られたリードを，配列相同性によりアラインメントしリード同士を連結したcontigを生成する事をアッセンブルと言い，個別菌のゲノムシークエンスの際にも行われているものである。しかしながら，メタゲノム解析において得られるリードは，多様な細菌種由来の配列が混在したものであり，ほとんどの場合，種数，構成種，存在比率などや全DNAのどの程度がシークエンスされているのかが不明であるので，同一細菌由来の配列断片をアッセンブルし配列長の長いcontingを形成することは非常に困難である。これらを克服したメタゲノム解析専用のアッセンブルソフトウェアは現在のところ開発されておらず，個別菌のゲノムシークエンスで使用されていたソフトウェアを流用しているため，ミスアッセンブルを防ぐ意味で複数のソフトウェアを併用する必要がある。また特に，得られるリード長が極端に短いSolexaなどに代表される新型シークエンサーをメタゲノム解析に利用した場合は，さらにアッセンブルが困難となるため，後述するアッセンブルを実施せずリードそのものを対象として遺伝子アノテーションをする事がある。Sanger型シークエンサーによるシークエンシングの場合は，Phrap[10]，CAP3[11]，ARACHNE[12]などの代表的なソフトウェアがある。新型シークエンサーによるシークエンシングの場合は，Newbler，Velvet[13]，SOAPdenovo[14]，ABySS[15]などのソフトウェアがある。

3.3.3 遺伝子予測

リードをアッセンブルしcontigを生成した後は，得られたcontigに対して遺伝子領域予測を行う。上述したように，メタゲノム解析で得られるリードは，極めて多様な種由来であるためアッセンブルの際，配列長の長いcontigの生成が困難となる。したがって，contig配列中に遺伝子配列全長さらには遺伝子上流領域が見出せない場合が多いため，ダイコドンやGC含量などの遺伝子配列の特徴を学習し新規の遺伝子を予測する確率的手法の適用は困難となる。最近になって，より短い配列断片からも高精度に遺伝子領域を予測可能なメタゲノム解析に特化した遺伝子予測ソフトウェアがいくつか開発されている。中でもMetaGene[16]およびMetaGeneAnnotator[17]は精度が高く，多くのメタゲノム解析で利用されている。MetaGene以外にもOrphelia[18]，GeneMark.hmm[19]，MetaTISA[20]などのソフトウェアがあり，予測精度を高めたい場合には，複数のソフトウェアを組み合わせて利用することが望ましい。

3.3.4 アッセンブルを伴わない遺伝子アノテーション

リードをアッセンブルせずcontigを生成しない場合は，遺伝子予測をすることなく，リードを直接データベース検索することで各リードが由来する遺伝子の機能のアノテーションを実施する。

3.3.5 遺伝子機能アノテーション

遺伝子の機能を推定する方法としては，ゲノムデータベースやGenBankなどの遺伝子データ

ベースや，pfam などのタンパク質の機能ドメインデータベースを対象とした配列相同性検索を行い，ヒットしたデータベース上の配列の機能情報を適用する方法が一般的である。種組成解析も，分類群と配列相同性の関係性に基づき，ヒットしたデータベース上の配列の由来した種を割り当てるのが一般的である[21]。アッセンブルを伴う遺伝子アノテーションの場合は，contig から予測した遺伝子をアミノ酸データベースに対して blastp にて検索をする。また，アッセンブルを伴わない遺伝子アノテーションの場合にも，アミノ酸データベースを対象として blastx にて検索をする。この際，クエリとなるリードの長さにより，ヒットか否かの判定基準を変更する必要があるし，リード長が極端に短い場合においてもより高感度に相同性を検出するためには blast のオプションも short query 用のオプションに切り替える必要がある。

　機能予測できた遺伝子については，eggNOG，COG などのオーソログデータベースや KEGG，SEED などの代謝パスウェイデータベースなどを対象とした相同性検索を実施し，その細菌群集が総体として持つ遺伝子機能の特徴を抽出するための解析を行う。

3.4　統計的補正

　メタゲノム解析において，ある機能を有する遺伝子の増減をサンプル間で比較し議論することは，遺伝子プールと環境との相互作用を理解する上で非常に重要である。サンプル中のすべての遺伝子をことごとくシークエンスできており，サンプルに含まれる遺伝子の絶対量がわかるのであれば，得られた解析結果をサンプル間で直接比較すれば良い。しかし，サンプル中の遺伝子はおおよそ無限であるため，高性能なシークエンサーを利用したとしてもシークエンシングは基本的にはランダムサンプリングに過ぎない。したがって，リードまたは contig から遺伝子機能アノテーションや菌種組成を実施した後，それら遺伝子や菌種のボリュームを推定しサンプル間比較を実現するためには，得られた結果に対して統計的な補正が必要となる。

3.5　遺伝子数の統計的補正

　リードをアッセンブルすることによって生成した contig から遺伝子予測した場合，予測された遺伝子は複数のリードから構成されている事になる（図3）。解析の結果，この遺伝子が1個しか検出できなかったとしても，サンプル中にはもっと多数の遺伝子が存在すると言えよう。そこで，シークエンスした配列中の特定の遺伝子数を議論する場合は，予測した遺伝子数を論じるのではなく，図3に示すように，予測した遺伝子領域に含まれるリードの長さ合計を予測遺伝子長で割った値を議論すべきである。

　では，リードをアッセンブルせず contig を生成しない場合はどのように補正すれば良いのだろうか。答えは極めて簡単でアッセンブル＋遺伝子予測の時と同様である。無限と考えて良いサ

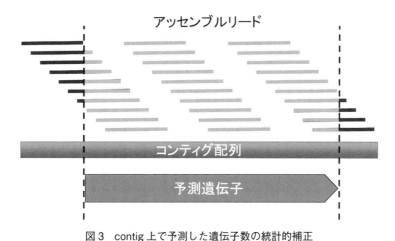

図3 contig 上で予測した遺伝子数の統計的補正

contig 配列中の予測遺伝子領域内に含まれるリードの長さ総和(明るいグレー部分の合計長)を，予測遺伝子の長さで割ることで規格化。

ンプル中の遺伝子プールから，特定の領域をシークエンスする行為はポアソン分布に従うので，ある特定の遺伝子にヒットしたリードの長さの総和を，ヒットした遺伝子の長さで割ってやれば良い。

これらの事により，どちらの解析法を利用した場合でも，同一サンプル内での機能別の遺伝子数比較，複数サンプル間での遺伝子数比較が可能となり(サンプル間での比較の場合は，さらに総シークエンス量で規格化)，環境特異的な遺伝子などの特徴抽出が可能となる。

4 メタデータの重要性

メタゲノム解析では，単一のサンプルの解析だけでは遺伝子プールの記載は可能であるものの，細菌群集の環境との相互作用や，群集総体としての生命システムに関する新規知見を見出すことは困難である。これを克服するためには，個別菌のゲノム解析の戦略同様，複数のサンプルにおける解析結果を比較することが重要となる。特に，温度やpHなどの環境要素が各細菌種および細菌群集全体に与える影響を明らかにするには，複数のメタゲノムデータを比較解析する比較メタゲノム解析が必須となる。J. C. Venter らは，海水のサンプリングを地球規模で行っており，得られたメタゲノム解析結果をサンプル間で比較することによって，生息環境の違いが細菌群集に与える影響を明らかにすることを目的とした Global Ocean Sampling プロジェクトを進めている[22]。また，ヒトの口腔，呼吸器，皮膚，腸，女性器などに存在する細菌群集の生態の理解を目的として，ヒトメタゲノムプロジェクトが欧米を中心として進行中であるが[23,24]，これらのプロ

ジェクトにおいても，年齢や体質，人種，生活習慣などのヒト間の違いと細菌群集との関連性を明らかにするために，メタゲノム解析結果のサンプル間での比較を必須としている。比較メタゲノム解析の結果から遺伝子プールの差異だけでなく新たな生物学的意義を見出すためには，サンプリングした環境を特徴付けるための詳細な情報である「メタデータ」の取得が必須となる。このメタデータには，温度やpH，あるいはヒトメタゲノム解析の場合は，年齢，性別，既往歴，BMI値や血中成分など，解析対象である細菌群集を取り巻く環境についての情報以外にも，サンプリング地点の緯度経度や，サンプリング方法，DNA抽出法，シークエンス方法などの情報も含まれている。このメタデータ群とシークエンサーから得られるメタゲノムデータとを組み合わせることで，メタゲノムデータの比較で明らかとなるサンプル間の差異を，メタデータの変動により説明することが期待できるのである。このように測定，記録すべきメタデータは，研究の目的に依存して大きく異なっており，比較メタゲノム解析を実施しより良い結果を得るためには，測定すべきメタデータに関して実験計画時に入念に検討しておく必要がある。

5 おわりに

環境中の細菌群集を構成する種や遺伝子のリストを記述することを主目的としたメタゲノム研究は，新型＆次世代シークエンサーの普及によりゲノム科学分野のみならず環境微生物学分野，生態学，進化学，地球科学などにおいて一般化すると言っても過言ではない。しかし，上述したように有効なメタデータが得られなければ，メタゲノムデータは単なる配列情報に過ぎず，したがって比較メタゲノム解析の結果はほとんど意味を持たない。したがって，メタゲノム研究を実施する際，研究目的を明確にした上で，収集すべきメタデータの選定を中心として入念な実験計画を立てた上で研究に取り組む必要がある。どのようなメタデータを選定すれば良いのかは，研究目的に依存するため標準的には決定しておらず，最新の大規模メタゲノム研究においてもメタデータは圧倒的に不足しており，大量の遺伝子配列情報を有効に利用しつくしているとは言い難い。欧米のヒトメタゲノムプロジェクトでは，今後究極のメタデータとして，ホストであるヒトゲノムデータも併せて解析する事を真剣に議論している。今後は多岐に渡る高精度なメタデータとメタゲノムデータを統合することで，包括的かつ柔軟な「メタ比較解析」が可能となり，地球環境の根幹を形成する細菌叢の理解が加速度的に進むものと期待している。

第8章　メタゲノムインフォマティクス

文　　献

1) Handelsman, J. *et al.*, *Chem. Biol.*, **5**, 245-249 (1998)
2) Venter, J. C. *et al.*, *Science*, **304**, 66-74 (2004)
3) Liolios, K. *et al.*, *Nuc. Acids Res.*, **36**, D475-D479 (2008)
4) Tyson, G. W. *et al.*, *Nature*, **428**, 37-43 (2004)
5) Tringe, S. G. *et al.*, *Science*, **308**, 554-557 (2005)
6) Warnecke, F. *et al.*, *Nature*, **450**, 560-565 (2007)
7) Martin, H. G. *et al.*, *Nat. Biotechnol.*, **10**, 1263-1269 (2006)
8) Kurokawa, K. *et al.*, *DNA Res.*, **14**, 169-181 (2007)
9) Leplae, R. *et al.*, *Nuc. Acids Res.*, **38**, D57-D61 (2010)
10) Ewing, B. *et al.*, *Genome Res.*, **8**, 186-194 (1998)
11) Huang, X. *et al.*, *Genome Res.*, **9**, 868-877 (1999)
12) Batzoglou, S. *et al.*, *Genome Res.*, **12**, 177-189 (2002)
13) Zerbino, D. R. *et al.*, *Genome Res.*, **18**, 821-829 (2008)
14) Ruiqiang, L. *et al.*, *Bioinformatics*, **24**, 713-714 (2008)
15) Simpson, J. T. *et al.*, *Genome Res.*, **19**, 1117-1123 (2009)
16) Noguchi, H. *et al.*, *Nuc. Acids Res.*, **34**, 5623-5630 (2006)
17) Noguchi, H. *et al.*, *DNA Res.*, **15**, 387-396 (2008)
18) Hoff, K. J. *et al.*, *Nuc. Acids Res.*, **37**, W101-W105 (2009)
19) Borodovski, M. *et al.*, *Nuc. Acids Res.*, **26**, 1107-1115 (1998)
20) Hu, G-Q. *et al.*, *Bioinformatics*, **25**, 1843-1845 (2009)
21) McHardy, A. C. *et al.*, *Curr. Opin. Microbiol.*, **10**, 499-503 (2007)
22) http://www.jcvi.org/cms/research/projects/gos/overview/
23) http://www.hmpdacc.org/
24) http://www.metahit.eu/

第9章 ヒト腸内フローラのメタゲノム解析と肥満・健康

桑原知巳[*1]，林 哲也[*2]

1 はじめに

　ヒトの体表や体内には，細菌を中心とする微生物が大量に存在し，communityを形成している。これらの微生物群集はフローラ（flora）と呼ばれており，フローラ内での微生物間の相互作用（クロストーク）や代謝産物等を介したフローラ・宿主間相互作用のメカニズムは非常に興味深い研究対象である。ヒト常在フローラの菌種構成は，口腔・腸管・膣粘膜等，解剖学的部位によってそれぞれ特徴的で，フローラの形成過程には宿主側からの強い選択圧が働いていることが伺える。

　腸内フローラはヒトや動物における最大の細菌叢であり，構成菌種は1,000種を超え，総菌数は100兆個に達するといわれる。この数はヒト体細胞の総数（約60兆個）をはるかに凌駕しており，個々の細菌が有する多様な代謝活性を考慮すると，腸内フローラは1つの臓器と捉えることもできる。これまでに知られている腸内フローラのヒトに対する有益な生理作用として，食物の消化，微量栄養素の供給，外来病原微生物に対する定着阻害等があげられる（表1）。さらに，無菌マウスの解析等から，腸内フローラが特定の臓器や免疫系の発達に関与していることや，脳神経活動の制御等にも関連している可能性も示唆されている。どのような細菌がこれらの作用に関与しているのかについては不明な点が多いが，最近の研究でSegmented filamentous bacteriaと呼ばれる難培養菌が単独で腸管免疫組織におけるTh17サブセットの分化を強く誘導する例も示されていることから[1]，個々の有益な生理作用が特定の細菌によって担われている可能性もある。

　一方，新世代シークエンサーの登場による塩基配列決定能力の飛躍的な向上や低コスト化，膨大な配列情報の解析法やデータマイニング手法の発達を背景に，常在フローラ研究への関心が非常に高まってきており，フローラのメタゲノム解析やメタ16S rRNA解析等を用いた菌叢解析の結果が相次いで報告されている（表2）。また，ヒト常在菌の大型ゲノムプロジェクトも世界各地で動き始めている（米国のHuman Microbiome Project（HMP）など）。これらのプロジェクトにおける最終的な目標は，常在フローラの機能異常と疾患との関連，例えば腸内フローラの異常と炎

[*1] Tomomi Kuwahara　徳島大学　大学院ヘルスバイオサイエンス研究部　分子細菌学分野　准教授

[*2] Tetsuya Hayashi　宮崎大学　フロンティア科学実験総合センター　センター長

第9章 ヒト腸内フローラのメタゲノム解析と肥満・健康

表1 腸内フローラの関与が考えられる宿主生理機能

食物の消化(糖質,タンパク質,脂質代謝)
胆汁酸の代謝
薬物代謝
腸管感染防御
栄養素の合成(短鎖脂肪酸,ビタミン)
腸管免疫システムの発達
腸上皮新生
心臓の発達
視床下部―下垂体―副腎系の機能維持

表2 これまでに報告された主要なヒト常在フローラのメタゲノムおよびメタ 16S rRNA 解析

部位	解析手法	文献(本稿における文献番号)
腸管(成人)	メタ 16S rRNA 解析	Eckburg *et al., Science*, 308, 1635-1638 (2005) (13)
腸管(成人)	メタゲノム解析	Gill *et al., Science*, 312, 1355-1359 (2006) (3)
腸管(新生児)	メタ 16S rRNA 解析	Palmer *et al., PLoS Biol*, 7, 1556-1573 (2007) (14)
腸管(成人/幼児/乳児)	メタゲノム解	Kurokawa *et al., DNA Res*, 14, 169-181 (2007) (4)
腸管(双生児)	メタゲノム解析	Turnbaugh *et al., Nature*, 457, 480-484 (2009) (10)
口腔	メタ 16S rRNA 解析	Kroes *et al., Proc Natl Acad Sci USA*, 96, 14547-14552 (1999) (15)
口腔	メタ 16S rRNA 解析	Paster *et al., J Bacteriol*, 183, 3770-3783 (2001) (16)
口腔	メタ 16S rRNA 解析	Aas *et al., J Clin Microbiol*, 43, 5721-5732 (2005) (17)
口腔	メタ 16S rRNA 解析	Nasidze *et al., Anal Biochem*, 391, 64-68 (2009) (18)
食道	メタ 16S rRNA 解析	Pei *et al., Proc Natl Acad Sci USA*, 101, 4250-4255 (2004) (19)
胃	メタ 16S rRNA 解析	Bik *et al., Proc Natl Acad Sci USA*, 103, 732-737 (2006) (20)
膣	メタ 16S rRNA 解析	Zhou *et al., Microbiology*, 150 (Pt 8), 2565-2573 (2004) (21)
膣	メタ 16S rRNA 解析	Zhou *et al., ISME J*, 1, 121-33 (2007) (22)
皮膚	メタ 16S rRNA 解析	Gao *et al., Proc Natl Acad Sci USA*, 104, 2927-2932 (2007) (23)
皮膚	メタ 16S rRNA 解析	Fierer *et al., Proc Natl Acad Sci USA*, 105, 17994-17999 (2008) (24)
皮膚	メタ 16S rRNA 解析	Grice *et al., Science*, 324, 1190-1192 (2009) (25)
腸/口腔/外耳道/鼻腔/頭髪/皮膚	メタ 16S rRNA 解析	Costello *et al., Science*, in press (26)

症性腸疾患(潰瘍性大腸炎やクローン病),大腸癌などの悪性腫瘍,喘息やアトピー性皮膚炎などのアレルギー疾患等との関連を明らかにし,これら難治性疾患に対する新たな治療・予防法の開発を行うことである.しかし,常在フローラの構造は個人間で大きく異なり,また個人内でも年齢や生理状態によって変動することから,常在フローラの機能異常を理解するためには,まず正常な常在フローラとは何かを理解する必要がある.

本稿では,我が国で実施された13名の健常日本人の腸内フローラのメタゲノム解析の成果とともに,近年注目されている腸内フローラと肥満との関連性についての最新の研究を紹介する.

2 健常人の腸内フローラメタゲノム解析

　様々な年齢や生理状態における腸内フローラの変動については，光岡らによる培養法を駆使した多くのデータがある[2]．しかし，腸内フローラの構成菌群の30〜50%は現在の技術では培養できない「難培養菌」であり，培養に依存しないゲノムDNAを標的とした解析法が広く用いられるようになってきている．菌種組成を評価する方法としては，細菌の16S rRNA遺伝子をPCR増幅してライブラリーを作製し，その塩基配列をランダムに決定する方法（メタ16S rRNA解析）が多く使用される．また，糞便等より抽出した細菌DNAの塩基配列を丸ごと決定するメタゲノム解析は，常在フローラが保有する遺伝子レパートリーを明らかにできるため，各生態系をより深く理解することが可能である．

　ヒト腸内フローラのメタゲノム解析としては，2006年に米国のグループにより報告されたものが最初である[3]．この解析では，ヒト腸内にメタン産生性古細菌 (*Methanobrevibacter smithii*) が存在することや，新規代謝系が同定されるなどの新しい発見があったものの，解析対象は成人2名由来の糞便サンプルであり，最優勢菌の1つである *Bacterodes* 属がほとんど検出されないという奇妙な結果であった．

　一方，黒川らは，さまざまな年齢（生後3ヶ月から45歳）の健常日本人13名を対象としたヒト腸内フローラのメタゲノム解析の結果を報告している[4]．解析対象13名の内訳は，成人7名（24〜45歳），幼児2名（3歳と1.5歳）および離乳前乳児4名（3〜7ヶ月）であり，血縁関係のない2つの家族が含まれている（表3）．これら13名の糞便からDNAを調整し，1,057,481リード（各サンプルにつき約80,000配列，Phred scoreが15以上の配列の長さは全体で727 Mb）の塩基配列情報を収集した．得られた配列をサンプル毎にアッセンブリすると，平均67.6%の配列がcontigを形成し，13名から得られたcontigおよびsinglton (contigを形成しなかった孤立配列) の総和は478.8 Mbであった．土壌のメタゲノム解析では，contigの形成率は1%未満であったと報告されており[5]，土壌に比べると腸内フローラの遺伝子多様性は低いと考えられる．また，成人および幼児由来の各サンプルでは52〜80%の配列（ほとんどが60%未満）がcontigを形成したのに対して，離乳前乳児では79〜89%の配列がcontigを形成した．その結果，ほぼ同じ数のメタ配列を解析したにもかかわらず，成人・幼児におけるnon-redundantな配列長（38.9〜49.6 Mb）は乳児（14.9〜28.1 Mb）と比較して著しく長い．この結果は，成人・幼児の腸内フローラ構成が乳児に比べて著しく複雑であることを示唆する．また，各腸内フローラのメタゲノム配列からは，20,063〜67,740のopen reading frame (ORF；20アミノ酸以上) が抽出された．これら全遺伝子セットの配列類似性に基づいて各腸内フローラをクラスタリングすると，成人と幼児は1つのクラスターを形成した（図1）．対照的に，離乳前の乳児では，個人間での多様性が非常

第9章 ヒト腸内フローラのメタゲノム解析と肥満・健康

表3 健常日本人13名から得られた腸内メタゲノムサンプルの情報（文献4より抜粋）

サンプル	年齢	性別	総配列数(bp)	Contig数	総アッセンブル長(Mp)	遺伝子数	COG数
個人 In-A	45歳	男性	52,509,363	5,410	29.93	38,778	2,355
個人 In-B	6ヶ月	男性	62,792,581	1,721	14.88	20,063	1,617
個人 In-D	35歳	男性	55,137,918	7,613	49.55	67,740	2,559
個人 In-E	3ヶ月	男性	56,781,600	4,819	28.07	37,652	2,107
個人 In-M	4ヶ月	女性	57,808,421	4,794	26.37	34,330	2,857
個人 In-R	24歳	女性	55,404,826	8,935	46.79	63,356	2,655
家族 F1-S	30歳	男性	53,568,019	7,545	38.86	54,151	2,531
家族 F1-T	28歳	女性	55,365,235	7,389	44.28	65,156	2,921
家族 F1-U	7ヶ月	女性	53,864,663	4,854	25.76	35,260	2,519
家族 F2-V	37歳	男性	55,926,002	7,919	47.02	66,461	2,873
家族 F2-W	36歳	女性	54,885,684	6,778	40.97	57,213	2,609
家族 F2-X	3歳	男性	56,587,120	5,032	40.55	57,446	2,669
家族 F2-Y	1歳6ヶ月	女性	56,276,047	9,159	46.31	64,942	2,664

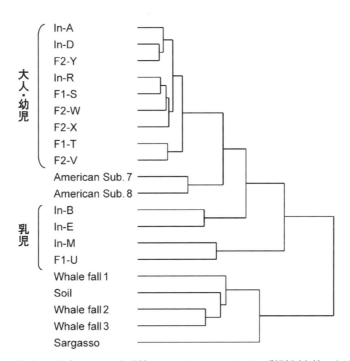

図1 機能分類に基づいた腸内フローラと環境フローラのクラスタリング解析（文献4より改変して転載）
　米国人2名の腸内（American Sub.7とSub.8：文献5）および海底鯨骨周囲（Whale fall：文献4），土壌（Soil：文献4），海水（Sargasso：文献6）のメタゲノムデータを併せて解析した。腸内フローラサンプルの内訳については表3を参照。

に高く，成人・幼児のフローラと大きく異なる遺伝子組成を持った細菌集団であることがわかる。また，腸内フローラを構成する細菌集団のゲノム配列は，環境サンプル（海水，海底鯨骨周囲，

土壌)中の細菌集団[4,6]のものとは大きく異なる。なお,この解析では,家族内での腸内フローラの類似性を示すデータは得られなかった。

　腸内フローラがどのような細菌によって構成されているのかを,メタゲノム配列から推定することは可能であろうか。90% identity を閾値として,各フローラで同定された全ての遺伝子配列を既知の遺伝子配列に対して相同検索を行った場合,成人・幼児では17〜43%の遺伝子が特定の属へ分類された(35-65属,全121属)。一方,乳児では33〜35%が属レベルで分類された(31-61属,全84属)。腸内フローラの構成菌として合計で142属が同定されたが,重要な点は,メタゲノム配列から同定された遺伝子の大半(57〜83%)はどの属にも分類できない未知の細菌由来であるという点である。この結果は,腸内常在菌のゲノム解析が進んでいないこと,すなわちメタゲノム解析に必要なレファランス配列情報が極端に不足していることを示すものであり,米国のHMP等においては,レファランス配列の取得とそのデータベースの充実が最重要課題となっている。

　13名の腸内フローラを比較すると,フローラの構造が離乳前後で劇的に変化することがわかった。成人と幼児の腸内フローラでは,ある程度の個人差は認められるものの,全体的な傾向としては類似性が高く,*Bacteroides* 属が最も優勢で,*Eubacteruium*, *Clostridium*, *Ruminococcus* といった Firmicutes に属する属と *Bifidobacterium* がこれに続く。一方,離乳前では,*Bifidobacterium* や腸内細菌科の *Escherichia*, *Klebsiella*, *Raoultella* が主要な構成細菌群であり,サンプル内での多様性は低いが,個人間での多様性が著しく高い。また,全ゲノム配列が明らかになっている *Bacteroides* と *Bifidobacterium* のゲノム(それぞれ11種と4種)に対してメタゲノム配列をマッピングしてみると(identity > 95%, alignment length > 150 bp),乳児では80%以上の配列が特定の *Bifidobacterium* 菌種にマッピングされた。一方,成人・小児の配列はさまざまな *Bacteroides* 菌種にマッピングされることから,菌種レベルで見ても,成人と幼児のフローラは非常に多様な細菌群によって構成されていると考えられる。これらの結果は離乳前乳児と成人・幼児の腸内フローラの構造の違いをよく表すとともに,子供のフローラが離乳後速やかに成人型に変化することを示している。

　次に,メタゲノム配列から推定される腸内フローラの機能的な特徴について述べる。メタゲノム配列から予測された遺伝子の48%が,3,268のCOG (Cluster of Orthologous Group)に分類された。離乳前の乳児における検出COG数は個人間で大きく異なり(1,617〜2,857,表3),また,各COGに含まれる遺伝子数は成人・幼児の約3分の2であった。これは成人型と乳児型フローラの菌組成の特徴とよく相関する結果である。各腸内フローラにおいて検出頻度の高い("enrich"された)COGを調べると,海水や他の環境とは異なる特徴が認められる(図2)。腸内フローラにおいて特に優勢な機能は糖の輸送と代謝に関連するものであり,逆に脂質の輸送や代謝に関する

第9章 ヒト腸内フローラのメタゲノム解析と肥満・健康

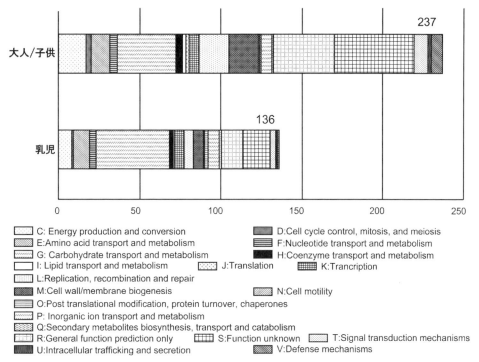

図2 健常日本人13名の腸内フローラにおいて共通してenrichしている機能（文献4より改変して転載）
大人と幼児，および離乳前の乳児の2群に分けて解析した．

遺伝子群の検出頻度は低い．糖の輸送と代謝に関連する代表的なものは，食物由来の多糖類や宿主由来のproteoglycanやglycoconjugateを加水分解するglycosyl hydrolaseである．さまざまなpeptidaseも腸内フローラでenrichしており，腸内フローラの構成菌群の主要な栄養源は食物や宿主由来の多糖やペプチドであると推測される．

成人型腸内フローラで共通にenrichしているCOGとしては237種類が同定されたが，他の環境のメタゲノムデータでは，その5～10％しかenrichされていない．したがって，これらは成人型フローラ特異的にenrichした機能と考えられる．その24％（53 COG）は糖の輸送と代謝に関連するものであり，種々のglycosyl hydrolaseのうち，14ファミリーが成人型フローラでenrichしている．これらのhydrolaseによって遊離された単糖や二単糖の代謝に関与するL-fucose isomerase，L-arabinose isomerase，galatokinaseなどの酵素もenrichしており，成人型フローラの構成菌群はエネルギー源として糖に大きく依存していることがわかる．また，トリカルボン酸（TCA）回路の構成遺伝子群や酸素ラジカル除去に関与するsuperoxide dismutaseなどの遺伝子の検出数は非常に低く，下部消化管が極めて嫌気度の高い環境であり，構成菌群の主体が偏性嫌気性菌であることと一致している．その他，抗菌ペプチドの排出や多剤排出ポンプなどの遺伝

子が成人型フローラにおいて enrich している。β-defensin などの陽イオン性抗菌ペプチド（CAMP）が宿主腸上皮細胞から分泌され，また，CAMP を産生する細菌も多く知られていることを考慮すると，これらの機能がフローラ構成菌種の腸管内での生存に重要な役割を担っていると考えられる。また，興味深いことに DNA 修復に関する遺伝子群も成人型フローラで enrich されている。この機能は食物の代謝過程で生成されるニトロソアミンなどの変異原物質に対する腸内常在菌群の防御機構の1つと捉えることもできる。鞭毛や走化性に関する遺伝子の検出数も極端に低いが，これは常に食物や宿主由来の栄養素が供給され，腸管の蠕動運動による内容物の撹拌も行われている腸内環境では，運動性に関わる機能の必要性が低いことを意味していると考えられる。また，鞭毛タンパク質は，宿主免疫系（Toll-like receptor）による病原微生物のパターン認識分子の1つであり，宿主の自然免疫系の反応を強く誘導する。したがって，鞭毛を持たないことは宿主環境への適応の結果と捉えられる。

　個人間での菌種組成の多様性が著しいにもかかわらず，乳児型フローラでも共通に enrich された COG が136種類検出されている。このうち，58の COG は成人型フローラでも enrich されている。乳児でも嫌気的エネルギー代謝系は enrich されているが，成人型とは対照的に TCA 回路構成遺伝子の検出数も高い。これは，乳児型フローラには比較的多くの通性嫌気性菌が存在することを反映していると考えられる。136の enriched COG のうち，35%（47 COG）は糖の輸送と代謝に関するものであり，その多くは成人型でも enrich されている。この中には12の glycosyl hydrolase family が含まれ，固形物を摂取していない離乳前乳児の腸内フローラでも，予想に反して難分解性多糖を分解する pullulanase, arabinogalactan endo-1,4-β-galactosidase や endo-polygalacturonase などが enrich している。これらはムチンなどの宿主由来の proteoglycan の分解に寄与していると考えられるが，離乳前の乳児が植物由来の難分解性多糖をある程度利用できる潜在的能力をもつことを示しているかもしれない。乳児型フローラの最大の特徴は低分子の糖やペプチドなどの輸送系の遺伝子が顕著に enrich されていることであり，136の enriched COG のうち22%（29 COG）は輸送に関する機能であった。特に糖の能動輸送システムである phosphotransferase（PTS）system が顕著に enrich されており，これらは母乳中に豊富に存在する乳糖やオリゴ糖の利用に関連していると考えられる。また，乳児型フローラの主たる栄養素は母乳に含まれる比較的吸収しやすい低分子物質と宿主由来の proteoglycan であることが示唆される。

　細菌間での遺伝子の水平伝播は，細菌の進化，特に病原性や薬剤耐性といった医学的に問題となる形質の拡散に寄与する重要なプロセスである。今回のメタゲノム解析から得られた重要な知見の1つは，ヒト腸内フローラにはトランスポゾンやバクテリオファージ関連の遺伝子が大量に存在することある。中でも Tn*1549* 様の接合伝達性トランスポゾン（CTn）は，ほとんどのサンプルで enrich していた。Tn*1549* は，もともと *Enterococcus faecalis* で同定された CTn であり，腸

第 9 章 ヒト腸内フローラのメタゲノム解析と肥満・健康

球菌におけるバンコマイシン耐性遺伝子の伝播に関与している。Tn1549 関連の CTn は *Clostridium* や *Streptococcus* などにおいても同定されているが，これら Tn1549 関連の遺伝子ホモログは，メタゲノムデータの 0.8％（5,325 遺伝子）を占める。今回得られた Tn1549 関連のメタゲノム配列は多様性が高く，腸内には多種多様な Tn1549 類似の CTn（CTnRINT：CTn rich in intestine）が大量に存在し，細菌間での遺伝子伝播に関与していると推測される。消化管，特に大腸のように菌密度の高い環境では，接合は非常に有効な遺伝子水平伝播の手段であり，細菌間での遺伝子水平伝播の場として腸内フローラが重要な役割を担っていると考えられる。

　以上のように，腸内フローラのメタゲノム解析によって，従来の研究で示唆されていた様々な腸内フローラの特性や機能が検証できるとともに，様々な新しい知見も得られている。これらの新知見に関しては，今後は *in vitro* や *in vivo* での実験系を用いた検証が必要であるが，個別菌のゲノム解読が各菌での全ゲノム配列情報に基づいた様々な解析を可能にしたのと同様に，腸内フローラ等の微生物集団の研究においても，メタゲノム配列情報に基づいて様々な新しい研究が展開されると考えられる。

3　腸内フローラと肥満

　肥満は世界的に増加を続けており，肥満者（過体重を含む）は成人男性の 3 分の 2，女性の 2 分の 1 に達する。肥満者では，高血圧や高血糖などのメタボリック症候群の症状を呈し，動脈硬化や心筋梗塞を合併する危険性も高く，先進諸国では公衆保健上の大きな問題となっている。基本的には，肥満は摂取カロリーと消費カロリーのアンバランスによって生じる。このエネルギーバランスに影響を及ぼす重要な環境因子の 1 つとして腸内フローラが脚光を浴びており，ここでは腸内フローラと肥満との関連性についての Gordon のグループによる研究を紹介する。

3.1　遺伝子改変マウスを用いた解析

　正常マウスの糞便を無菌マウスの腸管へ移植すると，摂餌量は増加しないのに糞便移植マウスの体脂肪が増加することが知られている。この現象は，宿主の食物からのエネルギー抽出効率に腸内フローラが大きく影響していることを示唆する。マウスの腸内フローラの 90％以上は Bacteroidetes と Firmicutes という 2 つの phylum に属する菌群で構成されているが[7]，肥満にこの 2 つのグループの変動が関連している可能性が示されている。Ley らは，食欲抑制因子であるレプチンの欠損による肥満モデルマウス（*ob/ob*）と同胞の正常マウスの腸内フローラの組成比較から，*ob/ob* マウスの腸内フローラでは Bacteroidetes が約 50％程度減少し，逆に，Firmicutes が増加することを報告した[7]（図 3）。また，Turnbaugh らは，正常マウスの腸内フローラに比べて

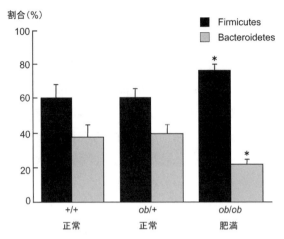

図3 肥満マウス（*ob/ob*）と正常マウス（＋/＋, *ob*/＋）の盲腸内における Bacteroidetes と Firmicutes の比率（文献7より改変して転載）
平均±標準誤差を表示。＊$P < 0.05$。

ob/ob マウス由来の腸内フローラは食物からより効率的にカロリーを抽出できることを報告している[8]。さらに，*ob/ob* マウス由来の糞便を無菌マウスの腸管へ移植すると，正常マウスの糞便を移植したマウスよりも脂肪蓄積量が上昇し，食物からのエネルギーの抽出効率に関する形質が伝播されうることも示されている。

3.2 成人での検討

ヒト成人の腸内フローラにおいても，Bacteroidetes と Firmicutes が90％以上を占める。Ley らは，無作為に抽出した12人の肥満成人に脂質制限食か炭水化物制限食のいずれかのダイエット食を摂取してもらい，腸内フローラの変動を糞便のメタ16S rRNA解析により1年間追跡した[9]。得られた18,348本の配列から同定された4,074の phylotype（菌種レベルの分類群に相当）のうち，92.6％は Bacteroidetes と Firmicutes が占めた。ダイエット食開始前では Bacteroidetes の割合は少なく，逆に Firmicutes の割合が多い（図4）。ダイエット開始後は，試験食の種類に関係なく，体重の減少とともに Bacteroidetes の増加と Firmicutes の減少が観察された。つまり，腸内フローラにおける Bacteroidetes の増加と体重の減少率は強い相関を示した。この結果はヒトにおいても，腸内フローラが肥満という病態を改善する治療の標的となりうることを示唆する。

3.3 双子を対象とした解析

腸内フローラの構成は，宿主の遺伝的背景によっても影響を受けると考えられており，ヒトの健康や疾病における腸内フローラの役割を研究する際には，遺伝的背景の違いが解析結果に大き

第9章　ヒト腸内フローラのメタゲノム解析と肥満・健康

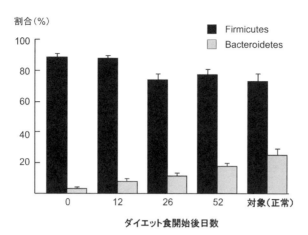

図4　ダイエット食開始後の腸内フローラにおけるBacteroidetesとFirmicutesの比率の経時的変化（文献9より改変して転載）
体重減少の認められた被験者についての解析結果を表示。

な影響を及ぼす可能性がある。この点で，一卵性双生児を対象とする解析は遺伝的背景が統一され，対象者が成長初期の環境を共有しているという点で優れたモデルである。Turnbaughらは，このような双生児を対象として，腸内フローラと肥満との関連性を検証した[10]。31組の一卵性双生児，23組の二卵性双生児，およびサンプル提供に協力した46人の母親を対象とし，糞便は平均57日の間隔で2回採取されている。これら154人の腸内フローラの特徴を16S rRNA遺伝子解析と18人（6家族）のメタゲノム解析で調べている。腸内フローラの構成に関しては，0.5％以上を占めるphylotypeは検出されないこと，また家族や他人よりも同一人物のサンプル間での類似性が最も高く，同一人における変動は個人間の差に比較して小さいことなどが示されている。肥満者（BMIが30以上）では，Bacteroidetesの割合が少なく，Actinobacteriaの割合が多いことが示されたが，Firmicutesには有意差はなかった。

　糖分解酵素のデータベースであるCAZyを用いたメタゲノム配列の解析では，合計で156のfamilyが検出され（77 glycosyl hydrolase，21 carbohydrate binding protein，35 glycosyltransferase，12 polysaccharide lyase，11 carbohydrate esteraseなど），平均2.62％の腸内メタゲノム配列がCAZyのいずれかのfamilyにヒットした。これはKEGGデータベースで最も優勢なpathwayであるtransporterの割合が1.2％であることを考慮すると，多様な多糖を分解するための機能が腸内フローラでは特にenrichされていることがわかる。被験者の腸内フローラを機能分類によりクラスタリングすると，FirmicutesとActinobacteriaが多いグループとBacteroidetesが多いグループに大別された。Bacteroidetesの割合と腸内フローラの機能多様性とは相関しており，FirmicutesとActinobacteriaの割合が増加すると腸内での機能的多様性は乏しくなる。

この解析では,18人全ての腸内フローラでenrichしているcore functionは2,142 COGと推定され,これには糖やアミノ酸の代謝に関連するものが多数含まれる(fructose/mannose metabolism, amino sugar metabolism, N-glycan degradationなど)。個人間でenrichの度合いが大きく異なる機能は,cell motility (Firmicutesの一部菌群が鞭毛を産生するため), secretion system, PTS systemなどの膜輸送に関するものである。Glycosyltransferaseのレパートリーはどの被験者も類似しているが,glycosyl hydrolaseのレパートリーは個人間での違いが大きく,食物など外的環境の影響を大きく受けることが示唆される。

腸内フローラと肥満との関連では,全部で383の機能の割合が肥満群(BMIが30以上)と正常群(BMIが18.5以上25未満)で異なっていることが明らかになっている。肥満群でenrichしている機能(273 COG)の75%がActinobacteriaに,25%がFirmicutesに由来しており,肥満群で減少している機能(110 COG)の42%はBacteroidetes由来であることも示されている。両群で差の認められる機能は糖,アミノ酸および脂質代謝に関連するものであり(肥満群でのPTS systemの明らかなenrichなど),これらは将来的に腸内のバイオマーカーとなり得る。

3.4 フローラ内での菌種間相互作用(ノトバイオートマウスを用いた解析)

肥満で認められるBacteroidetesの減少とFirmicutesの増加という腸内フローラの変動の意味を理解し,肥満の予防法や治療法を創出するためには,これら2大細菌群間の腸内における相互作用を解析する必要がある。しかし現時点では,1度に全ての菌種を対象として解析することは難しい。そこでノトバイオート(無菌動物に特定の細菌のみを常在させた動物)を使用して,より単純化したモデルで相互作用を解析する手法が有用である。Mahowaldらは,このような実験系の1つとして,*Bacteroides thetaiotaomicron*と*Eubacterium rectale*(腸内で最も優勢なFirmicutesの1つである*Clostridium* subcluster XIVaに属する)を用いたモデル実験を行っている[11]。これまでに配列決定されているFirmicutesとBacteroidetesのゲノムを比較すると,Firmicutesのゲノムは小さく,glycan分解酵素も少ない。逆に,FirmicutesはABC transporterやPTS systemなどの輸送系が多い。このようなFirmicutesとBacteroidetesの特徴が腸内フローラにおいてどのようなネットワークを創り出しているのかを明らかにするため,*B. thetaiotaomicron*と*E. rectale*を無菌マウスに定着させて,3パターンの試験食を投与し,細菌側と宿主側(腸粘膜上皮細胞)のトランスクリプトーム,プロテオームおよびメタボローム解析を行った。*B. thetaiotaomicron*では,*E. rectale*が共存すると,宿主由来のglycanを分解するためのPUL (polysaccharide utilization loci)の発現が上昇し,分解できるglycanの範囲が拡大した。この中にはfucose利用関連の遺伝子も含まれているが,fucoseの切断がシグナルとなり,宿主でのglycanの産生が促進されることが知られている[12]。*B. thetaiotaomicron*と*E. rectale*のco-colonization

第9章 ヒト腸内フローラのメタゲノム解析と肥満・健康

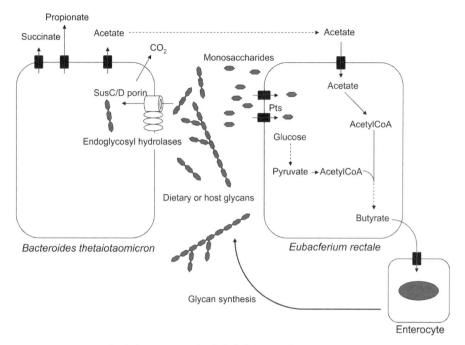

図5 *B. thetaiotaomicron*（BT）と *E. rectale*（ER）を定着させたバイアソシエートマウスにおける BT−ER−宿主腸管上皮細胞間での代謝ネットワーク（文献11より改変して転載）

Sus は多糖の結合と輸送を担う外膜蛋白質であり，その遺伝子群はさまざまな糖加水分解酵素遺伝子群と PUL（Polysaccharide Utilization Loci）を構成する．BT は ER と共存すると PUL の発現を変化させ，ER が分解できない宿主の glycan を分解し始める．一方，ER は輸送系の発現を上昇させ，BT による多糖分解で生じた低分子糖を取り込む．また，BT の糖発酵の最終産物である酢酸は ER に利用され，酪酸に変換される．生じた酪酸は宿主腸管上皮細胞にとって非常に効率の良いエネルギー源となる．BT による glycan 分解や酪酸の供給は宿主腸管上皮細胞の glycan 合成を促進する．

により，大腸上皮での *fut2*（α-1,2-fucosyltransferase），*fut4*（α-1,3-fucosyltransferase）および粘膜多糖合成（glycosphingopholipid，O-glycan）に関わる遺伝子群の発現が上昇した．*E. rectale* では，*B. thetaiotaomicron* が共存すると，glycosyl hydrolase の発現が抑制され，糖やアミノ酸の輸送に関連する遺伝子群の発現が上昇した．*B. thetaiotaomicron* の主要な最終代謝産物は酢酸であり，*E. rectale* は *in vitro* で酢酸を酪酸に変換する活性を示した．また，*E. rectale* 単独のモノアソシエートマウスよりも，*B. thetaiotaomicron* と *E. rectale* のバイアソシエートマウスの方が盲腸内容での酪酸含量が高く，宿主大腸上皮細胞での酪酸輸送に関わる monocarboxylate transporter（*Mct-1*）の発現も顕著に上昇することが示された．大腸上皮細胞では，酪酸が短鎖脂肪酸の中で最も効率的なエネルギー源であることを考えると，これらの実験から，この2菌種と宿主間での物質循環の一端が見えてくる（図5）．

このようなノトバイオートマウスを用いた解析は，腸内フローラという複雑な生態系を理解するためのアプローチの1つとして今後重要な役割を果たすと考えられる．例えば，*B. thetaiotao-*

micron と *E. rectale* を用いた研究をさらに拡大・発展させることによって，宿主と腸内フローラからなる複雑な代謝ネットワークの異常が肥満という病態にどのように結びつくのか，そのメカニズムを分子レベルで解明できる可能性もある．

4 おわりに

　従来の腸内フローラ研究の中心は，種々の人工培地を用いた構成菌種の分離培養であった．しかし，フローラの構成菌種の大部分が偏性嫌気性菌であり，その多くは難培養菌である．したがって，培養に基づいた解析の結果は実験設備や研究者の技術に大きく依存する．一方，培養に依存しないDNAを標的とした16S rRNA遺伝子解析やメタゲノム解析では，施設間での比較が可能な客観的なデータが大量に得られる．そのため，腸内フローラの研究にも，これらの解析手法が積極的に導入され，今や一般的なものとなりつつある．その結果，これまで捉えることのできなかった腸内フローラの詳細な群集構造やその変動，腸内フローラと肥満との関連性など，様々な新しい事実が明らかにされつつある．現在，世界的にも腸内フローラ研究に高い関心が集まっており，革新的技術や研究手法の導入などにより研究が一段と加速されるため，予想もされていなかったような腸内フローラの機能や疾患との関わりが次々と解き明かされていくと期待される．

文　　献

1) Ivanov II, Atarashi K, Manel N, Brodie EL, Shima T, Karaoz U, Wei D, Goldfarb KC, Santee CA, Lynch SV, Tanoue T, Imaoka A, Itoh K, Takeda K, Umesaki Y, Honda K, Littman DR., *Cell*, **139**, 485-498 (2009)
2) 光岡知足編, 腸内細菌学, 朝倉書店 (1990)
3) Gill SR, Pop M, Deboy RT, Eckburg PB, Turnbaugh PJ, Samuel BS, Gordon JI, Relman DA, Fraser-Liggett CM, Nelson KE., *Science*, **312**, 1355-1359 (2006)
4) Kurokawa K, Itoh T, Kuwahara T, Oshima K, Toh H, Toyoda A, Takami H, Morita H, Sharma VK, Srivastava TP, Taylor TD, Noguchi H, Mori H, Ogura Y, Ehrlich DS, Itoh K, Takagi T, Sakaki Y, Hayashi T, Hattori M., *DNA Res.*, **14**, 169-81 (2007)
5) Tringe SG, von Mering C, Kobayashi A, Salamov AA, Chen K, Chang HW, Podar M, Short JM, Mathur EJ, Detter JC, Bork P, Hugenholtz P, Rubin EM., *Science*, **308**, 554-557 (2005)
6) Venter JC, Remington K, Heidelberg JF, Halpern AL, Rusch D, Eisen JA, Wu D, Paulsen I, Nelson KE, Nelson W, Fouts DE, Levy S, Knap AH, Lomas MW, Nealson K, White O, Peter-

son J, Hoffman J, Parsons R, Baden-Tillson H, Pfannkoch C, Rogers Y-H, Smith HO., *Science*, **304**, 66-74 (2004)
7) Ley RE, Backhed F, Turnbaugh P, Lozupone CA, Knight RD, Gordon JI., *Proc Natl Acad Sci USA*, **102**, 11070-11075 (2005)
8) Turnbaugh PJ, Ley RE, Mahowald MA, Magrini V, Mardis ER, Gordon JI., *Nature*, **444**, 1027-1031 (2006)
9) Ley RE, Turnbaugh PJ, Klein S, Gordon JI., *Nature*, **444**, 1022-1023 (2006)
10) Turnbaugh PJ, Hamady M, Yatsunenko T, Cantarel BL, Duncan A, Ley RE, Sogin ML, Jones WJ, Roe BA, Affourtit JP, Egholm M, Henrissat B, Heath AC, Knight R, Gordon JI., *Nature*, **457**, 480-484 (2009)
11) Mahowald MA, Rey FE, Seedorf H, Turnbaugh PJ, Fulton RS, Wollam A, Shah N, Wang C, Magrini V, Wilson RK, Cantarel BL, Coutinho PM, Henrissat B, Crock LW, Russell A, Verberkmoes NC, Hettich RL, Gordon JI., *Proc Natl Acad Sci USA*, **106**, 5859-5864 (2009)
12) Hooper LV, Xu J, Falk PG, Midtvedt T, Gordon JI., *Proc Natl Acad Sci USA*, **96**, 9833-9838 (1999)
13) Eckburg PB, Bik EM, Bernstein CN, Purdom E, Dethlefsen L, Sargent M, Gill SR, Nelson KE, Relman DA., *Science*, **308**, 1635-1638 (2005)
14) Palmer C, Bik EM, DiGiulio DB, Relman DA, Brown PO., *PLoS Biol*, **7**, 1556-1573 (2007)
15) Kroes I, Lepp PW, Relman DA., *Proc Natl Acad Sci USA*, 1999 Dec 7; 96(25): 14547-52
16) Paster BJ, Boches SK, Galvin JL, Ericson RE, Lau CN, Levanos VA, Sahasrabudhe A, Dewhirst FE., *J Bacteriol*, **183**, 3770-3783 (2001)
17) Aas JA, Paster BJ, Stokes LN, Olsen I, Dewhirst FE., *J Clin Microbiol*, **43**, 5721-5732 (2005)
18) Nasidze I, Quinque D, Li J, Li M, Tang K, Stoneking M., *Anal Biochem*, **391**, 64-68 (2009)
19) Pei Z, Bini EJ, Yang L, Zhou M, Francois F, Blaser MJ., *Proc Natl Acad Sci USA*, **101**, 4250-4255 (2004)
20) Bik EM, Eckburg PB, Gill SR, Nelson KE, Purdom EA, Francois F, Perez-Perez G, Blaser MJ, Relman DA., *Proc Natl Acad Sci USA*, **103**, 732-737 (2006)
21) Zhou X, Bent SJ, Schneider MG, Davis CC, Islam MR, Forney LJ., *Microbiology*, **150** (Pt 8), 2565-2573 (2004)
22) Zhou X, Brown CJ, Abdo Z, Davis CC, Hansmann MA, Joyce P, Foster JA, Forney LJ., *ISME J*, **1**, 121-133 (2007)
23) Gao Z, Tseng C-H, Pei Z, Blaser MJ., *Proc Natl Acad Sci USA*, **104**, 2927-2932 (2007)
24) Fierer N, Hamady M, Lauber CL, Knight R., *Proc Natl Acad Sci USA*, **105**, 17994-17999 (2008)
25) Grice EA, Kong HH, Conlan S, Deming CB, Davis J, Young AC; NISC Comparative Sequencing Program, Bouffard GG, Blakesley RW, Murray PR, Green ED, Turner ML, Segre JA., *Science*, **324**, 1190-2 (2009)
26) Costello EK, Lauber CL, Hamady M, Fierer N, Gordon JI, Knight R., *Science* (in press)

第10章 環境オミクスによる地下生命圏の探索

布浦拓郎*

1 地下生命圏（地殻内生命圏）とは

1.1 地下生命圏の概観

　地下生命圏あるいは地殻内生命圏とは，それぞれ英語でいう subsurface biosphere, deep subsurface biosphere といった言葉に相当する。もっとも，それぞれの言葉に厳密な定義が存在するわけではない。因みに，Whitman らは全地球上の生物炭素量の見積る際，地下生命圏を'便宜的に'海底下 10 cm，陸上地下では 8 m 以深と定義している[1]他，Fredrickson & Fleicher は陸上の地殻内生命圏を 50 m 以深としている[2]。Whitman らも区別しているように，陸域表層を構成する土壌層は地下生命圏には含めないのが一応のコンセンサスではある。陸上では植物の成長による攪乱が，海域では動物あるいは潮流による攪乱が生じない深さが地下生命圏の1つの目安と言えよう。

　地下生命圏研究が本格化したのは 1990 年代後半からであるが，その歴史自体は 1920 年代の油田から硫酸還元菌を単離したとの報告に遡る[3]。また，1970 年代以降においては地下水の汚染と関連した研究が主にアメリカにおいて展開され，また海洋を対象としては，1980 年代後半より，Ocean Drilling Program (ODP) において海底下深部堆積物中の微生物数計測等が進められてきた[3]。そして，それまでの研究をまとめ，全地球上の微生物炭素量の 90% 以上が地下生命圏に存在すること，そして，その量は植物の生物量に匹敵することを示したのが Whitman らであり[1]，この論文により地下生命圏への注目は一挙に高まった。その一方，彼らは炭素フラックスを基に，地下生命圏に生息する微生物の平均世代時間を 1000 ～ 2000 年と推測し，地下生命圏は巨大な生物量を誇るにも関わらず，極めて代謝活性が低いと結論づけている。

　その後現在に至る地下生命圏研究，特に海底下生命圏研究からは，Whitman らの推測を裏付ける成果が次々と発表されている。D'Hondt らは，海底下堆積物中の地球化学プロファイルから各種電子受容体の酸化速度を算出し，微生物量の分布もそれらのデータと整合することから，海底下生命圏の大部分は極めて代謝活性の低い静かな生命圏であること，比較的代謝活性の高い微

---

　* Takuro Nunoura　㈱海洋研究開発機構　海洋・極限環境生物圏領域　深海・地殻内生物圏研究プログラム　主任研究員

第10章　環境オミクスによる地下生命圏の探索

生物群集の分布も，電子受容体が海水から供給される海底表層近くか，流体の存在する基盤岩との境界付近に限られることを示した[4,5]。また，海洋の大きな面積を占める貧栄養水塊下の海洋堆積物中においては，各種電子受容体の酸化速度は更に遅く，生物量も非常に小さいことも明らかにしている[6]。この他，細胞レベルあるいは脂質の安定同位体解析により，海底下堆積物中の生命圏は従属栄養生物に優占される，即ち，光合成産物に依存した生命圏であることを証明する報告もされている[7,8]。

1.2　活動的な地下生命圏と微生物多様性のボトルネック効果

　上述したように地下生命圏の大部分は静かな生命活動で占められるが，微生物の代謝活性が高い活動的な地下生命圏も局所的に存在する。地下生命圏環境の大部分が非活動的である主な要因は，圧密により物質の移動が制限され，微生物にエネルギー供給されないこと，あるいは微生物の生存・増殖に必要な空隙が制限されることにある。逆に，活動的地下生命圏が構築されるのは，地殻変動や物理的・化学的勾配によって地球内部あるいは地球表層から物質移動が生じる空間が確保され，電子受容体・電子供与体が積極的に供給される場である。つまり，活動的地下生命圏が構築されうるのは，活動的な地殻内環境即ちプレート境界領域（中央海嶺，沈み込み帯や衝突帯）や，過去の地球の活動によって形成された油田やガス田，鉱山等の局所的な環境である[3]。そして，活動的地下生命圏は，これらの環境に供給されるエネルギーフラックス，即ち電子供与体となりうる水素等の還元的ガス，還元金属，あるいは炭化水素（メタンから石油を含む）や，電子受容体となりうる酸素，硝酸，硫酸，二酸化炭素等の酸化的物質に依存した炭素固定あるいは炭化水素の酸化による一次生産によって支えられている。もっとも，メタン生成や発酵など一部の代謝を除き，1つのエネルギーフラックスのみでは微生物代謝は化学的に成立しない場合も多い。即ち，活動的地下生命圏の成立には，地殻変動等をきっかけに生じる還元的物質と酸化的物質をそれぞれ含む異なるフラックスの突発的な会合が必要なことが多いのである。

　異なるフラックスの会合による新たな化学・物理学的環境の形成は，静かで閉鎖的な生態系の崩壊を意味し，この過程は，微生物群集の種組成は勿論，多様性にも大きな影響を与える。この新たな環境の微生物生態系が，以前の静かな生命圏，あるいは流入する流体中の微生物群集がそのまま反映されることはない。新たな環境に優占する微生物は，以前の環境では繁茂していなかった（極）少数派の微生物，あるいは，離れた環境から流体に混入し運ばれてきた微生物の中で，偶々新しい環境に適したものである可能性が高い。このことは即ち極少数の新しい環境に適応した微生物種（株）から活動的地下生命圏の微生物群集が新たに生じる可能性を意味し，実際に極少数の微生物が繁茂した場合，その生態系の多様性は著しく低下する。つまり，新しい活動的な微生物生態系構築過程自体が，新しい生態系の多様性を規定するボトルネックとなるのである。

2 活動的地下生命圏における環境オミクス解析

2.1 活動的地下生命圏と環境オミクス解析

陸上地下環境においては，上述したボトルネック効果によると思われる微生物種の多様性が低い微生物群集がしばしば観察されている。このような多様性の低い微生物群集は，ライブラリー構築やメタゲノムデータの解析が比較的容易である。更に，ポストメタゲノム解析としての環境オミクスを試みるにも多様性の低い生態系は有利な条件である。実際，比較的多様性の低い活動的な地下微生物生態系は，未培養微生物ゲノムのメタゲノム解析による再構築や環境オミクスの挑戦的な試みを行う格好の舞台となっており，以下に，その研究例を紹介する。

2.2 カリフォルニア鉱山酸性排水微生物群集

鉱山の酸性排水は，地下の嫌気的環境に存在した硫化鉱物が酸素に触れることにより，微生物作用と無機的酸化が相まって生じる。その反応は $FeS_2 + 14Fe^{3+} + 8H_2O \rightarrow 15Fe^{2+} + 2SO_4^{2-} + 16H^+$ で表され，特に pH が 3 まで低下した後の Fe^{3+} の酸化課程は微生物作用が重要になるとされている[9]。ここでは，Banfield らのグループが環境オミクス研究を繰り広げているカリフォルニアの鉱山酸性排水微生物生態系について紹介する。彼らが研究を進める酸性排水中の微生物群集は，*Leptosprillum* 属のバクテリア (sp. group II 及び III) と *Ferroplasma* 属のアーキア (sp. I 及び II) が優占しており，いずれの種も Fe^{3+} の酸化によりエネルギーを得ている。なお，これらの種は未培養系統群ではなく，一連のプロジェクトの目的は，現場環境での微生物生態系の挙動を解明することにある。

彼らはまず，FISH や 16S rRNA 遺伝子クローン解析等によって微生物群集の構造を把握した後，ショットガンメタゲノム解析により，*Leptosprillum* sp. group II 及び *Ferroplasma* sp. のゲノム再構築を行った。この研究は，真核生物の細胞内共生菌を除けばメタゲノム解析から微生物のほぼ全ゲノムを再構成した初の研究例となった[10]。そして，その後も，メタゲノム解析からは *Ferroplasma* sp. I 種内のゲノムダイナミクス，あるいは sp. I と II の間での種の壁を越えた遺伝子組み換え[11,12]や，*Leptosprillum* sp. group II 種内のゲノム変異[13]について明らかにした。一方で，彼らはメタゲノムデータを基に，2D のショットガンマススペクトロメトリーによるメタプロテオミクスを展開し，メタゲノム解析から構築した 12148 タンパク質データベースのうち，最大 5994 タンパク質が環境中で発現していることを示した[14]。また，この手法が種内における遺伝子の変異，即ち株レベルでの多様性を，1 アミノ酸変異のレベルまで識別しうることを示している[15]。そして，その方法論を流路の複数の地点に形成された微生物マットに適応し，それぞれの群集中に優占する *Leptosprillum* sp. group II のゲノム組成の多様性を示すことにも成功している[16]。こ

第 10 章　環境オミクスによる地下生命圏の探索

のメタプロテオミクスによる集団中のゲノム型多様性決定の手法（Proteomics-inferred genome typing（PIGT））は，代表的な（メタ）ゲノムデータを整備した後は，比較的低コストなメタプロテオミクス解析を用いて複数の類似微生物群集の機能及びゲノム組成の解析を可能にする非常に優れた手法であり，地下生命圏のみならず排水処理系等比較的安定した微生物生態系のモニタリング手法として広く応用が期待される。

　この他にも，この鉱山廃水生態系を舞台とした研究ではウィルスメタゲノム解析を含むウィルス―宿主の相互関係についての解析[17]，メタゲノムデータからの Euryarchaeota に属する超小型未培養系統群アーキアの遺伝子断片検出及び細胞観察[18]，現場環境からの *Leptosprillum* sp. group II に由来する鉄酸化酵素の精製[19, 20]とメタゲノムデータをベースとして，多方面からのユニークな解析が展開されている。勿論，微生物多様性の低い環境であるからこそ為し得た成果とも言えるが，自然環境でもゲノミクスとプロテオミクスが有機的に結びつくこと，更に，その連携を深化させることにより集団内でのゲノム変異を解析できる可能性を示した重要な研究例である。

2.3　南アフリカ金鉱山地下環境における微生物生態研究

　南アフリカ共和国トランスバール州金鉱山の地下 2.8 〜 3.3 km を通る断層中の微生物生態系を対象とし，陸上地下生命圏探索の中でも最も注目されたプロジェクトの 1 つである。このプロジェクトは世界最高 pH で増殖する超好アルカリ菌[21]や，複数の新奇な未培養系統群アーキアが初めて検出された[22]ことでも知られている。しかし，最大の成果は，Lin らの安定同位体解析を含む緻密な地球化学解析により，断層中を流れる水中の微生物生態系が，水の放射能分解による水素に支えられていることを突き止めたことである。なお，水の放射能分解とは，ウラン，カリウム，トリウムの崩壊に伴い放射されるアルファ，ベータ，ガンマ線により，水分子が最終的に水素，酸素，過酸化水素の各分子に分解される反応である[23]。また，この環境で優占する電子受容体は硫酸イオンであることも明らかにされた。

　研究の対象とされた断層は先カンブリア紀の玄武岩層を通るが，断層中の水は還元的な状態を保ってほぼ滞留し，その由来は数千万年前の熱水活動にあるとされる[23, 24]。つまり，この断層系は，外部からの明瞭なフラックスの存在しない巨大な閉鎖系であり，また，水中の有機物濃度も低く，油田のように有機物に依存した生態系も成立しない。そして，水中の微生物密度も 10^4 cells/ml に満たず，世代時間も数十年から数百年とされている。即ち，微生物の増殖に必要な空間は存在するが，エネルギーインプットは限られている地下生命圏である。Lin らは地球化学解析と並行して，16S rRNA 遺伝子等による微生物群集解析を進め，この断層中の微生物生態系が *Firmicutes* に属する単一種のバクテリアに著しく優占されていることを示した[24]。しかし，

この菌は既知の硫酸還元菌と近縁であるものの培養が困難であり，水素酸化に依存する硫酸還元菌である直接的な証拠を得ることが出来なかったことから，メタゲノム解析による生理生態の解明が試みられた。Chivian らは 5600 リットルもの水を濾過し，サンガー法と 454 Pyrosequncing の併用により解析した。その結果，メタゲノムデータの 99.9% は，単一の 2.35 Mbp のゲノムに帰結した[25]。つまり，この断層系の微生物生態系は，株レベルでほぼ均一な単一種に占められていることが明らかになったのである。このことは，この生態系自体は静かであるものの，活動的な地下生命圏でしばしば見られる単純な微生物相と同様，明らかにボトルネック効果に支配されていることを示す。また，巨大な断層系の中で，ゲノムの構造が保たれ，SNP の存在率も非常に小さいという現象は，微生物の代謝活性が弱く非常にゆっくりとした増殖の中でも，遺伝子の修復機構が十分に機能していることを示唆し，非常に興味深い。なお，このゲノムには，地球化学解析から予想された通り，水素酸化，硫酸還元，炭素固定と化学合成独立栄養に必須の経路が備わっていた。更に，窒素固定能や，有機物の取り込みに関するシステムも備えていることが明らかになり，このバクテリアが，著しくエネルギー源の限られた環境に完全に適応していることが示されている。彼らはこの菌を，'Desulforudis audaxviator' と名付けている。

2.4 地下鉱山熱水環境における微生物生態研究

筆者らの研究グループでは，日本国内の地下鉱山熱水環境中の微生物群集を対象とした研究を進めている。この微生物群集は熱水の湧出孔からの距離に従い遷移していくことが示され（湧出孔から離れるに従い温度が低下し，かつ酸化的な環境になる），Bacteria 相の解析から湧出孔付近（約 70℃）では水素あるいはメタン酸化菌が，少し距離が離れると，アンモニア酸化菌が，さらに離れる（50〜55℃）と亜硝酸酸化菌が優占することが示されている[26]。一方，Archaea 相の解析からは熱水の湧出孔付近では水素あるいはメタン酸化菌（Bacteria）の他，2種の未培養系統群 Crenarchaeota（Hot Water Crenarchaeotic Group I & III）が優占することが明らかにされた（これらの Crenarchaeota は，これまでに単離培養されている超好熱性グループや当時メタゲノム解析が進められていた海洋性グループとは異なる系統群に属している）[26,27]。そこで，これらの Crenarchaeota の代謝及び生態系における役割を明らかにするため，これらのアーキアを含む微生物群集より fosmid ライブラリーを構築し，メタゲノム解析を開始した。なお，現在では，他グループの集積培養により HWCG III は好熱性アンモニア酸化菌であることが示唆されている[28]。

筆者らは，まず HWCG I 及び III の 16S rRNA 遺伝子を含むゲノム断片についてスクリーニングを行い，HWCG I については好気的な一酸化炭素酸化菌である可能性を報告した。この段階で解析された HWCG I 及び III に由来する複数の 16S rRNA 遺伝子を含むクローンは，それぞれ数

第 10 章　環境オミクスによる地下生命圏の探索

10 kb にわたる重複領域において 99％以上の相同性を示し，これらのアーキアはそれぞれゲノムレベルでも非常に均一な群集組成であることを強く示唆している[27]。そして，次の段階として約 3500 の fosmid クローンの両端配列を決定し，Blast X によりタンパク質データベースに対して検索を行って遺伝子情報を取得した。この遺伝子情報に基づき，各遺伝子が由来する生物種を門レベルでグルーピングし，それぞれのグループから選択した複数の fosmid クローンの全長解析を行った所，末端配列よりアーキア由来と判別されたクローンには，既知アーキア由来の遺伝子と高い相同性を有する遺伝子が，末端配列よりバクテリア由来とされたクローンに比べ明らかに高い確率で含まれていることが判明した。そこで，fosmid クローンの末端配列からアーキアゲノムを選択することが可能であると判断し，"アーキア由来"クローンを選択してそれぞれ 15 ～ 20 クローンからなるプールを調製し，プール毎に 454 pyrosequencer (GS20) により解析を行った。そして，得られたコンティグと全 fosmid クローンの末端配列を合わせてアセンブルした結果，HWCGI 由来の 16S rRNA 遺伝子をコードするクローンを含む 1.5 Mb 以上のスカフォールドが形成された。現在，未シーケンス領域を含むクローンを解析することで，ほぼ全ゲノム（約 1.8 Mb）の回収と再構築に成功している。このように，HWCG I Crenarchaeota についてそのゲノムをほぼ再構築することができた大きな要因は，微生物群集全体の多様性が低かったこと，HWCG I 自体のゲノムレベルの多様性が低かったことにあり，まさに活動的地下生態系が構築される際のボトルネック効果によるものと言えよう。一方で，コードされた遺伝子について Blast X によりタンパク質データベースに対して検索を行ったところ，Crenarchaeota 由来とされた遺伝子の占める割合（約 38％）が最も高かったものの，高い割合で Euryarchaeota 由来の遺伝子と判別された（約 29％）。このことは，メタゲノム解析から得られた遺伝子の由来生物を相同性検索によって推測する際，アーキアのように未培養系統群が多い系統においては，高次の分類レベルにおいてさえ，高い確率で誤った解釈が生じることを示唆している。

2.5　嫌気的メタン酸化微生物群集

嫌気的メタン酸化（$CH_4 + SO_4^{2-} \rightarrow HCO_3^- + HS^- + H_2O$）は，海洋底からのメタンの放出を防ぐ重要な微生物反応であり，海底下深部から堆積物中を上昇するメタンは海底表層に伝わるまでに，ほぼこの反応により酸化分解がなされる（メタンは二酸化炭素より遙かに強力な地球温暖化ガスである）。この反応は，1999 ～ 2000 年にかけて，アメリカ及びドイツの研究グループにより，メタン菌に近縁な複数系統のアーキア（ANME I 及び II）と硫酸還元菌（*Deltaproteobacteria*）の共生系によって進行することが，脂質の安定同位体解析，16S rRNA 遺伝子クローン解析，fluorescent in situ hybridization（FISH）- Secondary ion mass spectrometry（SIMS）（二次イオン質量分析）法等の方法を駆使して明らかにされた[29~31]（FISH-SIMS 法は FISH により目的微生物細胞を特定

し，SIMSで安定同位体比を測定する手法であり，1細胞レベルでの機能解析に有効な方法論として期待されている)。また，その後の研究の進展により，第3のANME(ANME III)も見出された[32]他，ANMEアーキア単独で嫌気的メタン酸化が行われる可能性や，共生関係は不明ではあるが鉄還元・マンガン還元菌との共生機構による嫌気的メタン酸化システムが存在することが確認されている[33]。

　これら嫌気的メタン酸化微生物群集は大陸縁辺等の海洋底堆積物中に広く分布しているが，その微生物群中の存在量は必ずしも多くない。しかし，海底下でメタンハイドレートが形成されるような高いメタンフラックスが存在する海域において，断層等により海底下深部の高濃度メタンが海底表層に達すると（この現象が見られる海洋底は冷湧水帯と呼ばれる），嫌気的メタン酸化微生物群集が海底表面にまで及ぶ海底面直下の浅い堆積物中で非常な高密度に濃集する。この嫌気的メタン酸化微生物群集は，その存在や系統関係は容易に検出できるものの，増殖が非常に遅いこともあり，単離培養が困難である。そこで，共生機構を含む嫌気的メタン酸化のシステムに解明を目指し，冷湧水帯に濃集する天然の嫌気的メタン酸化微生物群集を用いて多様なメタゲノム解析や生化学研究が展開されてきた。一方，嫌気的メタン酸化微生物群集は，上記に紹介した陸上地下の活動的地下生命圏で繁茂する地下生命圏微生物とは異なり，多様性に関するボトルネック効果はほとんど見られない。なぜなら，嫌気的メタン酸化微生物群集は冷湧水帯のように特異的に強いメタンフラックスが存在しなくとも，ある程度のメタンフラックスが存在する大陸縁辺の海洋堆積物中に薄く広く分布しているため，限られた系統群から微生物群集が発達する機会がほとんどないからである。従って，嫌気的メタン酸化アーキアは冷湧水帯では濃集するものの，個々の地点で16S rRNA遺伝子クローン解析により同一系統に属する複数種の存在が容易に確認できる程度の多様性は有する。

　Krügerらは，'嫌気的メタン酸化の反応はメタン生成の逆反応による'とする仮説を証明するため，メタン生成の末端酵素であるMethyl CoM reductaseと同様にF430を含有するタンパク質を嫌気的メタン酸化微生物群集から精製することを試み，その精製に成功した。そして，このタンパク質のN末端配列が，同じ微生物マットから調製したメタゲノムライブラリー中のMethyl CoM reductaseと高い相同性を有する塩基配列と一致することを示した[34]。これは，ある程度多様性の保たれた微生物群集を対象とした研究でも，単離培養された微生物の生化学・分子生物学研究と同様，メタゲノム解析と生化学研究が結びつきうることを示した貴重な例である。一方，Hallamらは，ANME I, IIが共存する微生物群集を含む冷湧水帯の堆積物から，plasmidライブラリーを用いたショットガン解析と，fosmidライブラリーを組み合わせたメタゲノム解析を展開した。そして，嫌気的メタン酸化微生物群集中にメタン生成に関わる遺伝子がほぼ全て存在し，嫌気的メタン酸化がメタン生成の逆サイクルと相当程度類似している可能性が高いこと

を示している[35]。さらに，Pernthaler らは，16S rRNA をターゲットとした CARD-FISH 法（catalyzed reporter deposition-fluorescence in situ hybridization）と，抗体でコートした磁気ビーズを組み合わせた Magneto-FISH 法という新規な特定微生物集積法を用いて特定系統の嫌気的メタン酸化アーキア（ANME II subgroup c）を含む凝集菌塊を集積し，メタゲノム解析を行った。そして，ANME II-c と凝集塊を形成するバクテリアには *Deltaproteobacteria* だけではなく，*Alpha*-及び *Betaproteobacteria* も含まれること，また，ANME II-c が nitrogenase による窒素固定を行っていることを示した[36]。なお，CARD-FISH 法とは，horse radish peroxidase（HRP）でラベルされたオリゴヌクレオチドをプローブとして目的 16S rRNA へハイブリさせ，HRP で触媒される thyramide と結合した蛍光物質を添加することで特定細胞を感度良く蛍光検出する手法である。ここで紹介した Magneto-FISH 法は，thyramide と結合し細胞表面に並ぶ蛍光物質（この場合は fluorescein）に反応する抗体を結合した磁気ビーズを更に添加することで，目的細胞表面に磁気ビーズを付着させ，磁石により目的細胞を濃集するという仕組みである。

3　複雑な海底下生命圏解明に向けて

ここまで紹介してきたように，地下生命圏を対象に繰り広げられてきたメタゲノム解析を含む環境オミクス解析は，現場での一次生産を担う生物を中心とした，活動的で比較的単純な種構成からなる生態系が対象であった。一方，大部分の静かな地下生命圏，特にその主要部分を占める海底下生命圏は，堆積物と共に降り積もった海洋性あるいは陸起源の有機物に依存した従属栄養生物の優占する生態系である。そして，海洋堆積物中の微生物多様性は，陸上の土壌微生物群集と同様に大きく，更に，その生態系に占める未培養系統群の割合が大きい[37]。特に，海底下生命圏に生息する未培養系統群の多くは門あるいは綱に相当するようなレベルで未培養な系統である。これまでの研究により，大陸縁辺域には複数の型の微生物相が存在すること，それらは地理的影響を受けていないことは知られてはいる[37]が，それらの微生物相を規定する本質的要因についてはほとんど明らかにされていない。メタゲノム解析は海底下微生物群集の機能解明の為に大きく期待されている技術ではある。しかし，最も有力な解析手段の1つである相同性解析では，筆者らの地下鉱山プロジェクトで明らかにされたように，未培養系統群を対象とした場合，遺伝子の由来生物を十分に決定することは困難である。実際，これまでに報告されている唯一の海底下生命圏を対象としたメタゲノム解析でも，現実的にはアーキア，バクテリアの存在比について示すことが出来たのみである[38]。また，1細胞レベルのゲノム解析の応用も勿論期待されるが，海底下に生息する微生物の多くは，代謝活性が低く，細胞も極めて小さく，系統群毎に正確に検出することそのものが依然として難しいのが現状である。多様性が高く，かつ全くの未培養系統

群微生物に占められる海底下生命圏を解明することは，微生物生態研究において最も挑戦的なテーマの1つであり，環境オミクス解析技術の進歩は勿論，培養技術も含めた微生物生態学に関わるあらゆる技術・研究の発展が不可欠である。逆に言うならば，海底下生命圏研究で有効な技術は，他の多くの微生物研究分野でも生かせる可能性が高いことを示し，海底下生命圏研究には研究技術開発の面からも注目していきたい。

文　献

1) W. B. Whitman *et al.*, *Proc. Natl. Sci. USA*, **95**, 6578-6583 (1998)
2) J. K. Fredrickson & M. Fletcher, "Subsurface Microbiology and Biogeochemistry", John Wiley & Sons (2001)
3) 高井研, 蛋白質核酸酵素, **50**, 1649-1659 (2005)
4) S. D'Hondt *et al.*, *Science*, **295**, 2067-2070 (2002)
5) S. D'Hondt *et al.*, *Science*, **306**, 2216-2221 (2004)
6) S. D'Hondt *et al.*, *Proc. Natl. Sci. USA.*, **106**, 11651-11656 (2009)
7) J. F. Biddle *et al.*, *Proc. Natl. Acad. Sci. USA.*, **103**, 3846-3851 (2006)
8) J. S. Lipp *et al.*, *Nature*, **454**, 991-994 (2008)
9) P. L. Bond *et al.*, *Appl. Environ. Microbiol.*, **66**, 3842-3849 (2000)
10) G. W. Tyson *et al.*, *Nature*, **428**, 37-43 (2004)
11) E. E. Allen *et al.*, *Proc. Natl. Acad. Sci. USA.*, **104**, 1883-1888 (2007)
12) J. M. Eppley *et al.*, *Genetics*, **177**, 407-416 (2007)
13) S. L. Simmons *et al.*, *PLoS Biol.*, **6**, e177 (2008)
14) R. J. Ram *et al.*, *Science*, **308**, 1915-1920 (2005)
15) I. Lo *et al.*, *Nature*, **446**, 537-541 (2007)
16) V. J. Denef *et al.*, *Environ Microbiol.*, **11**, 313-325 (2009)
17) A. F. Andersson & J. F. Banfield, *Science*, **320**, 1047-1050 (2008)
18) B. J. Baker *et al.*, *Science*, **314**, 1933-1935 (2006)
19) C. Jeans *et al.*, *ISME J.*, **2**, 542-550 (2008)
20) S. W. Singer *et al.*, *Appl. Environ. Microbiol.*, **74**, 4454-4462 (2008)
21) K. Takai *et al.*, *Int. J. Syst. Evol. Microbiol.*, **51**, 1245-1256 (2001)
22) K. Takai *et al.*, *Appl. Environ. Microbiol.*, **67**, 5750-5760 (2001)
23) L. H. Lin *et al.*, *Geochem. Geophy. Geosyst.*, **6**, Q07003 (2005)
24) L. H. Lin *et al.*, *Science*, **314**, 479-482 (2006)
25) D. Chivian *et al.*, *Science*, **322**, 275-278 (2008)
26) H. Hirayama *et al.*, *Extremophiles*, **9**, 169-184 (2005)
27) T. Nunoura *et al.*, *Environ. Microbiol.*, **7**, 1967-1984 (2005)

28) J. R. de la Torre *et al.*, *Environ. Microbiol.*, **10**, 810–808 (2007)
29) K. U. Hinrichs *et al.*, *Nature*, **398**, 802–805 (1999)
30) A. Boetius *et al.*, *Nature*, **407**, 623–626 (2000)
31) V. J. Orphane *et al.*, *Science*, **293**, 484–487 (2001)
32) J. Knittel *et al.*, *Appl. Environ. Microbiol.*, **71**, 467–479 (2005)
33) E. J. Beal *et al.*, *Science*, **325**, 184–187 (2009)
34) M. Krüger *et al.*, *Nature*, **426**, 878–881 (2003)
35) S. J. Hallam *et al.*, *Scinece*, **305**, 1457–1462 (2004)
36) A. Pernthaler *et al.*, *Proc. Natl. Acad. Sci. USA.*, **105**, 7052–5057 (2008)
37) J. C. Fry *et al.*, *FEMS Microbiol. Ecol.*, **66**, 181–196 (2008)
38) J. F. Biddle *et al.*, *Proc. Natl. Acad. Sci. USA.*, **105**, 10583–10588 (2008)

第11章　植物根圏微生物群集

海野佑介[*1]，信濃卓郎[*2]

1　植物根圏とそこに棲む微生物

　植物は太陽光をエネルギー源として光合成を行う独立栄養生物であるが，土壌から水分や必須元素といった生存に不可欠な物質を獲得する必要がある。そのため，植物は吸収器官である植物根から受動的に物質を吸収するだけではなく，植物根周辺の土壌に対し，様々な能動的な働きかけを行う。それらの働きには植物根から分泌される，植物が吸収しにくい物質を吸収しやすい形態に変換する働きを持つ"酵素"や，土壌粒子などと結合することで難溶解性となった物質を溶解させるキレート物質としての働きを持つ"有機酸"，また植物根を土壌中にスムーズに張り巡らせる働きを持つムシラゲと呼ばれる"多糖類"や様々な"界面活性物質"が強く関与している[1]。これらの物質は，植物にとっては土壌環境への適応能力を高めることに寄与するが，一方で土壌微生物に生存に適した環境を提供し，また増殖の糧となる炭素源としても機能する。そのため，植物根周辺には高い微生物密度と活性を持つ"根圏-Rhizosphere-"と呼ばれる領域が存在し，こうした植物根の影響により土壌微生物の増殖が促進される作用は"根圏効果"と呼ばれている[2]。根圏では，植物根の影響により水分環境や元素分布に変動が生じ，これに加えて植物根や根圏効果により活性の高まった土壌微生物の呼吸活性増加に伴い，水素イオン濃度指数や酸化還元電位に変動がみられる[1]。こうした植物が根圏環境に与える影響は，植物種によって大きく異なる様式を示し，また微生物側においても，それぞれの微生物がもつ特性によって，植物がもたらす環境変化に異なる応答様式を示す[3]。そのため，一概に根圏微生物群集といっても，その構築に影響をもたらす植物，および土壌の特性によって，各々の根圏群集構造は異なる様相をみせる。

　土壌は種々の環境機能を有し，多様な微生物に生育の場を提供する。こうした土壌に棲む微生物は，土壌が果たす生態系機能，特に物質循環へ大きな貢献をはたす[4]。そのため，土壌が提供する生態系サービスの実態にせまり，これを有効活用するためには，土壌の物理性や化学性に加

[*1]　Yusuke Unno　㈱農業・食品産業技術総合研究機構　北海道農業研究センター　根圏域研究チーム　特別研究員

[*2]　Takuro Shinano　㈱農業・食品産業技術総合研究機構　北海道農業研究センター　根圏域研究チーム　チーム長

第 11 章　植物根圏微生物群集

え，生物性を十分に考慮する必要がある。しかし土壌微生物の 99％以上は実験室環境において培養が困難であり，土壌微生物が持つ生理機能には不明瞭な点が多い[5]。根圏は土壌の一領域であり，そこに棲む根圏微生物は基となる土壌に由来するが，根圏微生物群集は根圏効果という根の侵入に伴い一時的に発生する現象に応答したものであり，基となる土壌微生物群集構造からは大きな改変がもたらされている。こうした変化に応答した微生物群は，適当な培養条件を設定し得るかどうかはさておき，数日単位という短期間で増殖可能な能力を持つと推測され，実際，植物根圏には培養可能な細菌の存在割合が大きく，複数の培養法を併用することで，根圏微生物全体の 10％程度を培養可能であるという報告もある[6]。このことは根圏効果により比較的炭素源が豊富な環境で増殖が速い微生物の画分が相対的に高まるため，実験室における培養条件に適合した微生物の割合が増加するという仮説を支持している。こうした培養法を用いた研究手法に適した性質を持つ根圏微生物は，19 世紀より研究対象として用いられており，生態学的関心に基づいた基礎研究に加え，応用に重きを置いた研究も数多く行われてきた[7]。その 1 つとして，有用物質の合成や有害物質の分解機能を持つ有用微生物の単離源として植物根圏を活用した研究が挙げられる。高等植物は他の生物と比べ，きわめて多様な代謝産物を合成し，多いものでは 20 万種類以上の化合物を合成する能力を持つ植物種が存在する[8]。植物は全光合成産物の 10～44％を根から分泌し，また分泌物の種類も品種レベルにおいて異なる[9]。そのため，特殊な物質を分泌する植物の根圏おいて，対象とする物質の分解，変換機能に長けた微生物の割合が選択的に増加することを念頭に，応用微生物学的観点から有用微生物や酵素遺伝子の探索が試みられている。

　また，作物生産性向上に寄与し得る微生物機能の探索と，その応用を目指した研究は，従来，根粒菌に代表される空気中の窒素から植物にアンモニアを供給可能な植物体内に内生する窒素固定細菌[10]や，植物の栄養吸収領域を拡大する効果を持つ菌根菌[11]などの，植物と密接な共生関係を持つ微生物に集中していた[12]。しかし 1980 年代以降，根圏微生物中に植物の生育を促進する効果をもつ植物生育促進根圏細菌の存在が広く認知されると，研究対象となる微生物の範囲は著しい拡大を示した。植物生育促進根圏細菌の機能としては，植物が直接吸収することが困難な形態の養分を可給化することで，植物の養分獲得を促進する効果を持つ細菌や[13]，植物ホルモン様物質を合成することで植物に生長促進効果をもたらす細菌[14]，または抗菌性物質の生成や抵抗性の誘導，根面への優先的なコロニーの形成により植物病原微生物の増殖，もしくは感染を抑制する効果を持つ細菌が報告されている[15]。これまでにも数多くの候補菌株が単離され，その機能が解析されるとともに，研究室から現場に至る様々な段階において接種試験が行われ，植物生育促進根圏細菌としての効果が検証され，一部は実用化もされている。また近年では，環境汚染に対する生物浄化の一手法として，こうした有用微生物を活用する試みが行われている[16]。植物根圏微生物群集を取り扱う本章では，植物と土壌微生物の関係性について，これら研究の進んだ微生

物も含め,植物根圏における微生物群集構造の特徴と,その生態学的意義に関する話題を扱う。

2 植物根圏微生物群集への取組み

　根圏微生物は一般の土壌微生物に比べ,培養可能な菌株が多くを占めると見なされているが,少なく見積もって90％以上の根圏微生物が,未だ実験室内での培養が困難である。また環境中においては,酸化・還元・代謝共役といった複雑な反応系が,単一微生物のみの働きによるのではなく,複数の微生物によって協同的に行われると考えられている[17]。実際,培養が可能な微生物であっても,代謝系の一部の遺伝子群のみを保持している微生物が数多く存在しており[18],こうした観点からも単離・培養を経て機能解析を行うという古典的な研究手法のみでは,根圏微生物の根圏における生態学的意義を理解することは難しく,実際に根圏微生物群集が成す生態系機能を理解するためには,根圏そのものを対象とし,根圏微生物群集を機能群複合体として捉える必要性がある。

　根圏微生物群集を培養法を経ずに解析する試みは,顕微鏡を用いて直接観察する手法に加え,多種多様な分子生態学的手法が用いられてきた。特に,ポリメラーゼ連鎖反応(PCR)を用いて増幅した遺伝子断片を対象とした,変性剤濃度勾配ゲル電気泳動法や末端断片長多型解析法などといった分子フィンガープリント法は,根圏微生物群集構造解析にも広く用いられている。こうした分子フィンガープリント法を用いた解析からは,細菌や真菌に加え,古細菌[19]といった根圏に存在する微生物群集の系統学的多様性に基づいた構造が,植物種[20]や土壌種[21]に加え,同じ植物体においても根の状態に応じて統計学的に異なる傾向を示すことが明らかとなるなど[22],これまでの培養に依存した手法では明らかにすることが適わなかった,難培養性の微生物も含めたスキームで,根圏微生物群集構造の動態を調査することが可能となり,また根圏微生物群集構造が,植物,土壌,そして土壌微生物間相互作用によって構築される根圏環境に応じた構造を成すことが示唆された。一方で,応用面でより重要となる,作物品種や遺伝子組み換え処理が根圏微生物群集構造に与える影響に関しては,分子フィンガープリント法を用いた解析からは明確な回答を得ることが困難なケースが見られる[23]。これは,植物種や土壌種といった根圏微生物群集構造に大きな影響を与える因子に関して有効に機能した分子フィンガープリント法が,より小さな,しかし作物生産を考える上ではより重要となる品種等の因子に関する解析には不向きであることを示唆するとともに,場合によっては品種間の違い以上に,同じ植物種内における根の状態の違いが,根圏微生物群集構造に明確な変動を生じさせることを示唆している。こうした系統学的多様性を対象とした分子フィンガープリント法では,多様性の高い根圏土壌微生物群集構造を十分に評価することは難しく,また特定の機能性遺伝子を対象とした解析では対象遺伝子に対する

第 11 章　植物根圏微生物群集

PCR用プライマーの妥当性に加え，対象とする機能性遺伝子が関わる反応系の全体像を掴むことは困難であるという問題がある[24, 25]。また，PCR用プライマーの妥当性に関する問題は定量的PCR法を用いた定量的な解析にもあてはまる[26]。

　近年，根圏微生物群集構造を解像度よく，また機能面を包括的かつ定量的に評価するため，根圏微生物群集を個々の微生物の持つゲノムの集合体，メタゲノムとして一括して解析する，メタゲノミクスと呼ばれる研究分野が注目されている[27]。メタゲノミクスは，環境中に含まれる遺伝子の分布，およびそれら遺伝子が共同して発揮する集合的機能の理解，またこれを可能とする解析手法の開発を行う研究分野として提唱されており，これまでに海洋微生物群集，鉱山廃水中細菌群集，腸内細菌群集などに加えて，農耕地土壌微生物群集などを対象として，DNA，RNA，タンパク質や代謝産物の網羅的解析が行われてきた[28〜31]。土壌を対象としたメタゲノム解析プロジェクトは，テラゲノムコンソーシアなどの国際共同研究プロジェクトに加え，各国で長期連用圃場や水田を含む農耕地や，森林などを対象に研究が進行している[32]。メタゲノム解析を行うためには，これを解析するための土台となる解析基盤の構築が必要となる。近年の核酸配列情報解析技術の急速な発展により，環境微生物を対象としたゲノム解析が行われるようになったが，土壌微生物に関しても単離菌株や長鎖DNAクローンのシークエンス解析が行われており，土壌微生物群集を解析する基盤となる参照配列の蓄積が進んでいる[32]。こうした研究の進展には幅広い対象を用いた解析が必要であり，未だ土壌微生物の大半を占める難培養性微生物を対象に含める必要がある。そのため難培養性微生物を培養可能とする新規培養法の開発はこれまで同様に重要であり，また一方で既存の培養法に依存せずに微生物機能を推定することを可能とする，一細胞レベルでの機能解析，およびゲノム解析技術の開発が進められている[33, 34]。土壌微生物においても，土壌から微生物細胞を抽出する技術の開発が進められており，単離菌株や長鎖DNAクローンに加えて，今後，こうした一細胞レベルでのゲノム解析により得られた遺伝子情報の蓄積が期待される。また得られた遺伝子情報を活用するため，Integrated Microbial Genomes with Microbiome Samples などのゲノムデータベースにおいて土壌に特化したWebポータルの設置も検討されている[35]。

　これまでの培養法に基づいた遺伝子情報に，難培養性微生物に関する遺伝子情報が加わり，根圏微生物群集をメタゲノム解析によって解析し得る環境が整うことで，これまでの技術では解析し得なかった，環境中における根圏微生物群集を機能面から包括的かつ定量的に解析することが可能となりつつある。その一方で，土壌は生命活動の影響を受けた物質層であり，様々な無機物や有機物，また土壌生物が不均一に分布するヘテロな場として存在する。生物性は化学性や物理性に強く依存する一方で，環境の変化によって激しく変動する特性を持つため，とりわけヘテロな場である土壌においては，ほんのわずかな空間的，時間的な差異であっても生物性が著しく異

なる状態として存在することが知られている。そのため空間的にも時間的にも激しく変動する土壌微生物群集の構成因子を総体として網羅することは困難を極める。しかし，これを網羅し得ない限り，総体としての動態を解析する概念を生み出すことは難しく，このことが土壌生態系サービスの実態に生物性の観点から迫ることを困難としている。メタゲノム解析技術を土壌生態系機能の本質に迫るための手法として用いるためには，対象とする生態系機能を評価し得る，生態学的に意味のある解析スキームの構築が必要となり，こうした解析スキームを設定できれば，たとえ土壌生態系の一部分の網羅であったとしても，土壌生態系の形成に意味をもつ部分的な動態を網羅的に解析する概念を構築できると期待される。

上記のように，土壌の持つ不均一かつ不可分な特性は，メタゲノム解析のような網羅的な解析を極めて困難とさせる。これに対し，根圏は空間的に区別可能であるとともに，植物の生育ステージや根の状態に対応して環境が変化するため，時間的にも区別することが可能である。そのため連続的に存在する土壌の一部として特殊な生態系機能を有する根圏という対象は，空間的にも，時間的にも制限された領域において網羅的な解析を実行するスキームの構築が可能であり，また植物の状態という，ある意味判断が下しやすい指標を設定可能であるという観点からも，土壌においてメタゲノム解析を行い得る対象の1つであると判断される。次節では，こうした根圏を対象としたメタゲノム解析の現状と，その初期成果の一端を紹介する。

3 根圏メタゲノム解析研究の現状

根圏微生物群集を対象としたメタゲノム解析研究は草創期にあり，得られた情報の解析法に加え，根圏土壌サンプリング法やメタゲノムDNA調整法に関しても，未だ技術的課題が山積している。本節では，世界的な根圏メタゲノム解析研究を概観するとともに，根圏メタゲノム解析固有の課題である，根圏微生物群集特異的メタゲノムDNA調整法に関する筆者らの取り組みと，こうした手法を用いることで得られた初期成果について紹介する。現在，根圏を対象としたメタゲノム解析は筆者らの研究室で行っている研究に加えて，タルウマゴヤシ，トウモロコシ，ススキなどを対象としたプロジェクトの実施が報告されている。これらはDNAもしくはRNAを対象とし，ハイブリダイゼーション法や，サンガー型シークエンサーや超並列型シークエンサーを用いたショットガンシークエンス法により行われている。

ハイブリダイゼーション法を用いた解析には，系統分類基準遺伝子を対象とした多様性解析に加え，機能性遺伝子を解析対象とし環境要因と機能性遺伝子の分布との関連性を解析する研究が行われている[36]。こうしたハイブリダイゼーション法を用いた解析は，分子フィンガープリント法に比べ，はるかに解像度良く微生物群集構造解析を行うことが可能であり，またシークエンス

第11章 植物根圏微生物群集

解析と比べると比較的安価に解析が行えるため,多サンプルを対象とした根圏土壌微生物群集の動態調査を行うことが可能である。実際,系統分類基準遺伝子を対象とした"Phylo Chips"を用いた解析において,根圏効果に応答する微生物系統が推定されるなど,その有用性を示す成果が上げられている[37]。しかし,多様性の高い根圏微生物群集構造の評価にハイブリダイゼーション法を用いるには,擬陽性や偽陰性の危険性が絶えず存在し,また機能性遺伝子を対象とした解析は,植物細胞混入の影響が強く懸念されることから技術的に極めて困難であり,またハイブリダイゼーション法が既知の遺伝子情報に完全に依存することからも,現状として根圏土壌微生物群集に適用するには限界がある。

ショットガンシークエンス法による根圏微生物群集解析は,実行段階にあり,論文としての報告は微生物群集を対象としたものではなく,特定の微生物のゲノム解析を扱ったもののみである[38]。ショットガンシークエンス法を用いる場合,研究目的に適したサンプルから高純度のDNAを獲得する必要があるが,植物根圏微生物群集を対象としたメタゲノム解析では,これに加えて根圏を採取する際に混入する多量の植物組織を排した,根圏土壌微生物群集特異的なメタゲノムDNAを回収する技術を確立する必要がある。筆者らの研究室ではこうした課題に対応するため,①根圏土壌サンプリング時における植物組織の混入低減,②植物組織および植物DNAの除去,シークエンス後の③植物ゲノム配列の除去,といった技術を検討してきた。

① 根圏土壌サンプリング時における植物組織の混入低減

根圏土壌サンプリング法には,水中分画法,空中振とう法,特殊な栽培手法を用いた方法などがあり,それぞれに長所・短所が挙げられている。水中分画法や空中振とう法は根圏土壌が植物根および根圏微生物の作用により,根圏外土壌に比べ粘性が増すことを利用した物理的分離法であり,根圏微生物を研究する上でこれまでも広く用いられてきた[39]。これらの手法は環境サンプルを含め,様々な植物種を対象に適用可能であるが,根毛などの物理的衝撃にもろい組織の混入を招く。この点において両根圏土壌採取法の比較を行ったところ,空中振とう法に比べ水中分画法がより植物組織の混入を抑制可能であることが示された。他方で"根箱-Rhizobox"(写真1)と呼ばれる特殊な栽培容器を用いた栽培手法を用いた場合,より植物組織の混入を低減可能であるが,適用可能な植物種や栽培環境に制限が生じるため,本栽培手法が適さない解析対象もある。そのため個々人の目的にあった根圏土壌サンプリング法の検討が必要であり,いずれにしても下記の技術との組み合わせが必要となる。

② 植物組織および植物DNAの除去

いかなる根圏土壌採取法を用いても,植物組織の混入を完全に防ぐことは困難であるため,根圏メタゲノムDNAへの植物DNAの混入低減を図ることは不可欠である。このことを目的として,物理的手法による植物組織除去法に加えて,化学的に植物由来DNAを除去する手法が提唱され

写真1　根箱-Rhizobox を用いて栽培したホワイトルーピン

てる。メタゲノム DNA を対象とした化学的植物由来 DNA 除去法としては，PCR based suppressive subtraction 法の導入が報告されている[40]。筆者らはこれを，根圏メタゲノムに適用し，テスターとして根圏土壌粗抽出 DNA を，ドライバーとして無菌植物組織抽出 DNA を用い検討を行った。また植物組織除去法としては，顕微鏡下で根圏土壌サンプルから植物組織を物理的に除去する手法を検討した。その結果，植物組織除去法と植物 DNA 除去法，両処理法共に植物由来 DNA の存在比率を低減できることが示された。しかし化学的除去法は物理的除去法に比べ，配列の保存性の高い遺伝子への擬陽性反応が強く，根圏微生物メタゲノム解析には，植物組織除去法がより有効であると考えられる。

③　植物ゲノム配列の除去

シロイヌナズナや，イネ，ミヤコグサといったゲノム情報の整備が行き届いたモデル植物では，メタゲノムをシークエンスした後，情報学的に植物ゲノム配列を取り除くことが可能である。実際，筆者らは上記の技術を用いて根圏メタゲノム DNA への植物の混入低減を図っているが，こうした手法を用いた場合でも数％のオーダーで植物由来と推測される配列の存在が確認されており，植物に由来する配列を情報学的に除去することにより，精度の高いメタゲノム解析の実施が期待できる。

現在，筆者らは根圏土壌微生物群集特異的なメタゲノム DNA を回収するために，水中分画法にて根圏土壌を獲得した後，顕微鏡下で物理的に植物細胞を除去する方法を用いることで，植物由来と推測される配列を多くとも 10％以下に抑えることが可能となっている。そのため，ある

第11章　植物根圏微生物群集

程度の情報のバイアスを考慮する必要はあるものの，ゲノム情報の整備が行き届いていない，しかし応用目的を含め研究対象としてより興味深いさまざまな非モデル植物の根圏を対象としたメタゲノム解析が可能であると判断している。無論，モデル植物を用いた場合，より精度の高い根圏メタゲノム解析が可能であり，より厳密に制御されることが必要な基礎研究を行う場合には，モデル植物を用いる必要がある。

　筆者らの研究室では，マメ科モデル植物ミヤコグサとマメ科作物ホワイトルーピンを用いた根圏メタゲノム解析を行っている。ホワイトルーピンは様々な環境ストレスに耐性を有する飼料用作物であり，側根がボトルブラシ状に発達したクラスター根と呼ばれる組織を構築する(写真2)。クラスター根は，その発生から成熟過程を経て1週間程度で老化し，その発達ステージ毎に酵素や有機酸などの物質の分泌様式を変化させることで，土壌中から効率よく養分を吸収するために働きかけを行う。筆者らはクラスター根の発育ステージに応じて，微生物群集構造がどのような変動を遂げ，これがホワイトルーピンの持つ高い環境適応能力とどのような関係性を有するのかを明らかとするため，非クラスター根，成熟クラスター根，老化クラスター根を対象とした根圏メタゲノム解析を，超並列型シークエンサーを用い行った。機能性遺伝子の分布に基づいた比較根圏メタゲノム解析の結果，ホワイトルーピンの根圏微生物群集構造は根の状態に応じて大きく変動しており，同じ老化期にあるクラスター根圏微生物群集は，他の状態の根の根圏微生物群集に比べて似通った構造を示すことが明らかとなった(図1)。このことは超並列型シークエンサーを用いた根圏微生物群集構造解析によって，同一植物種内において状態の異なる根圏の微生物群集構造を機能性遺伝子の分布に基づいた解析によって特徴づけることが可能であることを示している。

　現在，根圏を対象としたメタゲノム解析は根圏効果の評価や植物根の状態変化に対する根圏微生物群集構造の応答という基礎的な生態学的関心からの研究に加え，有機物分解能が高く，有機

写真2　ホワイトルーピンのクラスター根
a：発生期，b：成熟期，c：老化期

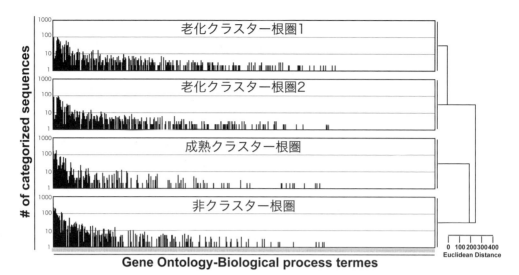

図1　機能性遺伝子の分布に基づいたホワイトルーピン根圏微生物群集構造の比較解析
ジーンオントロジー・ファンクショナルプロセスを用い，各カテゴリーに分類された配列の数をもとにクラスター解析を行った。

物施与下で植物に高い生産性をもたらす根圏微生物群集構造や，植物病害の発生を抑制する土壌静菌作用の実態調査，また品種や遺伝子組み換え処理による根圏微生物群集構造への影響調査などの，作物生産性に関わる土壌生態系機能と微生物群集構造の評価という，応用生態学的観点からの研究が始まりつつある。実際，有機態リン利用能に長けた土壌にミヤコグサを栽培した解析からは，根圏におけるリン酸質有機物分解の鍵となる代謝系に属する遺伝子群の増加が指摘されており，メタゲノム解析手法の応用面での有用性が示唆されている。こうした研究の発展の後には，現在では夢物語として語られるような根圏微生物群集機能を活用した生態系農業という新たな技術の開発への道がつながっており，また重要ではあるが土壌の一部分にすぎない根圏を足がかりとして，地表を覆う土壌に棲む未知なる土壌微生物が，我々の足下でいったい何をしており，またどれほどの恩恵を我々に与えてくれているのか，その理解と，これを活用しようという応用生態学の1ページが開かれることを期待する。

文　　献

1) H. Marschner, "Mineral Nutrition of Higher Plants", p.537, Academic press (1995)
2) L. Hiltner, *Arb. Deut. Landw. Gesell.*, **98**, 59 (1904)

第 11 章　植物根圏微生物群集

3) J. M. Whipps, "The Rhizosphere", p.59, John Wiley & Sons (1990)
4) P. Nannipori *et al.*, "Enzymes in the Environment", p.1, Marcel Dekker (2002)
5) R. I. Amann *et al.*, *Microbiol. Rev.*, **59**, 143 (1995)
6) G. Berg & K. Smalla, *FEMS Microbiol. Ecol.*, **68**, 1 (2009)
7) J. M. Lynch, "The Rhizosphere", p.1, John Wiley & Sons (1990)
8) O. Fiehn *et al.*, *Curr. Opin. Biotechnol.*, **12**, 82 (2001)
9) H. P. Bais *et al.*, *Annu. Rev. Plant Biol.*, **57**, 233 (2006)
10) G. Truchet *et al.*, *Protoplasma*, **149**, 82 (1989)
11) E. I. Newman & P. Reddell, *New Phytol.*, **106**, 745 (1987)
12) J. I. Sprent & E. K. James, *Plant Physiol.*, **144**, 575 (2007)
13) J. W. Kloepper *et al.*, *Nature*, **286**, 885 (1980)
14) O. Steenhoudt & J. Vanderleyden, *FEMS Microbiol. Rev.*, **24**, 487 (2000)
15) G. V. Bloemberg & B. J. J. Lugtenberg, *Curr. Opin. Plant Biol.*, **4**, 343 (2001)
16) W. W. Wenzel, *Plant Soil*, **321**, 385 (2009)
17) J. Pandey *et al.*, *FEMS Microbiol. Rev.*, **33**, 324 (2009)
18) R. L. Tatusov *et al.*, *Nucleic Acids Res.*, **29**, 22 (2001)
19) T. Watanabe *et al.*, *Soil Biol. Biochem.*, **39**, 2877 (2007)
20) J. F. Salles *et al.*, *Appl. Environ. Microbiol.*, **70**, 4021 (2004)
21) G. Wieland *et al.*, *Appl. Environ. Microbiol.*, **67**, 5849 (2001)
22) P. Marschner *et al.*, *Soil Biol. Biochem.*, **33**, 1437 (2001)
23) J. Lottmann *et al.*, *FEMS Microbiol. Ecol.*, **29**, 365 (1999)
24) A. M. Briones *et al.*, *Appl. Environ. Microbiol.*, **68**, 3067 (2002)
25) C. Bremer *et al.*, *Appl. Environ. Microbiol.*, **73**, 6876 (2007)
26) O. V. Mavrodi *et al.*, *Appl. Environ. Microbiol.*, **73**, 5531 (2007)
27) J. Handelsman *et al.*, "The New Science of Metagenomics: Revealing the Secrets of Our Microbial Planet", The National Academic Press (2007)
28) J. C. Venter *et al.*, *Science*, **304**, 66 (2004)
29) G. W. Tyson *et al.*, *Nature*, **428**, 37 (2004)
30) S. G. Tringe *et al.*, *Science*, **308**, 554 (2005)
31) R. A. Edwards *et al.*, *BMC Genomics*, **7**, 57 (2006)
32) T. M. Vogel *et al.*, *Nature Rev. Microbiol.*, **7**, 252 (2009)
33) A. Raghunathan *et al.*, *Appl. Environ. Microbiol.*, **71**, 3342 (2005)
34) R. Stepanauskas & M. E. Sieracki, *Proc. Natl. Acad. Sci. U. S. A.*, **104**, 9052 (2007)
35) V. M. Markowitz *et al.*, *Nucleic Acids Res.*, **36**, D534 (2008)
36) Z. He *et al.*, *ISME J.*, **1**, 67 (2007)
37) H. Sanguin *et al.*, *Appl. Environ. Microbiol.*, **72**, 4302 (2006)
38) C. Erkel *et al.*, *Science*, **313**, 370 (2006)
39) 木村眞人，新編土壌微生物実験法，p.125，養賢堂 (1992)
40) E. A. Galbraith *et al.*, *Environ. Microbiol.*, **6**, 928 (2004)

第12章　化学合成生態系の無脊椎動物―微生物間細胞内共生系からみた共生菌のゲノム縮小進化

吉田尊雄[*1]，髙木善弘[*2]，島村　繁[*3]，丸山　正[*4]

1　化学合成生態系の共生系とは

　深海には，熱水や湧水が湧き出し，微生物を一次生産者として，多くの生物が生息するオアシスのような生態系が存在する。熱水や湧水には，海底下から供給される硫化水素やメタン，二酸化炭素が多く含まれる。そこに生息する化学合成細菌は，光合成に依存せず，熱水や湧水に含まれる還元物質の酸化反応からエネルギーを得て，無機炭素から有機物を作りだしている。このようなエネルギー獲得を行い，光合成にほとんど依存しない生態系を化学合成生態系と呼んでいる。これらの場所で優占する動物群の多くは，エラ組織や栄養体と呼ばれる組織等に化学合成細菌を共生させている。本稿では，化学合成生態系において，共生と進化の関わりが面白い細胞内共生菌にスポットをあてる。

　化学合成細菌を細胞内共生させている宿主動物の多くは，シロウリガイ類やシンカイヒバリガイ類などの二枚貝やアルビンガイなどの巻貝といった軟体動物及びハオリムシ類や貧毛類などの環形動物であり，多くの場合には1種類又は，数種類の化学合成細菌を共生させている。宿主動物の消化管は退化しているものが多く，ハオリムシなどでは，成体では口や消化管を失っている。すなわち，化学合成共生系では，宿主動物は，自らの栄養の一部，又は大部分を共生させている化学合成細菌（以後，共生菌と呼ぶ）に依存している。実際に，^{14}Cラベルした無機炭素を使った実験から，共生菌が作り出した有機物の宿主への移行が確認されているものもある。化学合成共生系において，共生菌は，エネルギーを獲得し，有機物を作り出す，ミトコンドリアや葉緑体のような機能を果たしていると思われる。化学合成共生系では，共生菌が最初から卵を介して次世代に伝えられるもの（垂直伝播と呼ぶ，代表例はシロウリガイ類），胚発生の適当な段階で環境中から共生菌を取り込むもの（水平伝播または環境伝播と呼ぶ，代表例はハオリムシ類，シンカ

[*1]　Takao Yoshida　㈲海洋研究開発機構　海洋・極限環境生物圏領域　主任研究員
[*2]　Yoshihiro Takaki　㈲海洋研究開発機構　海洋・極限環境生物圏領域　技術研究主任
[*3]　Shigeru Shimamura　㈲海洋研究開発機構　海洋・極限環境生物圏領域　技術研究主事
[*4]　Tadashi Maruyama　㈲海洋研究開発機構　海洋・極限環境生物圏領域　プログラムディレクター

第12章 化学合成生態系の無脊椎動物―微生物間細胞内共生系からみた共生菌のゲノム縮小進化

イヒバリガイ類)の2つの形式がある。共生菌の伝達様式は重要で，化学合成共生系を成立させている機構や進化について，共生菌の次世代への伝達様式を区別して研究する必要がある。

2 化学合成生態系の共生菌のゲノム解析の現状

化学合成生態系で重要な細胞内共生菌の多くは，プロテオバクテリアに属する。その中でも，ガンマプロテオバクテリアに属する共生菌としては，イオウ酸化細菌や及びメタン酸化細菌が知られており，宿主動物としては，シロウリガイ類，シンカイヒバリガイ類，ハナシガイ類やキヌタレガイ類などの二枚貝やハオリムシ類などの環形動物である。また，イプシロンプロテオバクテリアに属す共生菌としては，イオウ酸化細菌が知られており，宿主動物としては，アルビンガイやヨモツヘイグイニナなどの巻貝である。これら化学合成生態系の動物の飼育は，難しいことが多く，現在のところ，ハオリムシ類やシンカイヒバリガイ類など，いくつかの種類でのみ長期間の飼育が可能であるが，実験室で増殖させる継代飼育は出来ていない。共生菌を環境から取り込むと考えられているハオリムシ類やシンカイヒバリガイ類の共生菌は環境中で増殖している可能性があり，単離培養が期待されているが，共生菌の単離培養は困難で成功した例は，未だない。これまでのところ，熱水に生息するガラパゴスハオリムシでは生息現場での共生菌の検出[1]と *in situ* ハイブリによる共生菌の検出から，宿主の発生と感染過程が示されている[2]。また，熱水のプルームや貧酸素水塊からガンマプロテオバクテリアに属しシロウリガイ類やシンカイヒバリガイ類の共生菌と近縁種のDNAが優占種として検出されている[3,4]。これらが環境中で増殖しているかどうかは，定かではなく，その生態が注目されているが，単離培養には至っていない。最近，このような菌の1つSUP05のメタゲノム解析が報告された[5]。SUP05には，炭素固定，イオウ酸化，硝酸呼吸の遺伝子が存在し，貧酸素状態に対応して生きている可能性が示された。驚くべきことに，それら遺伝子群を含め，すべての遺伝子群が後述するシロウリガイ類共生菌と非常に似た遺伝子の構成，かつ並び方を持ち，共生菌の起源を考えるには重要な情報をもたらすと思われる。

細胞内共生菌の純粋培養が困難であるため，モデル微生物では簡単な実験さえも行えない。さらに，細胞内共生菌のため，宿主成分と分けて，純度の高い共生菌を大量に得ることは，容易ではなく，共生菌の生理学的，生化学的な研究には，常に困難がつきまとう。しかしながら，近年，対象生物の培養を必要としない研究方法(メタゲノムやプロテオーム)が取り入れ，宿主動物と共生菌間の相互作用に関する多くの知見が得られてきている。メタゲノム解析により，浅海に生息する *Olavius algarvensis* という口，腸，および腎管をもたない環形動物の細胞内には，イオウ酸化細菌であるガンマプロテオバクテリア2種類(γ1，γ3)と硫酸還元菌であるデルタプロテオ

バクテリア2種類（δ1, δ4）とスピロヘータ1種類の合計5種類の細菌が共生することが判明した[6]。γ1, γ3ともに，硫化水素を硫酸イオンまで酸化する遺伝子群や，二酸化炭素を固定するルビスコ遺伝子を持つ化学合成細菌であることが明らかとなった。一方，δ1, δ4のデルタプロテオバクテリアは，硫酸イオンを硫化水素まで還元する遺伝子群を持ち水素を硫酸イオンで酸化してエネルギーを得ている。さらに，宿主が排泄したアンモニア等の窒素化合物を利用していることも明らかになった。これら共生菌は，動物の細胞内で，イオウ酸化細菌と硫酸還元菌が同居することで，お互いの硫黄代謝産物をリサイクリングしてエネルギーを得て，宿主からの不要窒素化合物を取り込み，大変効率的な代謝をしていることがわかった。また，熱水域に生息するガラパゴスハオリムシ類の共生菌のメタゲノム解析とプロテオーム解析が行われ，イオウ酸化に必要な遺伝子群が多く発現していることがわかった[7,8]。

3 世界最小ゲノムサイズの独立栄養微生物のゲノム―シロウリガイ類共生菌のゲノム解析からわかったこと―

シロウリガイ類は，東太平洋，西太平洋の熱水域・湧水域に生息しており，化学合成生態系において代表的な二枚貝である。これまでに，日本周辺には様々な種類のシロウリガイが生息しており，これら全てのシロウリガイのエラ細胞内には，種レベルにおいて固有のイオウ酸化細菌が1種類共生している。シロウリガイ類の口や消化管は退化的であることから，自らの栄養のほとんど全てを共生菌に依存して生育していると思われる。シロウリガイ類は，1億年前からも化石として見つかるが，確実なのは3億年ぐらいから生きていたと考えられる[9]。共生がいつ頃始まったのかは，定かではないが，現生のシロウリガイ類の共生菌は，卵を介して次世代に垂直的に伝播すると考えられ[10]，系統解析からも宿主と共生者が共進化していると考えられている[11]。これらの特徴から，化学合成生態系の共生関係を宿主との相互作用や共生菌の進化を考えるのにはシロウリガイ類は絶好のモデル生物と考えられた。しかし，シロウリガイ類は，圧力や温度変化の影響のためか，採取直後でも元気な個体が少なく，長くても1週間程度で死んでしまい，飼育は難しい。共生菌の単離・培養も成功例がない。そこで，我々はシロウリガイ類の共生系を分子レベルで理解するために，相模湾初島沖水深約850〜1100 mに生息するシマイシロウリガイ（*Calyptogena okutanii*）の共生菌（*Vesicomyosocius okutanii*：以後Vokと略す）の全ゲノム解析を行った[12]。同時期にアメリカのグループが東太平洋海膨のガラパゴスシロウリガイ（*Calyptogena magnifica*）の共生菌（*Ruthia magnifica*：以後Rmaと略す）の全ゲノム配列を発表し[13]，世界で初めて化学合成生態系の共生菌2種の全ゲノムが明らかとなった。

Vok及びRmaの共生菌のゲノムサイズ（表1）は1.02 Mb（Vok）と1.16 Mb（Rma）とガンマプ

第 12 章　化学合成生態系の無脊椎動物―微生物間細胞内共生系からみた共生菌のゲノム縮小進化

ロテオバクテリアに属する熱水域から採取された自由生活性のイオウ酸化細菌 Thiomicrospira crunogena XCL-2 のゲノム[14] (2.4 Mb) の約半分であった。また，GC 含量は，31.6 % (Vok)，34.0 % (Rma) と低く，垂直伝播する昆虫の細胞内共生菌のゲノムで報告されている細胞内共生菌ゲノムの GC 含量が低いという特徴と一致した。また，ゲノムにコードされているタンパク質遺伝子として Vok では，937 個，Rma では 976 個と約 1000 弱の遺伝子を持つ (表 1)。Vok と Rma それぞれ，rRNA オペロン 1 個を持ち，tRNA は Vok では，35 個，一方の Rma では，1 つ多い 36 個であった (表 1)。Vok と Rma それぞれに共通に保存されているオーソログ遺伝子は，合計 857 個 (相同性：82.1 %) であり，そのゲノム領域は Vok では 79.8 %，Rma では 70.3 % であった (表 1)。共生菌のエネルギー代謝に必要な硫化水素は，シロウリガイ類の足から取り込まれ，血中に含まれる亜鉛タンパク質によりエラ組織まで運ばれると考えられている。Vok と Rma ともに，硫化水素を最終的に硫酸イオンまで酸化する遺伝子群 (sulfide-quinone oxidoreductase (sqr), dissimilatory sulfite reductase (dsr), reversible dissimilatory sulfite reductase (rdsr), sulfur-oxidizing multienzyme system (sox), adenosine phosphosulfate reductase (apr), ATP sulfurylase (sat)) を持ち，RT-PCR により発現していることが確認され[15]，基質レベルのリン酸化電子伝達系に電子を渡すことで ATP を作り出している (図 1，図 2)。Thiomicrospira crunogena XCL-2 ではイオウ酸化遺伝子としては，sox と sqr 遺伝子しか存在せず[14]，また，ガラパゴスハオリムシ共生菌では，シロウリガイ類とほぼ同じ遺伝子群を持つが sox 遺伝子がない[7] (図 2)。シロウリガイ類の共生菌は，様々なイオウ化合物に対応する遺伝子群を持っていることが明らかとなった[14]。共生菌は，ルビスコ遺伝子を持ち，カルビン―ベンソン回路により二酸化炭素を固定し，有機炭素を作り出している (図 1)。また，硝酸やアンモニアから窒素を取り込み，アミノ酸合成に利用

表 1　シロウリガイ類共生菌のゲノムの特徴

	Calyptogena okutanii symbiont (Vok)	Calyptogena magnifica symbiont (Rma)
ゲノムサイズ (bp)	1,022,154	1,160,782
GC 含量 (%)	31.6	34.0
タンパク質遺伝子数	937	976
rRNA オペロン数	1	1
tRNA 遺伝子数	35	36
平均遺伝子長 (bp)	928	943
オーソログ遺伝子数 (ゲノム領域における長さの割合%)	857 (79.8%)	857 (70.3%)
10 bp 以上の長さのデリーションの数	1,387	730
デリーションの長さの範囲 (bp)	11–10,964	11–1,755
デリーションの総全長 (bp) (ゲノム中の割合%)	195,460 (19.1%)	56,378 (4.8%)

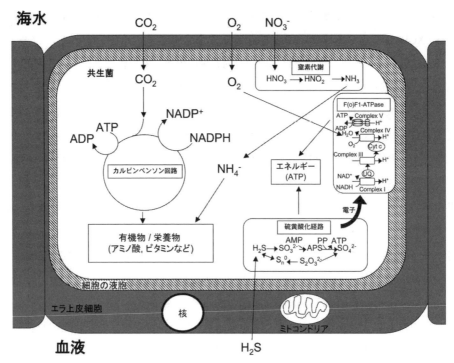

図1 シロウリガイ類共生菌のゲノム配列から推定した代謝系

シロウリガイ類共生菌は，エラ上皮細胞内に共生している。硫化水素は，シロウリガイ類の足から取り込まれ，血中から運ばれる。共生菌は，硫化水素を最終的に硫酸イオンまで酸化し，基質レベルのリン酸化と酸化によって生じた電子を電子伝達系に渡してATPを作りだす。二酸化炭素は，カルビンベンソン回路により固定され，有機物や栄養分に変換される。硝酸イオンは，窒素源として使われる。

している (図1)。このようにシロウリガイ類共生菌は，ほぼ全ての生体物質を無機物から合成する能力があり，宿主が必要とする栄養分のほぼ全てを供給していると考えられている。ゲノム解析からシロウリガイ類共生菌は，化学合成細菌としての特徴を持ち，これまでのところ一番小さいゲノムサイズを持つ独立栄養微生物であることがわかった。

しかしながら，ゲノム解析だけからでは，わからない点もでてきた。たとえば，二酸化炭素を固定し作り出した糖やアミノ酸などの栄養分を共生菌から宿主へ受け渡すような既知のトランスポーターは，シロウリガイ類共生菌のゲノム上には認められなかった。栄養の宿主への供給機構は明らかでないが，現時点では宿主のエラ細胞内で共生菌が細胞内消化・分解されているのではないかと考えられている。シロウリガイ類共生菌は，大腸菌では生育に必須ないくつかの遺伝子が存在しない。中でも細胞分裂に必要なFtsZと呼ばれるタンパク質の遺伝子が存在せず，共生菌がどのような機構で細胞分裂しているのか不明である。エラ組織の電子顕微鏡観察から，分裂途中のような共生菌もみられ，何らかの方法で分裂は行っていると考えられる。その他に，運動

第12章 化学合成生態系の無脊椎動物─微生物間細胞内共生系からみた共生菌のゲノム縮小進化

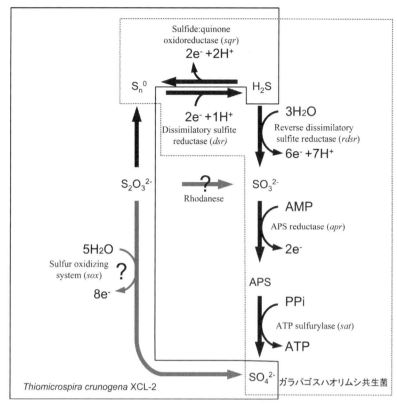

図2 シロウリガイ類共生菌のイオウ代謝経路

シロウリガイ類共生菌は，イオウ代謝関連遺伝子として，sulfide-quinone oxidoreductase (*sqr*), dissimilatory sulfite reductase (*dsr*), reversible dissimilatory sulfite reductase (*rdsr*), sulfur-oxidizing multienzyme system (*sox*), adenosine phosphosulfate reductase (*apr*), ATP sulfurylase (*sat*) を持つ。*Thiomicrospira crunogena* XCL-2では，実線で示す *sox* と *sqr* 遺伝子しか持っていない。また，ガラパゴスハオリムシ共生菌では，点線で示すシロウリガイ類とほぼ同じ遺伝子群を持つが *sox* 遺伝子を持たない。

や細胞への感染に必要な鞭毛やタイプ3型分泌装置の遺伝子が存在しない。また，環境応答に関与するシグナル伝達や転写制御の遺伝子が自由生活型の細菌に比べると極端に少ない。また，遺伝子修復系の遺伝子の種類が少なくなっている。遺伝子修復系の遺伝子は，昆虫の細胞内共生菌でも欠落する傾向が報告されており，垂直伝播する細胞内共生では，不要となりゲノムから欠落したのかもしれない。シロウリガイ類の共生菌ゲノム解析により共生菌の代謝や宿主との関わりを推定できるようになった。しかし，共生のメカニズムを明らかにするには，共生菌細胞内でそれぞれの遺伝子がどのように発現し働いているかを調べる必要がある。また，共生菌のゲノムだけではなく，共生における宿主の役割を明らかにするために，EST解析など宿主遺伝子の共生に伴う発現も解析する必要がある。

4 細胞内共生菌のゲノム縮小進化メカニズム―比較ゲノム比較解析からの推察―

シロウリガイ類の細胞内共生菌は自由生活型よりもゲノムサイズを小さくする進化を遂げてきていることが明らかとなってきた。これは，環境因子による可能性も考えられるが，我々は，次のように考えている。親から卵を介して次世代に受け継がれる垂直伝播型の細胞内共生菌では，垂直感染時に有効集団サイズが小さいことからボトルネック効果と遺伝的浮動により，世代が進むにつれて，遺伝子への変異が蓄積する。さらに細胞内環境では必須ではなくなった遺伝子は偽遺伝子化してゲノムから取り除かれる。この現象の積み重ねにより，ゲノムサイズを縮小させる方向に進化してきたと考えている[16]。この時に多くの DNA 修復系の遺伝子や組換え遺伝子が失われて，突然変異率を向上させていると思われる。シロウリガイ類共生菌では，Vok と Rma のゲノムサイズには，0.14 Mb の違いがあり，両者の近縁性から考えると，その差は非常に大きい。そこで，両者のゲノム配列を詳細に比較することで，ゲノム縮小進化がどのように起こってきたのかを検証した[16]。両者の共生菌のゲノム構造を調べたところ，遺伝子の並び方は，一部に逆位があるが，非常によく保存されていることが判明した（図3）。シロウリガイ類共生菌では相同組換え遺伝子 *RecA* が存在しないために，遺伝子の並びが保存されていると考えられた。図3をよくみると，ゲノム上の全領域にわたって，どちらかの共生菌では配列が失われたギャップが点状に存在していることがわかる。これらのギャップは，祖先系に存在した遺伝子が進化の過程で失なわれた結果と考えられた。10 bp 以上の長さを持つ欠失領域の数は，Vok では 1387 カ所，Rma では 730 カ所もあることが分かった（表1）。どのような欠失が生じているかを詳しく調べると，最大の欠失領域の長さは，Vok では 10964 bp，Rma では 1755 bp であり，欠失領域の合計の長さは，Vok では 195460 bp，Rma では 56378 bp となることがわかった（表1）。つまり，Vok では，Rma よりも欠失した領域は，数も多く，欠失の長さも長い。細胞内共生菌の比較ゲノム解析が進んでいるのは昆虫類であるが，我々が，公表されているデータから解析しなおした結果，アブラムシの細胞内共生菌 *Buchnera aphidicola* strain APS と Sg（ゲノムサイズは約 0.64 Mb とシロウリガイ類共生菌よりも小さい）では，欠損領域の長さは，ほとんど 100 bp 以下の長さであること，一方，オオアリの細胞内共生菌 *Blochmannia floridanus* と *B. pennsylvanicus*（ゲノムサイズは 706 kb と 792 kb）では，欠失領域の長さは最大でも 1000 bp であった[16]。これらの昆虫類の共生菌の場合にも，シロウリガイ類共生菌と同様に，*RecA* が存在しない。また，シロウリガイ類の共生菌とこれら昆虫の共生菌の共通遺伝子のアミノ酸配列の変異している部分の同義置換，非同義置換を解析し，非同義置換の割合を調べることで進化の度合いを調べたところ，シロウリガイ類の共生菌ゲノムでは，現在活発なゲノム縮小進化が進行しているゲノムで，ゲノム縮小進化が

第12章　化学合成生態系の無脊椎動物—微生物間細胞内共生系からみた共生菌のゲノム縮小進化

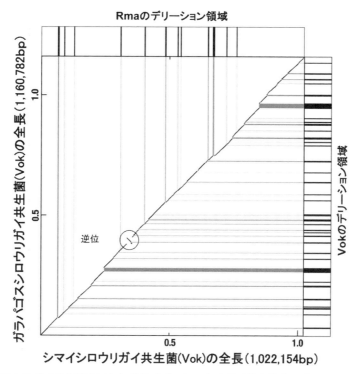

図3　シマイシロウリガイ共生菌（Vok）とガラパゴスシロウリガイ共生菌（Rma）のゲノム配列のドットプロットによる比較
500 bp以上で相同性が70%以下のギャップ部分を図の上と右に黒線で示した。これらは欠損領域である。

ダイナミックに生じているゲノムであることがわかった。

　我々は，これらの解析から細胞内共生菌のゲノム縮小進化プロセスに対する仮説を提唱した（図4）[16]。共生成立前では，共通祖先菌は自由生活性で，ゲノムサイズは外部からの遺伝子移入と遺伝子欠失のバランスで決まる。この祖先細菌は16S rRNA遺伝子配列から非常に近縁である貧酸素水塊で優占している自由生活性のイオウ酸化細菌SUP05に近いものであったと推定される[5]。シロウリガイ類に共生した祖先細菌は，垂直伝播する細胞内共生が成立すると，外部からの遺伝子移入が減少し，ゲノムの縮小が始まる。この時のゲノムは相同組換え遺伝子 recA 依存性の大きな遺伝子欠失によりゲノムは急速に縮小する。この時期をゲノム縮小の急速期と呼ぶ（図4）。その後，recA や遺伝子修復関連遺伝子は消失し，速度は落ちるが recA 非依存による欠失機構によりゲノム縮小は進行する。この時期を成熟期と呼ぶが，現世のシロウリガイ類共生菌は，この段階にあると考えられる。その後も，ゲノム縮小は進行するが，欠失領域や縮小速度が遅くなり，ゲノムに残る遺伝子が共生関係と細胞内環境での共生生活に必須な遺伝子だけになるまで縮小する。この段階を安定期と呼ぶが，アブラムシの細胞内共生菌 Buchnera などはこの段

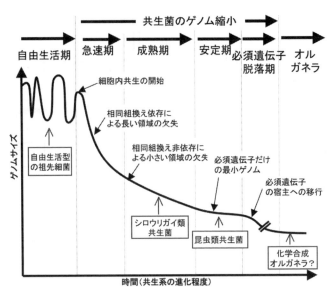

図4　細胞内共生菌のゲノム縮小進化のプロセスに対する仮説

階にあると思われる。さらにゲノムが縮小する過程で，必須遺伝子が宿主細胞の核に移動し，その産物の共生菌への再取り込み機構が必要になる。それができると，必須遺伝子でも失われると考えられ，この時期を必須遺伝子脱落期と呼びたい。最終的には，細胞内共生細菌はオルガネラとなる可能性がある。ここで提案した仮説は，今後さらなる解析と検証が必要である。しかし，これらの細胞内共生菌のゲノム縮小進化のプロセスは，真核生物のミトコンドリアや葉緑体などのオルガネラの進化が太古の昔に経た過程と類似しているのではないだろうか。真核細胞のオルガネラのゲノムの縮小過程の詳細は未だ明らかになっていないが，これまでに昆虫の細胞内共生菌のゲノム解析や比較ゲノム解析から，オルガネラの進化が議論されてきた。昆虫の細胞内共生菌は，シロウリガイ類共生菌と比べると，ゲノムサイズが小さく，ゲノム縮小進化が進んでしまった段階を示していると考えられる。シロウリガイ類共生菌は，ゲノム縮小進化の中期にあたる生物で，多くの昆虫の共生菌より前の段階のゲノム縮小進化途中にあり，オルガネラの進化機構を考える上で重要な情報を提供すると考えられる。今後，さらにシロウリガイ類共生菌のゲノム比較や様々な化学合成共生菌との比較研究により，ゲノム縮小進化のメカニズムの詳細が明らかになり，細胞のオルガネラ進化の解明に一石を投じることができると考えられる。

第 12 章　化学合成生態系の無脊椎動物—微生物間細胞内共生系からみた共生菌のゲノム縮小進化

文　　献

1) T. L. Harmer *et al.*, *Appl. Environ. Microbiol.*, **74**, 3895 (2008)
2) A. D. Nussbaumer *et al.*, *Nature*, **441**, 345 (2006)
3) M. Sunamura *et al.*, *Appl. Environ. Microbiol.*, **70**, 1190 (2004)
4) E. Zaikova *et al.*, *Environ. Microbiol.*, in press
5) D. A. Walsh *et al.*, *Science*, **326**, 578 (2009)
6) T. Woyke *et al.*, *Nature*, **443**, 950 (2006)
7) S. Markert *et al.*, *Science*, **315**, 247 (2007)
8) J. C. Robidart *et al.*, *Environ. Microbiol.*, **10**, 727 (2008)
9) S. Kiel *et al.*, *Science*, **313**, 1429 (2006) および私信
10) K. Endow *et al.*, *Mar. Ecol. Prog. Ser.*, **64**, 309 (1990)
11) A. S. Peek *et al.*, *Proc. Natl. Acad. Sci. USA*, **95**, 9962 (1998)
12) H. Kuwahara *et al.*, *Curr. Biol.*, **17**, 881 (2007)
13) I. L. Newton *et al.*, *Science*, **315**, 998 (2007)
14) K. M. Scott *et al.*, *PLoS Biol.*, **4**, e383 (2006)
15) M. Harada *et al.*, *Extremophiles*, **13**, 895 (2009)
16) H. Kuwahara *et al.*, *Extremophiles*, **12**, 365 (2008)

第13章　Single Cell のゲノム解析

本郷裕一[*1]，大熊盛也[*2]

1　シングルセル・ゲノミクスとは

　難培養微生物種の機能を探る上で，ゲノム配列解析は極めて有効である．例えば，アブラムシ細胞内共生細菌 *Buchnera* は培養成功例が無いが，Shigenobu ら（2000）による完全長ゲノム配列の解析によって，同共生細菌と宿主アブラムシが，アミノ酸合成能において完全に相補的であることが証明された[1]．この研究では，単一系統の宿主アブラムシ2,000匹から，*Buchnera* を収容する菌細胞を多数回収して濾過することにより，ゲノム解析に必要な量の *Buchnera* 細胞を取得している．

　しかし，複雑な構造を持つ微生物群集においては，通常のゲノム配列解析に必要なサンプル量（細菌の場合，10億細胞以上）を環境中から回収するのは不可能である．それが，群集全体のDNAを対象とするメタゲノム解析が普及している一因でもある．個々の微生物種の機能は不明でも，群集全体の機能を遺伝子レベルで解明しよう，というわけである．

　しかしながら，個々の微生物種ごとの機能が未知のままでは，より詳細な基礎・応用研究は困難である．そこで，ごく少数の細胞から全ゲノム配列を取得しようという試みが始まっている．まだ技術開発途上であり，細菌ゲノムの完全長配列取得には数百細胞を必要とするが，究極的には，単一細胞からのゲノムの完全長配列取得が望まれている．この新分野を，シングルセル・ゲノミクス（single-cell genomics）と呼んでいる．以下に，同技術の現状と研究例を紹介し，応用面での意義を論じる．

2　Phi29 DNA polymerase と等温全ゲノム増幅

　シングルセル・ゲノミクスの核となる技術は，ファージ由来の phi29 DNA polymerase による多重置換増幅（MDA；multiple displacement amplification）である．Phi29 DNA polymerase をランダムな6塩基の組み合わせからなるプライマーと混合すると，鋳型DNAの2重らせん構造を

[*1]　Yuichi Hongoh　東京工業大学　生命理工学研究科　准教授
[*2]　Moriya Ohkuma　㈱理化学研究所　バイオリソースセンター　微生物材料開発室　室長

第 13 章　Single Cell のゲノム解析

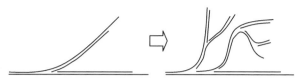

図1　Phi29 DNA polymerase による多重置換増幅の模式図

ほどきながら，数 10 キロ塩基複製することができる。この反応がゲノム全領域で多重に生じ（図1），短時間で数百万倍以上の増幅が可能である。PCR 反応のように，サイクルごとの 94℃ での変性は不要で，30℃ の等温条件で数時間反応させる。これを等温全ゲノム増幅（WGA；isothermal whole genome amplification）と呼ぶ。

　この技術は元々 Lasken（現 J.Craig Venter Inst.）のグループと Amersham‐Pharmacia（現 GE ヘルスケア）の共同研究によって 2001 年，プラスミドを短時間で直接増幅してシーケンス解析などに用いる目的で，開発された[2]。従って，rolling circle amplification（RCA）とも呼ばれる。Phi29 DNA polymerase は，強力な 3′→5′ exonuclease 活性を持つ高性能な校正機能付き酵素であるため，ランダム・ヘキサマーの 3′ 端の 2 塩基をチオリン酸で修飾することにより，プライマーの安定化も図られている。

　Lasken のグループは翌 2002 年に，同 RCA 法をわずか 1 個から 10 個程度のヒト培養細胞からの全ゲノム増幅に応用する手法を発表した[3]。最終的には，〜数 10 kb の 2 重鎖断片として増幅産物が得られる。この論文において用いられたプロトコルが，現在の等温全ゲノム増幅法の基本となっている。

3　等温全ゲノム増幅の実際

　Phi29 DNA polymerase は単体でも各試薬メーカーから販売されているが，酵素，細胞溶解液，dNTPs，プライマー，緩衝液などがセットになった，GenomiPhi（GE ヘルスケア）か REPLI-g（キアゲン）などのキットを使用するのが便利である。以下に基本的なプロトコルを示す。詳細は各キットの説明書を参照し，また各サンプルごとに十分な予備実験を行なって条件を最適化する。常に，以下の点を心掛ける。
　① コンタミネーションを最大限排除する
　② 作業ステップ数は可能な限り少なくする
　③ サンプル数を減らし，集中して作業を行なう
　細胞回収から反応終了まで，十分に作業に慣れてから，本番にのぞむ。また，キットもロットによって無視できないほど DNA がコンタミしていることがあるので，必ず事前にチェックして

おく。極微量からの全ゲノム増幅は，各社製品の性能保証範囲外なので，自己責任である。また，プロトコルの最適化も途上であり，随時，各自で更新していく。

3.1 等温全ゲノム増幅の基本プロトコル

準備：使用する滅菌水，チューブ類，フィルター付きチップは全てUV照射によって付着DNAを変性し，作業スペースもDNA除去剤（次亜塩素酸など）で洗浄しておく。また，作業中は手袋をはめ，可能な限りクリーンベンチ内で行なう。

試薬：各キットのものを使用すればよい。ただし，GenomiPhiを使用する場合は，下記溶液を自分で調製し，UV処理（10分間照射）しておく。酵素（−70℃保存）以外は，−20℃保存。

・PBS，滅菌水などの細胞回収液

・細胞溶解液 LB（400 mM KOH, 100 mM DTT, 10 mM EDTA）

・中和バッファー NB（600 mM Tris-HCl, pH7.5, 400 mM HCl；最終 pH6.0）

① 回収した細胞をアルカリ溶解し，DNAを変性する

PCRチューブ中の$1.5 \sim 3.0\ \mu l$程度のPBSか滅菌水に回収した細胞に，等量のLBを加えて緩くVortexし，氷上で5〜10分間インキュベートする。滅菌水などの代わりに直接LBに細胞を回収しても良い。この場合，LBの濃度は半分にしておく。細胞回収溶液のみを加えたネガティブ・コントロール実験も，必ず平行して行なう。

* GenomiPhiでは95℃3分での変性を推奨しているが，アルカリ変性の方が，鋳型DNAへのダメージが少ない[3,4]。Phi29 DNA polymeraseは，鋳型DNAが損傷すると増幅効率が激減し，増幅しないゲノム領域ができてしまう。そこで，極少数の細胞を出発点とする場合は，アルカリ処理を行なう方がよい。

* 多くの真核微生物や原核生物の細胞はアルカリ処理で溶解できるが，一部のグラム陽性細菌などは溶解しない。その場合，lysozymeやlysostaphinなどで，細胞壁消化処理をする必要がある。予備実験をして，顕微鏡下で確認しておく。

* 氷上ではなく65℃で行なうとするプロトコルもある[5]。

* LBに直接回収した方がコンタミの可能性は減少するが，瞬時に溶解してしまう場合，一部が回収用キャピラリーなどに付着したまま失われる可能性もある。

② アルカリを中和する

LBと等量のNBを加えて中和する。氷上。

* このステップを省略した方が良いという報告[5]もあるが，通常は行なう。

③ 酵素，dNTPs，プライマー，DTTを混合した溶液を加える

GenomiPhiの場合は，Sample bufferを加えた後に，酵素とReaction bufferをpre-mixして加

第13章 Single Cell のゲノム解析

える。REPLI-g の場合は Master-mix を加える。酵素を含む溶液は Vortex してはいけない。

④ 30℃でインキュベート

非特異的増幅が顕著に生じない反応時間で行なう。例えば GenomiPhi v2 や REPLI-g Ultra-Fast Mini では 1.5 時間，GenomiPhi HY では 2 時間以内にとどめる。

＊非特異的増幅の問題と対処法については，3.2.2 で詳述する。

⑤ 65℃ 3～10 分間で酵素を失活。反応を止める

PCR 装置を使えばよい。

⑥ エタノール沈殿法で精製し，沈殿を回収

2 倍量の 100％エタノールを加えて混合する。十分量の増幅がある場合は，糸状沈殿が見られるので，チップで巻き取る。糸状にならない場合は，簡単に遠心して回収する。70％エタノールで 2 回洗い，風乾する。

⑦ TE に溶解する。ネガティブ・コントロールとともに，ゲル電気泳動で確認する

⑧ 産物の DNA 量を定量する

＊ゲノム解析に必要な DNA 量が得られていなければ，GenomiPhi HY や REPLI-g Midi などで 2nd 増幅を行なう。454 パイロシーケンス用のライブラリー作成には 5 μg 必要であり，他の配列解析法を組み合わせたり，付随実験も行なうことを考慮すると，15～50 μg 程度は欲しい。

⑨ 増幅産物の純度とコンタミのチェック

rRNA 遺伝子などをゲノム増幅産物から PCR 増幅して，標的の増幅とコンタミの有無を確認する。Small subunit (SSU) rRNA 遺伝子は，校正機能付きの酵素 (Pfu, KOD, Phusion など) で PCR 増幅してクローニングし，数 10 クローン以上を配列解析する。

3.2 等温全ゲノム増幅の問題点と対策

これまでにも触れているように，phi29 DNA polymerase を用いた等温全ゲノム増幅にはいくつかの大きな問題点がある。それは，

① DNA のコンタミネーションの影響が大きい
② 非特異的増幅が生じる
③ ゲノム領域間で強い増幅バイアスが生じる
④ キメラ配列が生成する

ことである。

3.2.1 DNA のコンタミネーション

特に標的が 1 個から数個程度の細菌細胞である場合，コンタミ DNA の影響は甚大である。コ

ンタミDNAのソースとしては，①作業中に空気中や手指などから汚染，②環境サンプル液中に溶存，③購入した酵素や緩衝液に内在，などがあげられる。

①については，集中力を高めて実験をすること，クリーンベンチや，可能ならクリーンルーム内で作業すること，②については，標的細胞を採取する際の余剰サンプル液を最小にすること，③については，ロットごとのチェックを怠らないこと，などを心掛ける。

3.2.2 非特異的増幅

GenomiPhiもREPLI-gも，ある時間以上酵素反応を続けると，サンプルを全く加えていない対照実験でも，サンプルからの増幅と区別困難なゲル電気泳動像が得られてしまう（図2）。これは主に，プライマーから伸張した増幅産物である。したがってこの条件では，標的細胞からのゲノム増幅の成功とコンタミの有無を，即座には知ることができない。さらには，標的が単一細菌細胞の場合などでは，非特異的な増幅産物の割合の方が多くなってしまうことがあり，配列解析を著しく困難にしてしまう。

そこで，非特異的増幅を抑制する工夫が必要となる。改良製品であるGenomiPhi v2やREPLI-g UltraFast Miniでは，30℃でのインキュベーションが1.5時間以内であれば，非特異的増幅を10 ng/μl程度に抑制できる。GenomiPhi HYでも，2時間以内にすると，非特異的増幅が生じる前に反応の結果をチェックできる。ただし，サンプルからの増幅産物量も少ないため，2nd増幅が必要となる。

2nd増幅を前提とするのであれば，1st増幅での反応液量を最小限に抑えるべきである。これによって，標的の鋳型DNA濃度を高め，またコンタミDNAとの比率も高めることができる[6]。Marcyら（2007）のように，nlスケールで行なうのが理想であろう[7]。しかし，そのためには特注の微細流路などが必要である。一般的には，GenomiPhi v2で数μlスケールで反応させ，それをGenomiPhi HYで50 μlスケールで2nd増幅するのが良いであろう。REPLI-gの同等品を使っても構わないが，いずれにしても，十分予備実験を行なっておく。

非特異的増幅を劇的に減少させるのに，反応液に高濃度のトレハロースを加えるのが効果的だという報告[8]もある。この手法で最大の効果を得るには，phi29 DNA polymeraseを単体で購入し

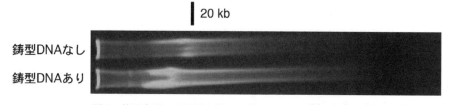

図2 等温全ゲノム増幅産物のアガロースゲル電気泳動像
鋳型DNAが存在しなくても，プライマー由来の非特異的増幅が生じてしまう。

第 13 章　Single Cell のゲノム解析

て，自分で緩衝液などを調製しなければならない。筆者が GenomiPhi HY にトレハロースを 0.3 ～ 0.5 M になるように加えてみたところ，確かに効果が見られたが，最適な反応時間の幅が狭く，あまり実用的ではなかった。ただし，アルカリ処理ではなく，95℃処理を行なった場合には，顕著な効果が広範な反応時間で見られた。

3.2.3　増幅バイアス

ゲノム領域間での増幅バイアスは，配列解析のコストと品質に重大な影響をもたらす。筆者らの経験では，ゲノム部位間で平均して 6 倍程度の増幅バイアスが生じている（図3）。バイアスは，鋳型 DNA の量が少ないほど顕著になり，単一細菌細胞を使った反応では，かなりのゲノム領域がほとんど増幅されない場合もある。

増幅バイアスを低減するには，非特異的増幅の抑制と同じく，反応スケールを小さくすることと，トレハロース添加が効果的だと報告されている[7,8]。ただし，バイアス生成メカニズムも，その抑制メカニズムも，よくわかっていない。1st 増幅の反応スケールを小さくすることと，ハイスループット・シーケンサーによって，解析する配列量を増やすことなどが現実的な対策である。

3.2.4　キメラ生成

Phi29 DNA polymerase による多重置換増幅では，本来連続していない断片が人工的に結合してしまう，キメラ形成が不可避である[9]。さらに，大腸菌にクローニングする際にも，新たなキメラを形成してしまう[10]。クローニング過程でのキメラ生成率を低減するために，反応後に S1 nuclease で一重鎖部分とニックを切断してしまうのが効果的とされる[10]。ただ，Roche 454 パイ

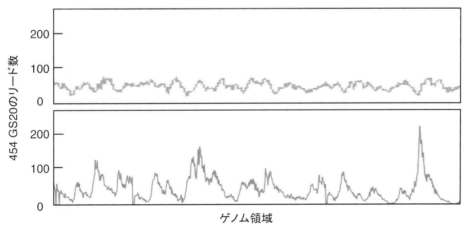

図 3　全ゲノム増幅によるゲノム領域間での増幅バイアス

通常のゲノムサンプル（上）とゲノム増幅サンプル（下）の 454 GS20 シーケンサーのリード数を，ゲノム領域ごとにプロットした。各々，典型例を示した。増幅サンプルでは，領域間で大きな増幅バイアスが生じている。

ロシーケンサーや Illumina GA（Solexa）などの次世代シーケンサー用の，クローニング無しで作成するライブラリーには，どの程度効果があるのかは不明である。また，これらのハイスループット・シーケンサーを使用すれば，十分な配列重複度が得られるため，ランダムに低頻度で生じるキメラ配列は，断片を結合（アッセンブル）する際に除去され，あまり問題にならない可能性もある。

4　増幅産物の配列解析

　全ゲノム増幅で得た産物は，純度のチェックなどを経て，塩基配列解析を行なう。どのようなシーケンサーを使用するにせよ，まず増幅断片（〜数 10 kb）の平滑末端化が必要である。筆者らのゲノム解析プロジェクトでは，通常の T4 DNA polymerase による平滑末端化を行なったが，結果に問題は無かった[11,12]。ただ，上記のように S1 nuclease で平滑末端化を行なう場合と比較した報告がないので，どちらが良いのかは不明である。

　シーケンサーの選択であるが，現時点では，Roche 社の 454 GS-FLX Titanium がベストである。特に，3 Kb 程度の断片を挟んでその両端配列を解析する mate-pair 法は，*de novo* でのゲノム配列再構築に大きな効果を発揮するものと期待される。fosmid ライブラリーなどを作成して，サンガー法でインサート全長あるいは両端を mate-pair 解析する方法は，キメラ配列の可能性を考慮すると，勧められない。

　454 での 1 解析で，4 Mb 程度のゲノムサイズの細菌であれば，一気に 100× の重複度となる。断片をアッセンブルしてコンティグ（断片を結合したもの）にした後（mate-pair 情報があれば，コンティグ同士のゲノム上での位置関係を示す scaffold も作成できる），断片同士を総当たりの long PCR で連結すればよい。この場合は，ABI 3730 などのサンガー方式のキャピラリー・シーケンサーで行なう。あるいは，ホモポリマー（例えばアデニンが 10 個連続）配列の解読精度が低い 454 の弱点を補う目的も含め，Solexa など他の次世代シーケンス方式を併用して解析するのもよい。いずれにせよ，1 度の解析で得られる塩基数が膨大であるため，情報処理の専門家との共同研究が必要である。

　配列解析の結果，（細菌の場合）環状染色体が完成すればよいが，多くの断片の集合の状態（ドラフトゲノム）で終わってしまった場合には大きな問題が残る。それらの断片が，真に標的微生物種由来であることを，証明しなければならないからである。一般に，未知微生物種の分類マーカーは，SSU rRNA 遺伝子のみである。したがって厳密には，SSU rRNA 遺伝子が同じ断片上にない限り，その断片が標的種由来であるとの証明はできない。

　そこで，各断片について，①BLAST 解析による最近縁種推定，②GC 含量，③コドン使用パター

第13章 Single Cellのゲノム解析

ン，④隣接塩基パターンなどの要素を用いて，主成分分析などを行ない，断片が同一種由来であることに矛盾しないことを示すのが現実的な妥協案となる[13,14]。無論，増幅産物中のSSU rRNA遺伝子が単一細胞（実験の目的によっては系統か種）由来であることを，PCR産物のクローン解析で証明しておくことが前提である。

5 細胞単離・回収法

シングルセル・ゲノミクスにおいては，環境サンプルからいかにして標的となる微生物の生細胞を分離・回収するかも，極めて重要な課題である。現在のところ，2つの方法が実用されている。1つは，顕微鏡下でのマイクロマニピュレーションによる回収であり，もう一方は，fluorescence-activated cell sorter (FACS) による細胞の回収である。この他に，レーザー・マイクロダイセクターを用いた方法も試行されている[15]。

5.1 マイクロマニピュレーションによる細胞回収

倒立位相差顕微鏡に，Transferman NK2 (Eppendorf) などのマイクロマニピュレーターを設置し，4～15μm程度の内径のガラス・キャピラリーで細胞回収する（図4）。市販品は滅菌済みだが，自作する場合はUV滅菌する。

微小な細菌細胞の採取には，高倍率での位相差観察が必要である。そのため，振動が無い環境で行なわねばならない。また，通常は，シャーレのふたに緩衝液をのせた状態で細胞の観察・回収を行なうが，表面張力のために位相差像が不鮮明なことが多い。このような時は，極微量の非

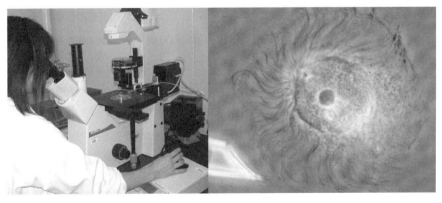

図4 マイクロマニピュレーションを使った未培養微生物細胞の回収

倒立位相差顕微鏡にマニピュレーターを設置し（左），ガラスキャピラリーで細胞を採取する（左，毛細管の内径は15μm）。界面活性剤によって，きれいな位相差像が得られる。原生生物（中央は核）細胞と細胞内共生細菌（一部漏出）が鮮明に観察できる。

イオン性界面活性剤を加えると（チップの先で触れる程度でよい），快適に細胞を採取できる[11]（図4）。

採取した細胞は，PCRチューブなどに回収する。回収液に排出したあと，もう一度サンプル液に戻して，キャピラリー内に細胞が残っていないか確認する。

5.2 セルソーター（FACS）による細胞回収

形態や局在が特徴的な細胞以外は，マニピュレーターを使用しても，特定微生物種の細胞を回収できない。そこで，むしろハイスループットに細菌細胞などを単離・ゲノム増幅を行ない，それから16S rRNA配列で同定をして，興味のある対象の配列解析を行なう，という戦略も必要となる。

ゲノム解析用の微生物細胞分離は生細胞を対象とするため，生細胞を蛍光染色できるSYTO-9（Invitrogen）などを用いてラベルする[13]。これをセルソーターで1細胞ごとに分離して，96穴プレートなどに回収する。理想的には，Marcyら（2007）のように，微細流路のセルソーターで回収してナノスケールの反応をするのがよいが[7,16]，そのためのチップと装置はまだ市販されていない。

6　実際の研究例

ここで，実際の研究例を簡単に紹介していきたい。詳細は各々の文献を参照のこと。

6.1　シロアリ腸内原生生物の細胞内共生細菌ゲノムの取得と解析

単一の細胞からゲノム完全長配列を取得するのが理想ではあるが，現在の技術はそこまで到達していない。ほぼ単一系統と推定される細胞が複数個回収可能であれば，それを等温全ゲノム増幅の出発点とするべきである。

筆者らは，シロアリ腸内でセルロース分解を担う共生原生生物 *Trichonympha agilis* と *Pseudotrichonympha grassii* の2種において，それぞれの細胞内に種特異的に共生する培養不能細菌種Rs-D17とCfPt1-2のゲノム解析を試みた[11,12]。宿主原生生物も培養不能かつ単一腸内で多系統が混在するため，宿主細胞を複数集めて使用することはできない。共生細菌のゲノム上に変異があった場合，断片同士を連結できないからである。

そこで，単一の原生生物細胞をマイクロマニピュレーションで物理的に分離し，細胞内共生細菌を漏出させ，数百細菌細胞を15 μm径のガラスキャピラリーで回収した。細菌細胞は細胞溶解液（LB）に直接放出し，アルカリ変性，中和，等温全ゲノム増幅（Rs-D17ではREPLI-g

第 13 章　Single Cell のゲノム解析

Midi，CfPt1-2 では GenomiPhi HY を使用）によって，十分量の産物を得た。

　454 pyrosequencer GS20 とサンガー法を組み合わせた配列解析により，Rs-D17，CfPt1-2 ともに，1.1 Mb の環状染色体配列再構築に成功した。全代謝系を予測した結果，シロアリと腸内原生生物がセルロース分解を担う一方で，原生生物細胞内共生細菌が空中窒素固定とアミノ酸合成を行ない，宿主に必要な窒素分を供給していることを，初めて明らかにした。

6.2　口腔中の未培養細菌種の単一細胞からのゲノム解析

　現在の技術では，単一細菌細胞からでは，ドラフトゲノムしか得ることができない。それでも，特に未培養新門細菌などの生理・生態に関する情報を，飛躍的に増やすことができる。

　Stanford 大学の Quake のグループは，位相差顕微鏡と微細流路を組み合わせて，nl スケールの，セルソーターと全ゲノム増幅反応炉を開発した[7]。これによって，検鏡しながら単一の任意の細菌細胞を取り分け，nl スケールでゲノム増幅できる。彼らはこの装置で大腸菌を使ったモデル実験を遂行し，さらにヒト口腔中の，未培養細菌門 TM7 に属する細菌の単一の細胞を用いて，全ゲノム解析を行なった[16]。彼らは REPLI-g Midi を 1st と 2nd 増幅に用いている。

　454 GS20 によって 2.8 Mb 分を配列解析して結合し，1,825 個のコンティグを得た。ここから 1,000 個以上のタンパク遺伝子を同定して機能の推定を行ない，多糖やアミノ酸を利用すること，type IV pili を持つことなどを明らかにした。

6.3　海洋性未培養細菌種の単一細胞からのゲノム解析

　Bigelow Lab. の Stepanauskas のグループでは，市販の蛍光セルソーター（FACS）で，ハイスループットに海洋サンプル中の単一細菌生細胞を 96 穴プレート上に分離して，全ゲノム増幅を行なっている[4]。1st 増幅に REPLI-g Mini を，2nd 増幅に REPLI-g Midi を使用している。

　Maine 湾の海洋サンプル中の単一細菌細胞由来のゲノム増幅産物から，*Flavobacterium* 属の未培養細菌 2 種のものを選び，各々 454 GS-FLX で約 100 Mb，サンガー法で約 20 Mb 分の配列解析を行ない，1.9 Mb と 1.5 Mb のドラフト・ゲノムを得た[13]。配列重複度に基づき，各々のゲノムの 91％と 78％をカバーしていると予測した。同属記載種に比べると，ゲノムが縮小し，狭い栄養条件に適応していることなどを，明らかにした。

7　おわりに

　シングルセル・ゲノミクスは，技術開発途上の，最先端のトピックである。同解析法により，これまで未知であった膨大な未培養微生物種の生理・生態が解明されれば，微生物生態系の理解

が飛躍的に深まるであろう。ゲノム増幅によって得られた産物は，遺伝子資源として環境微生物の基礎・応用研究に大いに役立つはずである。ゲノム配列解析まで行わないとしても，特定の機能遺伝子や遺伝子群の解析・利用を，微量なサンプルを失なうことなく，再現性をもって遂行できる。

　また，培養株による研究では，単離作業中あるいは継代を繰り返すうちに，ある種の機能遺伝子群を喪失してしまうことがある。シングルセル・ゲノミクスでは，環境中に存在したままのゲノム構成を保存し，解析できるという利点がある。今後数年のうちに，より最適化された，汎用性の高い方法が確立されることを期待したい。

文　　献

1) S. Shigenobu *et al.*, *Nature*, **407**, 81 (2000)
2) F. B. Dean *et al.*, *Genome Res.*, **11**, 1095 (2001)
3) F. B. Dean *et al.*, *Proc. Natl. Acad. Sci. U. S. A.*, **99**, 5261 (2002)
4) R. Stepanauskas *et al.*, *Proc. Natl. Acad. Sci. U. S. A.*, **104**, 9052 (2007)
5) C. Spits *et al.*, *Nat. Protoc.*, **1**, 1965 (2006)
6) C. A. Hutchison, 3rd *et al.*, *Proc. Natl. Acad. Sci. U. S. A.*, **102**, 17332 (2005)
7) Y. Marcy *et al.*, *PLoS Genet.*, **3**, 1702 (2007)
8) X. Pan *et al.*, *Proc. Natl. Acad. Sci. U. S. A.*, **105**, 15499 (2008)
9) R. S. Lasken *et al.*, *BMC Biotechnol.*, **7**, 19 (2007)
10) K. Zhang *et al.*, *Nat. Biotechnol.*, **24**, 680 (2006)
11) Y. Hongoh *et al.*, *Proc. Natl. Acad. Sci. U. S. A.*, **105**, 5555 (2008)
12) Y. Hongoh *et al.*, *Science*, **322**, 1108 (2008)
13) T. Woyke *et al.*, *PLoS ONE*, **4**, e5299 (2009)
14) T. Woyke *et al.*, *Nature*, **443**, 950 (2006)
15) D. Frumkin *et al.*, *BMC Biotechnol.*, **8**, 17 (2008)
16) Y. Marcy *et al.*, *Proc. Natl. Acad. Sci. U. S. A.*, **104**, 11889 (2007)

第14章　微生物群集のメタボローム統合化解析

菊地　淳[*1]，守屋繁春[*2]，福田真嗣[*3]，大野博司[*4]

1　はじめに

メタボロームとは計測可能な代謝物群(metabolites)の総体(-ome)情報を抽出する研究分野である。この分野が近年注目を浴びている1つの指標として，多くの研究者が憧れる高I.F.誌に続々と最新技術やその応用が報告されている事実からも伺える。それらの中でも多くの反響を得ている内容としては，システムズバイオロジーとも呼ばれる他のオミクスとの相関解析法である。例えば，DGGE(変性剤濃度勾配ゲル電気泳動法)で得られた中国人家系の腸内細菌叢の菌体DNA群バンドパターン[1]，世界のイネ遺伝資源コアコレクションのSNP(1塩基多型)マーカー[2]，さらにはラット血清の2次元電気泳動から得られたタンパク質群パターン[3]について，これら試料の代謝物との相関が考察されている。難培養性微生物への研究アプローチにもこのような研究アプローチは有効であると期待でき，筆者らもシロアリ共生系やマウスの腸内微生物叢等々を対象としたシステムズバイオロジーから，それぞれ環境・エネルギー分野や食品・健康分野へ貢献していくことを目指している(図1)。

メタボロームの詳細なアプローチに関しては，既に幾つかの総説等で解説してきたため[4~6]，

---

*1　Jun Kikuchi　㈱理化学研究所　植物科学総合研究センター　先端NMRメタボミクスユニット　ユニットリーダー；名古屋大学　大学院生命農学研究科　客員教授；横浜市立大学　大学院生命ナノシステム研究科

*2　Shigeharu Moriya　㈱理化学研究所　基幹研究所　守屋バイオスフェア科学創成研究ユニット　ユニットリーダー；横浜市立大学　大学院環境分子生物学研究室　客員研究員

*3　Shinji Fukuda　㈱理化学研究所　免疫・アレルギー科学総合研究センター　免疫系構築研究チーム　基礎科学特別研究員；横浜市立大学　大学院生命ナノシステム研究科　免疫生物学研究室　客員研究員

*4　Hiroshi Ohno　㈱理化学研究所　免疫・アレルギー科学総合研究センター　免疫系構築研究チーム　チームリーダー；横浜市立大学　大学院生命ナノシステム研究科　免疫生物学研究室　客員教授

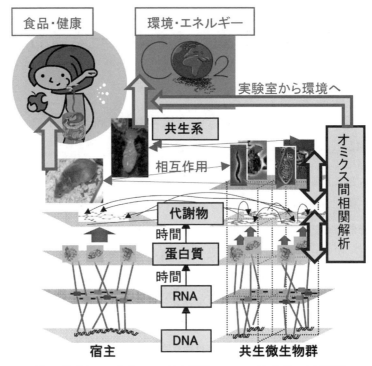

図1 筆者らのメタボローム統合解析のコンセプトとその応用展開

生体分子群,微生物群共に混在系のまま解析に処することで,難培養性微生物でも培養を介さずに研究することができる。筆者らは,シロアリ腸内共生微生物からのバイオマス分解研究を環境・エネルギー分野へ,マウス腸内共生微生物の代謝動態研究を食品・健康分野へ展開したいと考えている。

ここでは割愛したい。しかし筆者らのNMR技術を駆使したアプローチは他の研究グループと比べてユニークであるため,要点のみを述べたい。未標識試料の場合は,主に ^{1}H-NMR法を用い,多検体試料に対して多変量解析を行う[7]。試料調製が極めて容易なために,汎用性は高いが,複雑なシグナルのオーバーラップからデータマイニングを行うために,2次元的な相関付けを行う手法の開発も必要である[2]。一方で,13C核も利用し,^{1}H-^{13}C HSQCの2次元NMRスペクトルでアノテーションを行う場合は,シグナルの分散が比較的良くアノテーションも容易になる[8]。さらに,同一物理化学条件下で計測した ^{1}H-^{13}Cデータベースが充実し始めてきたために[9,10],新規に研究者が参入しやすくなった事も特筆できる。筆者らは,動植物を含めた高等生物に対する ^{13}C標識技術を開発している[11~13]。標識率が高くなれば3次元NMRで用いるHCCH-COSYのような実験が短時間で計測でき,2次元NMR上でオーバーラップしていても確度の高いシグナル帰属が可能となる[14]。

第14章 微生物群集のメタボローム統合化解析

表1 環境メタボロームや関連技術開発の有用文献一覧

対象	特徴	文献
生物全般	環境生物からヒトに致るまで,広く環境要因の変動バイオマーカーを捉えようという環境メタボロームの総説	34
ヒラメ	国際Prjとして各機関で同プロトコール処理したデータ互換性の確認	35
ミミズ	英国各都市の金属汚染土壌のミミズ代謝物バイオマーカーでの評価	36
イネ	世界の遺伝資源18種のSNPマーカーと代謝物との相関解析	2
ヒト	日中英米4632人の尿の代謝物からの高血圧傾向バイオマーカーの探索	37
腸内細菌	中国人4代家系における代謝物(NMR)と微生物叢(DGGE)との相関解析	1

2 環境メタボローム解析の世界動向と技術開発

　メタボロームは現実の系に近い,非理想系における「代謝総学」であり,難培養性微生物の分野に近い環境メタボロームの世界動向を概説する(表1)。土壌のミミズや水圏の魚貝類を文字通り多様な自然環境からサンプリングし,その代謝プロファイリングから生物濃縮された,環境要因による動物ホメオスタシスの変動を評価する。多様な環境要因に晒されるという観点では,世界中のヒト試料(特に尿や糞便)も同様であり,ヒトの遺伝的多型との関連や,腸内共生微生物叢と代謝物との関連が議論されている。

　以前は,環境試料の分析というと水中に溶けた環境ホルモンのように,超微量の検出に関心がおかれていた。しかし,メタボロームのように検出分子のターゲットを絞らない解析方法が導入され,さらには動物のように,環境を動き回り,なおかつ生物濃縮されたホメオスタシスの結果を評価するという着想は,環境を捉える手法の大きなパラダイムシフトと言えよう。このような複雑な生物叢における物質代謝とその関連遺伝子,あるいは関連生物種を見出すためには,環境中の代謝物を追跡するメタ・メタボロームのみならず,遺伝子発現を追跡するメタ・トランスクリプトーム,さらには微生物叢を追跡するコミュニトームとの統合的な解析手法を開発していく必要があろう。既に筆者らはその端緒を拓いており(図1),3節でシロアリ共生系を,4節でマウス共生系を紹介する。

3 メタボローム情報からの遺伝子機能解析
—シロアリ共生系のEST情報を活用したバイオマス分解酵素の探索—

　複合微生物系のひとつの有名なモデルにシロアリ共生系がある。シロアリの腸内には多くの微生物が棲息しており,それらはシロアリの持つほぼ単一の機能と言っても良い木質バイオマスという炭水化物のみからなるリソースの利用を指向している[15]。シロアリは腸内に共生する共生原

生生物によってその高効率の木質バイオマス分解が担われていると考えられているが，その難培養性のために近年までその実態は明らかにならなかった。しかし，最近になって，高等シロアリ腸内のメタゲノム解析[16]，腸内共生原生生物の細胞内共生バクテリアのゲノム解析といったゲノム解析の波が押し寄せつつあり，その内包する高効率の酵素群への包括的なアプローチが指向され始めている[17]。

このような，ゲノム科学的な取り組みによって得られた情報は，代謝ネットワークデータベースにマップされ，その生物の持つ全代謝系を示すことが出来る。しかし，同時に，この手法だけでは特定の機能に関係する情報を網羅することは不可能である。環境中で実際に機能しているサブシステム構成因子を包括的に取得・理解するためには，特定の代謝系で作動している因子を網羅するトランスクリプトーム・プロテオーム解析と，実際にそれらの機能の発露によって生産される代謝産物を網羅するメタボローム解析との間の連携がキーになる。

シロアリを題材にした研究ではまずトランスクリプトーム解析を行った[18]。これはシロアリ共生系より直接 cDNA ライブラリーを構築するという「メタ・トランスクリプトーム」解析によって行った[19]。日本に棲息する代表的なシロアリであるヤマトシロアリ等を用いた解析の結果は，100 以上の多くのファミリーが存在する糖質加水分解酵素ファミリー中でたった 5 種類の酵素（GHF5, 7, 10, 11, 45）が使われていることが示唆された。この解析では約 1000 クローンの EST 配列を解析したが，その実に 7% 程度がこれら糖質加水分解酵素に相当していた。得られた糖質加水分解酵素遺伝子は東京大学の有岡らとの共同研究によって麹菌による異種発現を行ってその性質決定を行っているが[20]，実際に性質が決定された GHF5, 7 などのエンドグルカナーゼは，従来産業的に使われている酵素の文献値と比べて最大 10 倍ほども Vmax 値が高いことが解明されている[21]。

一方で，EST 解析では得られた遺伝子のほぼ半数が機能未知の遺伝子であった。植物バイオマス分解にはセルロース以外のリグノセルロース構成成分に作用する因子が必要であると思われる。そういった因子は，リグノセルロースの糖化において，エネルギー消費の激しい前処理を軽減すると共に，コストを圧迫するセルラーゼの量を低減するために，その取得に世界中がしのぎを削っている。しかし，それらは上述の機能未知遺伝子の海に埋没し，配列に依存する従来法ではそれを取り出すことは困難である。

そこで，現在我々はメタボローム解析技術を用いてシロアリをセルロースなどの単一成分食に移行した際にセルロース分解に伴って増加するグルコースをモニターし，同時にそれに応じて発現が上昇するタンパク質をメタボ・プロテオーム共相関解析を用いて抽出する試みを行っており，その結果，現在までに複数の候補因子がこの解析の結果得られてきている（図 2）。このように，実際にその場で起きている反応をメタボローム解析で捉えつつ，そこに関係するタンパク質

第 14 章　微生物群集のメタボローム統合化解析

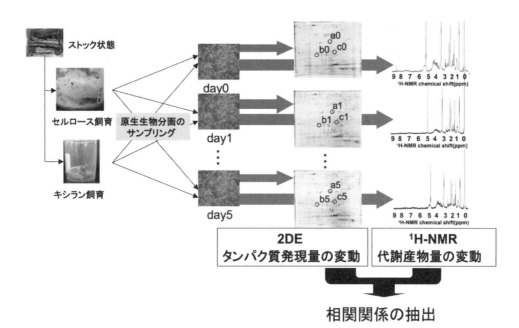

図2　シロアリ共生系を題材とした，メタボ・プロテオーム相関解析法の開発

時系列など系統立ってシロアリ共生系をサンプリングし，同じ試料について代謝混合物は ^{1}H-NMR で，タンパク質混合物は 2D-PAGE でそれぞれ計測する。得られた各データは数値マトリックス化し，共分散分析の計算に処する。例えば糖シグナルの増加と，同調して増加するタンパク質スポットは，配列の既知・未知を問わずバイオマス分解に関係する候補因子であり，理論的には従来の配列ベースの探索手法では得られにくい因子をも網羅可能である。

を二次元電気泳動法とエドマン分解や質量分析の複合解析で同定することが可能となりつつある[22]。このような手法は，シロアリ共生系の持つ他の追随を許さない高効率バイオマス分解系の全貌を明らかにするのに非常に有用であると思われると同時に，同じ手法を環境中の特定な機能生物集団に適用することで，未知の機能因子についてゲノム科学的手法を用いるよりも遙かに効率よく探索・回収することを可能にすることが期待される。その先の地平には，現在99％が未知のまま残されていると言われている難培養性微生物からなる膨大な有用遺伝子資源が眠っており，このような手法の確立が一刻も早く望まれると考えられる。

4　複合微生物系の代謝動態解析
　　—ヒト等哺乳類の腸内環境改善を目指して—

複合微生物系を理解するための最も重要な要因の1つに，微生物間相互作用情報を多く含むと考えられる代謝物の組成や時間的推移を分析することがあげられる。すなわち代謝動態を理解することで，複合微生物系においてどのような物質がどのような代謝経路で利用・生産されるのか，

また複合微生物系自体がどのように維持されているのかなどが理解可能となりうる。筆者らは複合微生物系の1つであり，我々ヒトとの関わりあいが深いと考えられる腸内細菌叢（腸内フローラ）の代謝動態に着目した研究も行っている。腸内フローラの中でもいわゆる悪玉菌の増加は癌・糖尿病・高血圧・心臓病などの生活習慣病，アレルギー・炎症性腸疾患などの免疫疾患や各種感染症を誘発し，老化との関連が示唆されている[23]。炎症性腸疾患モデル動物や大腸発癌モデル動物を無菌化することで疾患が発症しなくなるという事実からも，それらは単に宿主の遺伝子異常ばかりでなく，代謝物を介した宿主―腸内フローラ間相互作用が病態形成の重要な要因であることは明らかである[23]。逆に，ビフィズス菌や乳酸菌に代表される善玉菌による疾患の改善や予防効果も明らかになると共に，これら善玉菌そのもののプロバイオティクスとしての投与の有用性が，健康維持，予防医学の面からも認識されている[24]。肥満と腸内細菌との関係性も報告されていることから，腸内細菌とエネルギー代謝の関連性についても注目されている[25]。しかしながら，これら腸内フローラがどのような代謝動態を示し，それらが宿主の健康維持や疾患の改善にどのように関わっているのか，すなわち代謝物を介した宿主―腸内フローラ間相互作用に関する情報は乏しいのが現状である。

　筆者らは腸内フローラの代謝動態を理解するため，まずSPF環境下で飼育したBALB/cマウスの糞便中の代謝物をリン酸緩衝液で抽出し，500 MHz NMRを用いて ^{1}H, ^{13}C–HSQCにより網羅的に観測した。その結果，種々の糖質やアミノ酸に加え，腸内フローラが産生したと考えられる有機酸など，多くの低分子化合物が検出された（図3a左）。一方，無菌環境下で飼育することで腸管内に腸内フローラが存在しない無菌BALB/cマウスを作出し，糞便中の代謝物を同様に分析したところ，SPFマウスと比較して多量の糖質が検出された。しかし有機酸はほとんど検出されず，検出されたアミノ酸の種類も顕著に少なかった（未発表データ：図3a右）。宿主が消化・吸収できない難消化性多糖は腸内フローラにより種々の有機酸へと代謝され，その有機酸は宿主腸管上皮細胞のエネルギー源となることが知られている[25]。無菌BALB/cマウスでは腸内フローラが存在しないため，宿主による消化・吸収を免れた難消化性多糖を含む糖質が代謝されずにそのまま排出されており，また糞便中のアミノ酸の種類も顕著に少なかったことから，代謝物レベルでは腸内フローラは宿主へのエネルギー源やアミノ酸の供給に寄与していると考えられる。

　複合微生物系の詳細な代謝動態を理解するための有用な手法として，安定同位体標識技術を用いた代謝動態解析法があげられる。筆者らは，乳酸菌の一種でありグリセロールから抗菌物質であるロイテリンを産生することが知られている *Lactobacillus reuteri* と，ロイテリン産生に重要な遺伝子である *gupCDE* を欠損させた *ΔgupCDE* 株を用いてマウス腸管内におけるロイテリン産生について ^{13}C–グリセロールを用いて解析した[26]。無菌マウスに *L. reuteri* 野生株と *L. reuteri ΔgupCDE* 株をそれぞれ定着させたモノアソシエートマウスを作製し，ループアッセイ法を用い

第 14 章　微生物群集のメタボローム統合化解析

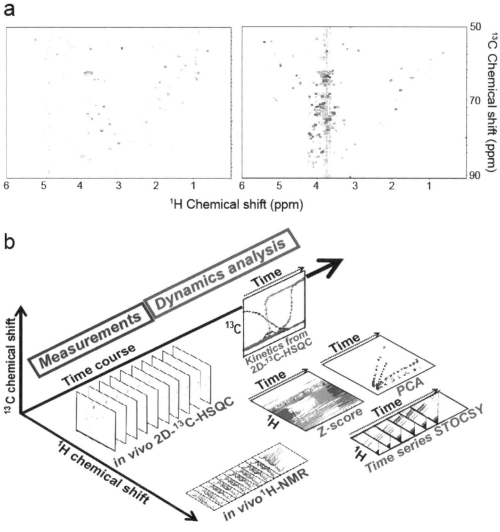

図3　複合微生物系における代謝動態解析法

a：SPFマウス（左）および無菌マウス（右）の糞便中代謝物プロファイル
¹H Chemical shift が 1〜3 ppm 付近がアミノ酸や有機酸領域，3〜5 ppm 付近が糖質領域。SPFマウスの糞便中代謝物プロファイルでは種々のアミノ酸や有機酸が検出されているのに対し，無菌マウスの糞便中代謝物プロファイルでは多量の糖質が検出された。
b：リアルタイムメタボロタイピング法（RT-MT）の概要[27]
微生物の代謝動態を 1H-NMR および 2D-13C-HSQC により数分おきに観測する。得られた代謝物情報は種々の多変量解析手法を用いることで，微生物の代謝動態を明らかにできる。

て腸管内における ¹³C-グリセロールの代謝動態を ¹H, ¹³C-HSQC で観測したところ，野生株定着マウスでは ¹³C-グリセロール代謝による ¹³C-ロイテリン生成が観測されたが，ΔgupCDE 株定着マウスでは ¹³C-グリセロールは全く代謝されていなかった[26]。この結果はグリセロールからのロイテリン産生に gupCDE 遺伝子が必須であることを証明しただけでなく，マウス腸管内にお

ける L. reuteri によるグリセロールからのロイテリン生成を代謝物レベルで初めて証明した結果でもある。

　複合微生物系の代謝動態を理解するためには時間的推移を伴った情報を得ることも重要である。筆者らは微生物の代謝動態をリアルタイムに計測可能とするリアルタイムメタボロタイピング法（RT-MT法）を世界に先駆け開発した[27]。RT-MT法はNMR試験管内を嫌気的に保持しつつ微生物の代謝動態を数分おきに観測し，得られた多量の代謝物情報を多変量解析手法により解析することで特徴的な代謝変動を検出する手法である。RT-MT法と安定同位体標識技術を用いて，腸内細菌の一種であり生理活性物質である共役脂肪酸を産生する Butyrivibrio fibrisolvens の時間依存的な代謝動態を解析した。B. fibrisolvens は多価不飽和脂肪酸であるリノール酸やリノレン酸をバクセン酸へと代謝するが，その中間生成物として抗がん作用や抗動脈硬化作用を有する生理活性物質である共役リノール酸や共役リノレン酸を産生することが知られている[28〜33]。^{13}C-リノレン酸を用いて B. fibrisolvens のリノレン酸代謝動態を RT-MT 法により解析したところ，これまでに報告されていなかった新たな中間生成物を検出し，これが共役脂肪酸であることを同定した。RT-MT法は安定同位体標識技術やその他の種々のNMR解析手法と組み合わせることで，複合微生物系の代謝動態の詳細を理解するための一助になりうると考えられる。

謝辞

　本稿で紹介した筆者らの研究の一部は，生物系特定産業研究技術支援センター・BRAIN，科学研究費補助金・基盤A，新エネルギー開発機構（NEDO）・バイオマス先導技術開発の助成により推進された。また，筆者らの難培養性微生物への研究アプローチは，横浜市立大学の大学院生（雪真弘，野堀貴志，中西裕美子，加藤完，木村悠一，縫島裕美）の多大なる協力の賜物である。

文　　献

1) M. Li, B. Wang, M. Zhang et al., *Proc. Natl. Acad. Sci. U. S. A.*, **105**, 2117 (2008)
2) K. Mochida, T. Furuta, K. Ebana et al., *BMC genomics*, submitted.
3) M. Rantalainen, O. Cloarec, O. Beckonert et al., *J. Proteome. Res.*, **5**, 2642 (2006)
4) 菊地淳，メタボロミクスの先端技術と応用，福崎英一郎編，シーエムシー出版 (2007)
5) 吉田欣史，久原とみ子，菊地淳，ぶんせき，**7**, 371 (2009)
6) 菊地淳，遺伝子医学，in press (2009)
7) Y. Okamoto, T. Tsuboi, E. Chikayama et al., *Plant Biotechnol.*, in press
8) C. Tian, E. Chikayama, Y. Tsuboi et al., *J. Biol. Chem.*, **282**, 18532 (2007)

第14章 微生物群集のメタボローム統合化解析

9) K. Akiyama, E. Chikayama, H. Yuasa et al., *In Silico. Biol.*, **8**, 339 (2008)
10) 近山英輔, 赤木謙一, 菊地淳, 遺伝子医学 (2009)
11) J. Kikuchi, T. Hirayama, *Methods Mol. Biol.*, **358**, 273 (2007)
12) J. Kikuchi, K. Shinozaki, T. Hirayama, *Plant Cell Physiol.*, **45**, 1099 (2004)
13) Y. Sekiyama, J. Kikuchi, *Phytochemistry*, **68**, 2320 (2007)
14) E. Chikayama, M. Suto, T. Nishihara et al., *PLoS ONE*, **3**, e3805 (2008)
15) 守屋繁春, 難培養性微生物の最新解析技術, 大熊盛也, 工藤俊章編, シーエムシー出版 (2004)
16) F. Warnecke, P. Luginbuhl, N. Ivanova et al., *Nature*, **450**, 560 (2007)
17) Y. Hongoh, V. K. Sharma, T. Prakash et al., *Science*, **322**, 1108 (2008)
18) N. Todaka, S. Moriya, K. Saita et al., *FEMS Microbiol. Ecol.*, **59**, 592 (2007)
19) 守屋繁春, 加藤完, 福田真嗣ほか, 特願2008-52503 (2008)
20) S. Sasaguri, J. Maruyama, S. Moriya et al., *J. Gen. Appl. Microbiol.*, **54**, 343 (2008)
21) T. Inoue, S. Moriya, M. Ohkuma et al., *Gene.*, **349**, 67 (2005)
22) 菊地淳, 雪真弘, 守屋繁春ほか, 特願2007-232792 (2007)
23) M. Karin, T. Lawrence, V. Nizet, *Cell*, 124, 823 (2006)
24) D. M. Saulnier, J. K. Spinler, G. R. Gibson et al., *Curr. Opin. Biotechnol.* (2009)
25) P. J. Turnbaugh, R. E. Ley, M. A. Mahowald et al., *Nature*, **444**, 1027 (2006)
26) H. Morita, H. Toh, S. Fukuda et al., *DNA Res.*, **15**, 151 (2008)
27) S. Fukuda, Y. Nakanishi, E. Chikayama et al., *PLoS ONE* (2009)
28) S. Fukuda, Y. Suzuki, M. Murai et al., *J. Dairy Sci.*, **89**, 1043 (2006)
29) S. Fukuda, Y. Suzuki, M. Murai et al., *J. Appl. Microbiol.*, **100**, 787 (2006)
30) S. Fukuda, Y. Suzuki, T. Komori et al., *J. Appl. Microbiol.*, **103**, 365 (2007)
31) S. Fukuda, N. Ninomiya, N. Asanuma et al., *J. Vet. Med. Sci.*, **64**, 987 (2002)
32) S. Fukuda, Y. Nakanishi, E. Chikayama et al., *PLoS ONE*, **4**, e4893 (2009)
33) S. Fukuda, H. Furuya, Y. Suzuki et al., *J. Gen. Appl. Microbiol.*, **51**, 105 (2005)
34) M. G. Miller, *J. Proteome. Res.*, **6**, 540 (2007)
35) M. R. Viant, D. W. Bearden, J. G. Bundy et al., *Environ. Sci. Technol.*, **43**, 219 (2009)
36) J. G. Bundy, H. C. Keun, J. K. Sidhu et al., *Environ. Sci. Technol.*, **41**, 4458 (2007)
37) E. Holmes, R. L. Loo, J. Stamler et al., *Nature*, **453**, 396 (2008)

第 3 編

難培養微生物の機能と応用

第15章 メタン発酵—ゲノム解析から明らかになった共生細菌の進化と生存戦略—

下山武文[*1],渡邉一哉[*2]

1 はじめに

2009年はダーウィン生誕200年と"種の起源"刊行150年の記念の年である。彼は世界中を旅し,生物の膨大な観察記録と交配実験から進化論を導き出し,当時としては全く新しく,難解で,あるいは当時としては常識外れともいえる"種の起源"を発表した。この論文の中で彼は自然選択によって,生物は常に環境に適応するように変化し,種が分岐して多様な種が生じると主張し,多種多様な生物にはそれぞれ異なった祖先が存在するといったそれまでの定説を覆した。彼が生物の系統と分岐を進化論で説明し,図示したイラスト,すなわち系統樹は,現在我々がコンピューターで描き目にしている生物の系統樹と全く遜色ないものであり,150年も前に描いていたことには驚かされる。もちろん彼は,微生物を観察していたわけではない。しかしダーウィンの進化論の考え方は,微生物の進化を論ずるうえでも最も基本的な概念の1つである。

近年,塩基配列解読の技術とそれにより得られる膨大な情報の処理技術の向上に伴い,ゲノム配列から生物の進化を推察できるようになってきた。特に微生物学においては,形態で種を見分けることが困難であるため,ゲノムからの系統解析は強力(あるいは絶対的)な解析ツールとなっている。筆者らは,メタン発酵共生系に関与する微生物群の研究において,培養や代謝産物の解析を行うとともに,ゲノム解析から進化における微生物の相互関係を推察することを試みてきた。微生物生態系は,異なる機能を有した多様な微生物により構成される。ダーウィンの言うように,それらが共通の祖先から進化したとすると,種分化のメカニズムを考えることは,微生物生態系の進化を理解するうえで重要である。当然,自然淘汰の考えのみでは説明できない。各種微生物のニッチが理解されており,またそれらのゲノム情報が利用可能なことから,メタン発酵微生物生態系は種分化のメカニズムを考える上での恰好のモデルと思われる。

広い意味で共生とは,異種生物が行動的・生理的な結びつきを持ちながら一所で生活している状態である。共生は,双方の生物が利益を得る相利共生,片方のみが利益を受ける片利共生,あるいは片方が害を受ける寄生などに分類される。メタン発酵においては,後述する発酵性細菌が

---

 *1 Takefumi Shimoyama　東京大学　先端科学技術研究センター　特任研究員
 *2 Kazuya Watanabe　東京大学　先端科学技術研究センター　特任准教授

有機物を分解し，発生した水素をメタン生成古細菌が利用してメタンを生成する。この際，周囲の水素濃度を低く保たないと発酵性細菌による有機酸分解が進行しないことから，この系は相利共生と考えられる。実は，このような"栄養共生"が真核生物を生み出したのではないかという説がある[1,2]。これは，水素を介した栄養共生のもと，メタン菌（古細菌）が発酵性細菌（真正細菌）を飲み込むことにより真核生物が生まれたという，いわゆる"水素仮説"である。この説では，核および各ゲノムは古細菌に由来し，ミトコンドリアおよびそのゲノムは真正細菌に由来するとしている[3]。まだこの説の真偽は明らかではないが，最近この説が専門誌などで活発に議論されるようになってきている[4,5]。筆者らは，この共生系の研究において，異種微生物間の特異的相互作用及びシグナル伝達と考えられる興味深い現象を発見している。その結果，これらの微生物は密接して増殖するようになるが，このことは上記の水素仮説を支持する発見と考えられる。

本稿では，ゲノム解析から明らかになってきた共生微生物の生存戦略や進化プロセスについて解説する。また，モデル共生系の研究の過程で発見した異種微生物間の特異的相互作用について述べる。

2 メタン発酵における共生現象

好気環境で生物は，酸素を最終電子受容体とする有機物の酸化過程（呼吸）でエネルギーを得る。それに対し嫌気環境では，硫酸や鉄を電子受容体として呼吸する場合もあるが，多くの微生物は呼吸に頼らず，有機物を酸化分解すること（発酵）によりエネルギーを得ている。嫌気環境下で有機物はメタンと二酸化炭素まで分解（メタン発酵）されるが，この酸化分解は，複数の微生物の連鎖的代謝反応によって進行する。メタン発酵は無数の代謝反応により構成されるが，このプロセスは三段階に大別して理解されている（図1）。第一段階では，炭水化物やタンパク質などの高分子が単糖類やアミノ酸を経て酢酸，プロピオン酸および酪酸などの低級脂肪酸あるいは乳酸やアルコールに分解される。第二段階では，酢酸以外の低級脂肪酸，乳酸，アルコールなどが酢酸と水素（またはギ酸）に変換される。第三段階では，第二段階の生成物からメタンが生成される。このプロセスの特徴は，後段に行くにしたがい反応が集約することで，それに従い関与する微生物の多様性も減少する。

図1に示した第一段階の低級脂肪酸とアルコールの生成過程に関与する微生物は"発酵性細菌"である。炭化水素分解に関与する発酵性細菌としては，*Clostridium* 属，*Bacteroides* 属，*Bacillus* 属，乳酸菌などが挙げられる。またタンパク質分解菌としては，*Clostridium* 属，*Streptococcus* 属，*Bacillus* 属が，さらに生成したアミノ酸は *Peptococcus* 属または *Selenamonas* 属などにより酢酸，プロピオン酸，酪酸などの低級脂肪酸に変換される。

第15章 メタン発酵—ゲノム解析から明らかになった共生細菌の進化と生存戦略—

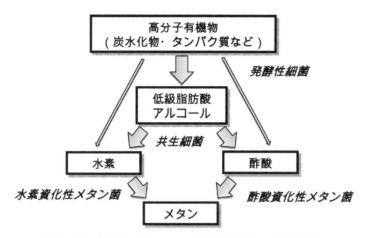

図1　複合有機物からのメタン生成過程と関与する微生物群

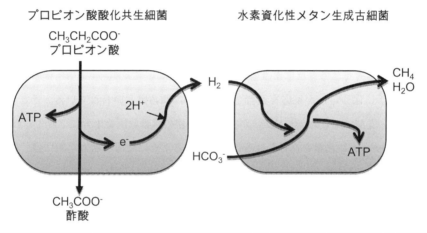

反応	ギブス自由エネルギー変化
①（プロピオン酸酸化共生細菌） Propionate$^-$ + 3H$_2$O → Acetate$^-$ + HCO$_3^-$ + H$^+$ + 3H$_2$	+76.1 KJ / mol
②（メタン生成古細菌） H$_2$ + 1/4HCO$_3^-$ + 1/4H$^+$ → 1/4CH$_4$ + 3/4H$_2$O	-33.9 KJ / mol
①+②（共生的メタン生成反応） Propionate$^-$ + 3/4H$_2$O → Acetate$^-$ + 3/4CH$_4$ + 1/4HCO$_3^-$ + 1/4H$^+$	-25.6 KJ / mol

図2　共生系によるプロピオン酸からのメタン生成

　第二段階の脂肪酸などからの酢酸と水素の生成は，メタン発酵プロセスの律速段階と考えられる．この反応にはエネルギーが必要で単独では進行しないため（図2），後に述べるように，メタン生成反応との共生的（連鎖的）代謝が必須となる．このような意味から，この反応に関わる微

生物は共生細菌と呼ばれている。共生細菌は，共生的代謝反応のみに依存する偏性共生細菌（*Syntrophobacter* 属，*Pelotomaculum* 属，*Syntrophus* 属の細菌が知られている）と電子受容体がないときに共生的代謝を行う通性共生細菌（*Desulfovibrio* 属などの硫酸還元菌）に分類される。

最後に第三段階では，メタン生成古細菌が共生細菌の発生する水素，ギ酸または酢酸を基質にメタンを生成する。ほとんどのメタン菌は水素またはギ酸を基質にするが，*Methanosaeta* 属，*Methanosarcina* 属などは酢酸を基質にしてメタンを生成することが知られている。

嫌気的有機物分解プロセス（メタン発酵プロセス）のボトルネックとなっている反応は，共生細菌によるプロピオン酸や酢酸の分解であり，これは熱力学的に考察される。ここでは，共生細菌とメタン菌による連鎖的代謝反応（この系を，特に"メタン発酵共生系"と呼ぶ）を，プロピオン酸酸化共生細菌 *Pelotomaculum thermopropionicum*[6,7]とメタン生成古細菌 *Methanothermobacter thermautotrophicus* を例にあげて説明する（図2）。*P. thermopropionicum* はプロピオン酸を酢酸まで分解し，その酸化過程で生ずる還元力を水素分子として放出する。プロピオン酸と水分子から酢酸，水素，二酸化炭素を生成する反応の自由エネルギー変化は正であり（$\Delta G^0 = 76.1$ kJ/mol），標準状態ではエネルギーを供給しないかぎり進行しない。しかし，代謝産物濃度が十分に低くなるとエネルギー供給なしでも反応が進行するようになるが，この場合周辺の水素分圧を 10^{-4} から 10^{-6} atm 以下に保つことが反応を進行させるためには必要といわれている。そこで，水素を消費するメタン菌 *M. thermautotrophicus* が存在し，近傍の水素分圧を十分に下げてくれることで，*P. thermopropionicum* の代謝を進行させることができるようになる。熱力学的には，*M. thermautotrophicus* が媒介する水素と CO_2 からメタンが生成する反応は自由エネルギー変化が -33.9 kJ/mol で，二反応を組み合わせることで全体の自由エネルギー変化が負（反応によりエネルギーが得られること）となり，全体として反応が進行する（生物が反応を進行させる価値がある）ことになる。このため，*P. thermopropionicum* はプロピオン酸を分解する価値があり，さらには *M. thermautotrophicus* もメタン発酵でエネルギーを得ることができるという共生関係が成立する。この共生関係のバランスが崩れると，メタン発酵系内においてプロピオン酸や酢酸が蓄積し，メタン発酵が進まなくなる現象（酸敗）が起こる。すなわち重要なことは，共生細菌からメタン菌へのスムーズな水素の移動であり，これは還元力（電子）の移動と言い換えることもできる。有機物から直接メタンを生成することのできるメタン生成菌がいればこの水素移動は考慮しなくていいのだが，このような微生物は，現在全く確認されていない。メタン発酵においては，この水素移動をいかに効率的に行うか，つまり共生関係をいかに築くかが，重要なのである。

第15章 メタン発酵―ゲノム解析から明らかになった共生細菌の進化と生存戦略―

3 ゲノム解析から見えてきた共生系の進化機構

近年の塩基配列決定技術の発達に伴い，様々な微生物のゲノムが解読されている。また，各種微生物のゲノム全体を比較し，それにより特定の微生物の特徴を明らかにしたり，微生物間の分類学的・進化的関係を推定したりする試み（比較ゲノミクス）も盛んに行われている[8,9]。我々は，メタン発酵プロセス（特にメタン発酵共生系）をより深く理解するために，ゲノム情報を利用する試みを行っている。この研究では，第一に共生細菌の代表である *P. thermopropionicum* のゲノムの解読を行い，次にそれをメタン発酵に関与する他の微生物のゲノム情報と比較する比較ゲノミクス解析を行った。

プロピオン酸酸化共生細菌 *P. thermopropionicum* は，メタン菌と共生して生きていくためにどのような生存戦略をとっているのであろうか。はじめに筆者らは，*P. thermopropionicum* の生理学的または代謝に関する情報を得ることを目的にゲノム解析を行い，プロピオン酸代謝にかかわる遺伝子群の再構築を行った[10]。その結果，*P. thermopropionicum* は他の中温または高温環境から単離されたメタン菌と共生するプロピオン酸酸化細菌と同様にプロピオン酸を酢酸まで酸化するメチルマロニル CoA（MMC）経路の遺伝子を保有していることがわかり，この MMC 経路によってプロピオン酸を代謝していることが推定された。これらの遺伝子群には，高温で活性を発現し，その構造も既知のものとは異なるフマラーゼも含まれていた[11]。また，MMC 経路の酵素をコードする遺伝子はクラスターを形成しており，この上流には PAS ドメインをもつ発現調節タンパク質をコードすると考えられる遺伝子とシグマ54プロモーター配列が存在していた。このことは，MMC 経路を構成する酵素が，同一の発現制御因子の下に同調して発現する可能性を示唆している。実際，これらの遺伝子の発現変動を様々な基質で生育させた条件でマイクロアレイ解析したところ，各遺伝子は同調して発現変動することが明らかとなっている（未発表データ）。このような同調した遺伝子発現制御は，限られたエネルギー源で生育するための巧妙な生存戦略である可能性が示唆される。

次に，比較ゲノミクス解析手法の一つである gene content 解析を行った。これは微生物ゲノムにコードされた全遺伝子を推定される機能ごとに分類し，各機能の遺伝子の割合を算出し，微生物間で比較する手法である[12]。これによりそれぞれの微生物がどのような機能を有しているかを比較できるが，rRNA 遺伝子の塩基配列による系統解析では考慮されない，進化の過程や生育環境を反映した分類も可能になる。我々は，*P. thermopropionicum* を含む共生細菌，発酵性細菌，メタン生成アーキア，および他の代表的な微生物群，計27微生物種の gene content を解析し，類似性を系統樹に表した（図3）。16S rRNA 遺伝子塩基配列による系統分類では，*Firmicutes* 門に分類される *P. thermopropionicum* は発酵性細菌 *Clostridium* や *Thermoanaerobacter* と同クラス

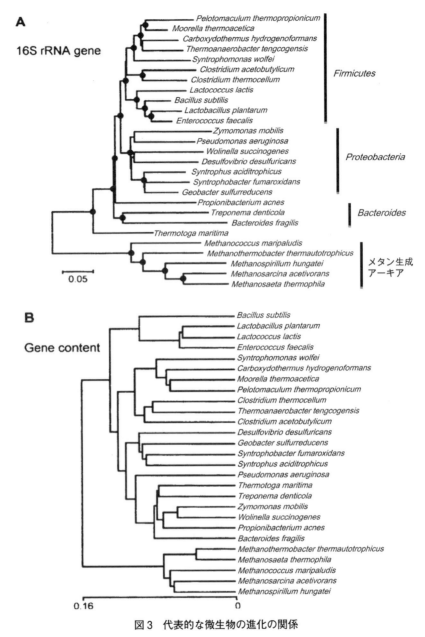

図3 代表的な微生物の進化の関係

A：16S rRNA 遺伝子の塩基配列相同性に基づいた進化系統樹，B：gene content 解析に基づいた進化系統樹

ターに位置する（図3A）。これに対し，gene content で分類すると，*P. thermopropionicum* は他の共生細菌（*Syntrophomonas* など）と1つのまとまったクラスターを形成し，発酵性細菌とは一線を画した（図3B）。このことは，共生細菌は独特のゲノム構造（遺伝子組成）を持つこと（進化によりそのようになったこと）を示唆している。

第15章　メタン発酵—ゲノム解析から明らかになった共生細菌の進化と生存戦略—

さらに我々は，比較ゲノム解析でもう1つよく用いられる codon usage 解析を行った。codon usage 解析は，ある種の微生物のゲノムにコードされている各遺伝子において使用されているコドンの頻度を解析する手法である[13]。使用頻度が近いコドンが似た遺伝子は同種の微生物内で長期にわたり機能してきたと見なせるので，1つのゲノムの中から水平伝搬により比較的最近獲得された遺伝子を拾い出すことができる。また，進化的に近縁な微生物内の遺伝子は，比較的似たコドン使用をするとも考えられている。これらのことから，生物種間の進化的距離や，個々の遺伝子がどのような生物種から水平伝播してきたかなどを推定することができる。筆者らは，*P. thermopropionicum* の codon usage 解析を行い，他の微生物と比較した。その結果，gene content 解析の結果と同様に，*Firmicutes* 門 *Clostridia* 綱に属する共生細菌である *Syntrophomonas wolfei* や *Moorella thermoacetica* の多くの遺伝子とコドン使用頻度が似ていたのに対し，同じ *Firmicutes* 門に属する *Clostridium* や *Thermoanaerobacter* とは全く異なるコドン使用頻度を示した。また興味深いことに，系統分類上大きく異なる共生細菌 *Syntrophus aciditrophicus* や *Desulfovibrio desulfuricans* とコドン使用頻度が類似していることも示された。この結果は，その進化とニッチ確立の過程で共生細菌同士が分子系統分類の枠を超えて頻繁に遺伝子のやり取りをしてきた可能性を示唆するものである。共通の祖先から各ニッチを担う微生物へと分化してきた結果メタン発酵微生物生態系が形成されたと考えられるが，我々は，この解析結果を基に「ニッチ内の微生物同士の強い進化的相互作用がニッチ分化を推進する。」という新しい概念を（niche-associated evolution と呼んでいる）を提唱した[14]。他の生態系にもこの理論が当てはまるかどうかについて，興味が持たれる。ただし，メタン発酵共生系のように各ニッチの担当者が明らかになっており，またそれらのゲノム情報が得られる生態系は他にはないであろう。筆者らは，今後さらに多くの生物のゲノム情報が得られてきた時点で，"niche-associated evolution" の考えを別の系で検証していきたいと考えている。"淘汰"・"競争"により生物が進化したというダーウィンの考えだけでは，現在の生物の多様性（特に同じニッチに複数種が存在する意義）は説明できない。そこで我々は，"共生"・"協調"により生物は進化するという考えを広めていきたいと考えている。

4　共生系形成の分子メカニズム

P. thermopropionicum と *M. thermautotrophicus* の共培養において，大変興味深い現象が発見された。プロピオン酸を基質に共生的にメタン発酵を行ったところ，増殖後期にはこれら微生物の共凝集体が観察される。これは，*P. thermopropionicum* が放出した水素が溶液中を拡散する場合に，凝集体を形成したほうが *M. thermautotrophicus* が効率よく水素を受理できるからである。ここで興味深かったのは，この培養の初期の段階で *P. thermopropionicum* の細胞と *M. thermautotro-*

phicus の細胞が何らかの繊維状構造で連結している様子が観察されたことである(図4)[15]。この現象は共生的増殖の初期に見られ，共凝集開始の引き金になるもののように思われた。我々はこのワイヤーの正体を突き止めるために *P. thermopropionicum* と *M. thermautotrophicus* のゲノムを解析し，*P. thermopropionicum* のゲノムに鞭毛や繊毛のような細胞外繊維を合成するために必要な遺伝子群を確認した。一方，*M. thermautotrophicus* のゲノムには，細胞外繊維をコードすると思われる遺伝子は見つからなかった。そこで，*P. thermopropionicum* を培養し，細胞外繊維を物理的せん断力により菌体から切り離し，密度勾配遠心分離により精製した。得られた細胞外繊維の純度を透過型電子顕微鏡で確認後，SDS-PAGEで構成タンパク質を分離したところ，メジャーバンドの分子量およびN末端アミノ酸配列は *P. thermopropionicum* の鞭毛のフィラメントの主要タンパク質であるFliCと一致した。さらに我々は，大腸菌を用いて組換え生産したFliCとFliD（鞭毛先端の主要タンパク質）を用いた蛍光抗体染色により微生物間を連結する繊維が蛍光標識されることから，これは *P. thermopropionicum* の鞭毛であることを確認した[16]。

それでは，この *P. thermopropionicum* の鞭毛が *M. thermautotrophicus* に絡むのは偶然であろうか。我々は *P. thermopropionicum* のFliCとFliDの *M. thermautotrophicus* への吸着能を調べるため，大腸菌で作製した両タンパク質を蛍光色素Cy3した後に *M. thermautotrophicus* 菌体と反応させた。蛍光顕微鏡で観察したところ，*M. thermautotrophicus* 細胞全体がCy3でラベルされたことから，FliCおよびFliDは *M. thermautotrophicus* 表面に吸着することが示された。次に，この方法を用いてFliCおよびFliDの吸着特異性を調べた。メタン菌は，種によって様々なペプチドと糖からなる多様な細胞表面構造を有している。この細胞表面構造と微生物種の違いに起因する吸着特異性を探るため，様々な種のメタン菌および幾つかの発酵性微生物の細胞とFliCおよびFliDを混合したところ，吸着がみられたのは *Methanothermobacter* 属の水素資化性メタン菌および酢

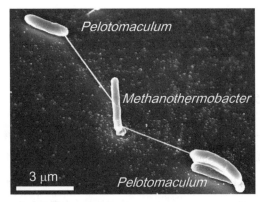

図4 プロピオン酸を基質とした共培養時のSEMイメージ

培養初期に *Pelotomaculum* と *Methanothermobacter* が繊維状物質で連結している様子が観察される。

第15章 メタン発酵―ゲノム解析から明らかになった共生細菌の進化と生存戦略―

酸資化性メタン菌の Methanosaeta thermophila のみであった。M. thermophila は P. thermopropionicum と酢酸を介して共生関係を築ける。よって，FliC および FliD の吸着は共生関係を構築できるメタン菌に特異的な現象であることが示された。つまり P. thermopropionicum は，泳ぐためではなく，自分の共生相手探しに鞭毛を用いていたのである。Methanothermobacter 属と Methanosaeta 属の細胞表面構造は，それぞれシュードムレインと糖タンパク質と異なる。また，シュードムレインなど同様の細胞表面構造を持つ他のメタン菌には吸着しなかったことから，全体的細胞表面構造ではなく，何か未知のレセプタータンパク質のようなものを標的にして FliC および FliD が吸着しているものと推測する。

　FliC および FliD が吸着することによって，メタン菌内の遺伝子発現は変動するのであろうか。我々は M. thermautotrophicus のゲノム情報をもとに作成したマイクロアレイを用いて，これらタンパク質結合による遺伝子発現の変動を解析した。M. thermautotrophicus の培養液に FliC または FliD を添加し，2時間インキュベートしたのち菌体を回収し，RNA を抽出した。また，FliC または FliD を添加しなかった培養液も同様に RNA を抽出し，FliC または FliD を添加したサンプルとの遺伝子発現量の差をマイクロアレイで比較した。その結果，FliC を添加したサンプルは加えなかったサンプルと比較して遺伝子発現がほとんど変化しなかったが，FliD を添加したサンプルはメタン生成経路に関与する遺伝子を含む多数の遺伝子の発現に変動がみられた（図5）。この遺伝子発現の変化が M. thermautotrophicus のメタン生成に与える影響を調べるため，培養初期段階の培養液に FliC はたは FliD 添加を添加し，メタン生成量がどのように変化するのか調査した。その結果，FliD を添加した培養液ではメタン生成の速度が添加しないサンプルに比べて速くなることが示された（図6）。このメタン生成速度の上昇は FliC 添加培養液では観察されなかった。これらの結果から，FliC と FliD は M. thermautotrophicus に特異的に吸着するが，FliD はさらに，メタン菌内の遺伝子発現を誘導するシグナルとして作用することが示された（図7）[16]。

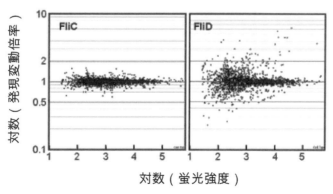

図5　FliC または FliD 添加による M. thermautotrophicus 内の遺伝子の発現変動

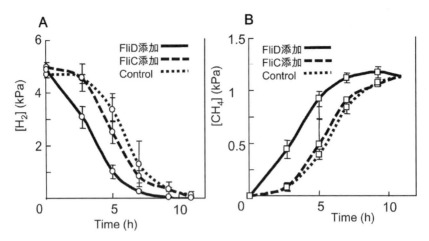

図6　*M. thermautotrophicus* の代謝への FliC または FliD の影響
A：基質となる水素の濃度変化，B：生成されるメタンの濃度変化，Control：FliC および FliD いずれも添加しない培養液

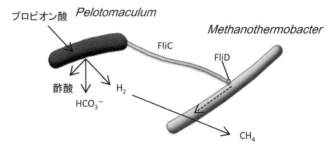

図7　鞭毛を介した *Pelotomaculum* と *Methanothermobacter* 間のシグナル伝達機構の模式図

　よく知られている微生物間の情報伝達機構として，一部の真正細菌で見られるクオラムセンシングがある[17,18]。これは，自分と同種の細菌の濃度をオートインデューサーと呼ばれる化学物質の濃度により感知し，ある一定の濃度に達したときに集団的に行動（毒素生産やバイオフィルム生成など）するものである。このクオラムセンシングと我々の発見した鞭毛を介した情報伝達とは2つの点で大きく異なる。第1は，クオラムセンシングが同種微生物間の情報伝達であるのに対し，鞭毛による情報伝達では発酵性細菌とメタン生成古細菌，つまり真正細菌と古細菌間での情報伝達であるということである。3ドメイン説の境界を越えた相互作用であり，全く新しい機構が存在する可能性がある。第2は，場を認識するのではなく，相手を認識することである。元来限られたエネルギーしか利用できない *P. thermopropionicum* が，たくさんの ATP を必要とする鞭毛運動をするとは考えられない。*P. thermopropionicum* が，共生相手を見つけ，さらに共生をスムーズに行うために鞭毛を合成しているのだとしたら，大変興味深い。

第15章　メタン発酵―ゲノム解析から明らかになった共生細菌の進化と生存戦略―

5　おわりに

　本稿では，メタン発酵における複数微生物の共生機構を述べ，次に個々の微生物のゲノム情報から嫌気環境で限られたエネルギーを共有して生き抜くための進化戦略を考察した。さらに，最近明らかとなった鞭毛を介した共生促進機構について解説した。

　環境中には，培養が困難で機能が未知の微生物が現在もなお多数存在する。特に，嫌気環境で生育する生育速度の遅い微生物に関する知見は乏しいが，それらは非常に多様であり，また未知の代謝機構やシグナル伝達機構をもつものと考えられる。本稿はその一端を紹介したものであるが，嫌気性の難培養微生物の中に同様に興味深い生存戦略がねむっていると考えると，苦労してそれらを研究することにも価値が見出される。

文　　献

1) Margulis, L., "Origin of eukaryotic cells" Yale University Press (1970)
2) Lopez-Garcia, P., and Moreira, D., *Trend. Biochem. Sci.*, **24**, 88 (1999)
3) Martin, W., and Muller, M., *Nature*, **392**, 37 (1998)
4) Zimmer, C., *Science*, **325**, 666 (2009)
5) Lake, J., *Nature*, **460**, 967 (2009)
6) Imachi, H., *et al.*, *Int. J. Syst. Evol. Microbiol.*, **52**, 1729 (2002)
7) Imachi, H., *et al.*, *Appl. Environ. Microbiol.*, **66**, 3608 (2000)
8) Bapteste, E., *et al.*, *Trends Microbiol.*, **12**, 406 (2004)
9) Abe, T., *et al.*, *DNA Res.*, **12**, 281 (2005)
10) Kosaka, T., *et al.*, *J. Bacteriol.*, **188**, 202 (2006)
11) Shimoyama, T., *et al.*, *FEMS Microbiol. Lett.*, **270**, 207 (2007)
12) Snel, B., *et al.*, *Nat. Genet.*, **21**, 108 (1999)
13) Kanaya, S., *et al.*, *Gene*, **276**, 89 (2001)
14) Kosaka, T., *et al.*, *Genome Res.*, **18**, 442 (2008)
15) Ishii, S., *et al.*, *Appl. Environ. Microbiol.*, **71**, 7838 (2005)
16) Shimoyama, T., *et al.*, *Science*, **323**, 1574 (2009)
17) Keller, L., and Surette, M. G., *Nature Rev. Microbiol.*, **4**, 249 (2006)
18) Camilli, A., and Bassler, B. L., *Science*, **311**, 1113 (2006)

第16章　アナモックス細菌の生態と応用

吉永郁生*

1　はじめに

　分析技術の発展は，微生物学の古いテキストには無かった新しい微生物やその代謝経路の発見をもたらしている。高性能のGC-MS（ガスクロマトグラフィー質量分析計）によって，化学物質の安定同位体分布が容易に解析できるようになり，これまでの培養を主体とした微生物学的手法では"ミステリー"とされていた現象にもメスが入れられるようになってきた。アナモックス代謝（嫌気的アンモニア酸化；anaerobic ammonium oxidation）とそれに関わる微生物の発見もその一例である。

　1990年代に発見されたアナモックスとは，アンモニウムイオン（NH_4^+）を電子供与体とし，亜硝酸イオン（NO_2^-）を電子受容体とすることでエネルギーを獲得する微生物代謝であり，その反応式はきわめて単純な次の式であらわされる。

$$NH_4^+ + NO_2^- \rightarrow N_2 + H_2O \tag{1}$$

　この反応は結果として窒素ガス（N_2）を生産する事から，生物地球化学的には生物圏の窒素循環から窒素を気圏に放出する，一種の脱窒現象とみなす事ができる。アナモックスが従来の脱窒（denitrification；$NO_3^- \rightarrow NO_2^- \rightarrow NO \rightarrow N_2O \rightarrow N_2$）と異なる点は，電子供与体として有機物ではなく$NH_4^+$を利用する事であり，この事から後者（脱窒）が有機栄養性（chemoorganotrophy）であるのに対し，前者（アナモックス）は化学合成無機栄養性（chemolithotrophy）であるといえる。さらに，知られているアナモックス細菌は，完全無機培地で増殖できる事から，化学合成無機栄養性独立栄養生物（chemolithoautotroph）の範疇にはいる。

　アナモックス細菌の発見によって，従来の窒素循環モデルを再構築する必要が生まれた。さらに，アナモックス代謝は，従来の硝化–脱窒系に変わる効率的な窒素除去システムとして排水処理業界で注目されている。

---

　*　Ikuo Yoshinaga　京都大学　大学院農学研究科　応用生物科学専攻　海洋分子微生物学分野　助教

第 16 章　アナモックス細菌の生態と応用

2　アナモックスの発見と研究の歴史

　20 世紀末まで，遊離のアンモニウム（塩）は環境中で安定であり，原核生物や真核性独立栄養生物によって同化（＝有機化）されるか，好気性のアンモニア酸化微生物によって亜硝酸化される以外の生物代謝は考えられてこなかった。しかし 1977 年にオーストラリアの生化学者である Broda が，熱力学的な計算から，窒素酸化物（硝酸か亜硝酸）を電子受容体としたアンモニア酸化によってエネルギーを獲得する代謝，いわゆるアナモックス代謝が生物学的に可能であることを提示した[1]。実はその 10 年ほど前から，嫌気的な海洋堆積物や水塊において，従来の硝化-脱窒経路では説明できないアンモニアの消失が報告[2]されており，アナモックスのような未知の微生物代謝の存在が疑われていた。しかし，この"未知の微生物代謝"の存在は，1995 年に最新の安定同位体解析技術を用いて，オランダのデルフト工科大学の研究グループが廃水処理リアクター内の微生物から発見する[3,4]まで，机上のものであった。

　その後の研究の焦点はこの代謝の正確な stoichiometry（化学量論）とアナモックス微生物の探索に移った。前者に関しては，アナモックス反応そのものの基質として，当初考えられていた硝酸ではなくて亜硝酸が使用される事が明らかとなり，炭酸固定と併せて下記の反応式が提唱されている[5]。

$$1.0NH_4^+ + 1.32NO_2^- + 0.066HCO_3^- + 0.13H^+$$
$$\rightarrow 1.02N_2 + 0.26NO_3^- + 0.066CH_2O_{0.5}N_{0.15} + 2.03H_2O \qquad (2)$$

　1999 年，Strous らは安定的に運用していた連続回分培養系（sequencing batch reactor；SBR）内に集積された微生物から，上記の反応式に沿った代謝を行う細胞を，Percoll 密度勾配遠心法によって分取した[6]。16S rRNA 遺伝子情報から，この微生物は Planctomycetes 門（phylum）に属する新種の細菌であると判断された。また電子顕微鏡観察からは，アナモックス代謝を行うこの細菌細胞には Planctomycetes 門の他の細菌に見られるような細胞内区画構造が存在していたが，その形状は過去には見られないものであった（後述）。初めてアナモックス代謝を行う事が証明されたこの細菌は "*Brocadia anammoxidans*" と命名されたが，旧来の微生物学的手法による分離ではなかったため，"*Candidatus*" の段階にとどまっている。また，この細菌の増殖は遅く，アナモックス代謝の検出にもある程度の細胞密度（$10^{10} \sim 10^{11}$）を必要としており，旧来の分離手法の応用はきわめて困難であった。

　その後多くの研究者によってアナモックス細菌の単離が試みられてきたものの，"*Candidatus*" ではない純粋分離株は未だに得られていない。それでもこれまでに 5 属 8 種のアナモックス細菌が記載されている[7~12]。いずれも細胞生物学的，生化学的な特徴は類似しており，相互の 16S rRNA遺伝子配列の相同性は87～99%である。それぞれのアナモックス細菌株と他のPlanctomycetes門の細菌種との16S rRNA遺伝子配列の相同性はさらに低く（77～80%），これまでのところ系統樹上は単系統であることから，これらすべてを含むBrocadiales目（order）が提唱されている[13]。知られている8種の"Candidatus"アナモックス細菌のうち"Kuenenia stuttgartiensis"，"B. anammoxidans"，"B. fulgida"，"Anammoxoglobus propionicus"，"Scalindua brodae"と"S. wagneri"そして"Jettenia asiatica"は廃水処理汚泥に由来し，一方，"S. sorokinii"のみが海水に由来している。

アナモックス細菌の生理・生化学的な知見は，主に"B. anammoxidans"と"K. stuttgartiensis"の集積培養系から得られている。特に後者については，ショットガン法によるメタゲノム解析により，ほぼ完全なゲノムが公開されており[14]，アナモックス代謝の解明に寄与するとともに，アナモックス細菌自体のユニークな生理・生化学的特徴を裏付けている。

3 アナモックス活性の検出

アナモックス細菌を検出するうえで，最も単純かつ重要な判断基準は，アナモックス代謝（反応式(1)）を行うか否かである。リアクターや廃水処理系などの完全に制御された閉鎖系では，系内の硝酸態，亜硝酸態，アンモニア態および有機態窒素の収支を計算する事でアナモックス代謝を検出できる。しかしこの方法は，環境水や堆積物などの，より開放的で複雑な生態系への適用が困難である。さらに近年，微生物による新しい窒素代謝経路が続々と見つかっており，単純に培養系内外の窒素化合物の収支を計算するだけでは系内の窒素変換過程を推測するのは難しくなりつつある。例えば代表的な好気性アンモニア酸化細菌である*Nitrosomonas europaea*が嫌気条件下では分子状酸素のかわりにNO_2を用いてNH_4^+を酸化し，その際に生成物としてN_2を産生するとの報告もあり[15]，この場合はアナモックスと酷似した現象が観察される事となる。

それに対して安定同位体標識基質を用いたトレーサー実験は，GC-MS（ガスクロマトグラフィー質量分析計）の改良が進み，より簡便に精密定量が可能になった今では，アナモックス代謝の検出に最も有効な手段である。脱窒や*Nitrosomonas*属の嫌気的アンモニア酸化とは異なり，アナモックス代謝では生成する窒素ガス（N_2）が等モルのNH_4^+分子とNO_2^-分子に由来する。そのため，NH_4^+かNO_2^-のどちらかを重窒素で標識すると（$^{15}NH_4^+$，$^{15}NO_2^-$），アナモックス代謝によってのみ分子量が29のN_2（$^{15}N^{14}N$）が生成する。実際の測定にはGC-MSの繊細な調整やトレーサーの希釈効果からの換算などが必要ではあるものの，現在，最も信頼できるアナモックス検出法である。とはいえ，この方法はあくまでも培養定量法であり，潜在アナモックス活性を測定している点に注意しなければならない。

第 16 章　アナモックス細菌の生態と応用

　これまでのところ，アナモックス細菌は Planctomycetes 門 Brocadiales 目の細菌が知られているのみである。従ってこの系群の 16S rRNA 遺伝子の特異塩基配列を標的とした分子生物学的手法の応用が可能である。さらに最近はアナモックス代謝に直接関わる機能遺伝子を標的とした手法も提案されており，今後，アナモックス細菌の生態解析や地球化学的な研究への応用が期待される。

　また，アナモックス細菌の形態学的，生理学的および生化学的な特徴が明らかになるにつれて，それぞれをマーカーとした検出法も考案・実用化されつつある。たとえばアナモックス細菌でしか見つかっていないラダーラン脂質（ladderane lipid，後述）やヒドラジン代謝活性などである。

4　アナモックス細菌の集積

　これまでのところアナモックス細菌の集積培養は，連続培養系か SBR 系によって得られている。多くの場合アナモックス細菌の増殖はきわめて遅く，倍化には 1〜3 週間を要するといわれている。しかし，アナモックス活性のある廃水処理汚泥や海洋の堆積物などを接種源とし，アナモックス基質である NH_4^+ と NO_2^- を供給しつつ，CO_2 を通気しながら長期間（一年以上）嫌気培養すると比較的容易にアナモックス集積培養が得られるようである。ただしアナモックス活性の発現には高密度の細菌細胞が必要であるにもかかわらず増殖が遅い事から，培養系の希釈率は低く設定すべきであると指摘されている[6]。また酢酸やプロピオン酸などの低分子の有機物を添加した場合に新奇なアナモックス細菌を集積できた例[9]や培養温度によって異なる種のアナモックス細菌が集積された例[16]もあり，培地組成や培養条件はさらに検討する余地がある。

　アナモックス細菌が集積するにつれて培養器（reactor）の内容物は徐々に赤くなる。これはアナモックス細菌のタンパク質の 20% を占めるヘムタンパク質に由来する。また，固定床リアクターの場合は固定基盤に赤色の biofilm が生成し，一方固定床の無い SRB のような培養系であっても赤色の粒状細胞塊を形成する事が多い。

　海洋からは Scalindua 属の細菌が人工海水をベースとした SRB 培養により集積されている[16]。この培養系では，アナモックス基質の他，初期に比較的高濃度（1.5 mM）の硝酸を供給しているが，これは海洋環境の嫌気微生物界で優勢な硫酸還元菌の増殖を抑制するためである。その後，ある程度までアナモックス細菌が集積され，上記の stoichiometry（反応式（2））にしたがってアナモックス反応の生産物として硝酸が蓄積するようになると，硝酸を供給する必要はなくなる。

5 アナモックス細菌の形態的特徴とラダーラン脂質

これまでに報告されたPlanctomycetes門の細菌には，アナモックス細菌を含めて共通の形態的特徴がある。いずれの細菌種も細胞壁にペプチドグリカン構造を欠いており，したがってβ-ラクタム構造を標的とした抗生物質に対しては耐性である。またいずれの種も細胞内に単層の細胞内膜（Intracytoplasmic membrane；ICM）に囲まれた細胞内区画が存在する。Pirellula属とIsophaera属では，DNAとリボゾームを含む細胞内区画（riboplasm）のみが存在するが，アナモックス細菌群（Brocadiales目）はriboplasm内にさらにICMで囲まれた第二の区画，"anammoxosome"が存在する（図1）。細胞体積全体の50〜70％を占めているこのanammoxosomeはcytochrome cを多量に含んでおり，おそらくアナモックス代謝がこのanamoxosome周辺で行われていると考えられている。

さらにアナモックス細菌の特筆すべき特徴として，このanamoxosomeを囲うICMを構成するラダーラン脂質（ladderane lipid）が挙げられる（図1）。シクロブタン環ないしシクロヘキサン環が直列で複数連結したこのユニークなシクロブテリン構造は自然界ではきわめて珍しく，今のところアナモックス細菌以外からは見つかっていない。分子モデリングによるとこのラダーラン脂質を含むリン脂質二重層の密度は高く，通常の細胞膜ならば透過性の低分子非極性物質すら通

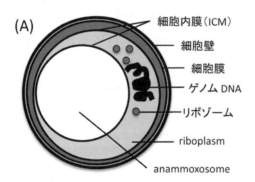

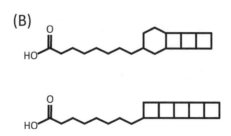

図1　アナモックス細菌の細胞内膜系（A）とラダーラン脂質の構造（B）

第16章　アナモックス細菌の生態と応用

過するのが困難である．アナモックスでは代謝中間体として，反応性の高いヒドラジンや一酸化窒素が多量に生成される．したがって，このような有害な代謝中間体が細胞内の他の構成成分や代謝に悪影響を及ぼさないように，特殊なリン脂質二重層で囲まれた anamoxosome に隔離しているのではないかと考えられている．

6　アナモックス細菌の生理

6.1　アナモックス代謝とエネルギー生産

アナモックス細菌は必要なエネルギーを，1分子のアンモニウムイオンを1分子の亜硝酸イオンで酸化する事により得ている（$\Delta G^{0'} = -275$ kJ mol^{-1} NH$_4^+$）．発見された当初から，反応性が高く非常に強い還元物質であるヒドラジン（N$_2$H$_4$）がアナモックス反応の代謝中間体であることが示唆されていたため，hydroxylamine oxidoreductase（HAO）の働きによってNO$_2^-$から生成したヒドロキシルアミン（NH$_2$OH）とNH$_4^+$からN$_2$H$_4$が形成され，これが酸化されてN$_2$とエネルギーが得られるという代謝モデルが考えられていた．しかし，"K. stuttgartiensis"のゲノムにnitrite reductase（NIR）遺伝子のホモログ（nirS）が存在していたことから，新たな代謝モデルが提案されている[14]．これによるとNO$_2^-$はNIRによって一酸化窒素（NO）に還元され，このNOとNH$_4^+$からN$_2$H$_4$が生成する事になっている（図2）．

生化学的に見れば，アナモックス過程は以下の3つの酸化還元反応において電子の授受が行われる．

① NO$_2^-$からNOを生成（1つのe$^-$が必要）
② NOとNH$_4^+$からN$_2$H$_4$を生成（3つのe$^-$が必要）
③ N$_2$H$_4$から窒素ガスを生成（4つのe$^-$と4つのH$^+$が生成）

結果的にanamoxosomeの膜内外にproton motive forceが形成され，ATPaseが駆動してエネルギーを生産する．この過程の傍ら，一部の電子は炭酸ガスの固定（還元）に利用されることになる．

アナモックス代謝の鍵となる酵素の1つとしてhydrazine dehydrogenase（HZO）が精力的に研究されている．"K. Stuttgartiensis"から精製されたHAOにはヒドラジン酸化活性がみられ，またこの酵素がanamoxosomeに存在する事からアナモックス代謝への関与が強く示唆されている[17]．一方，熊本大学で分離（集積）されたアナモックス細菌（"B. anammoxidans"に近縁なKSU-1株）からは，ヒドラジンのみを基質とするHZOが精製されている[18]．このタンパク質は8個のヘムを持つ二量体で，従来のHAOに一次構造は似ているもののヒドロキシルアミンは反応基質としない．さらにこの菌株からはヒドロキシルアミンのみを基質とするHAOも別に精製され

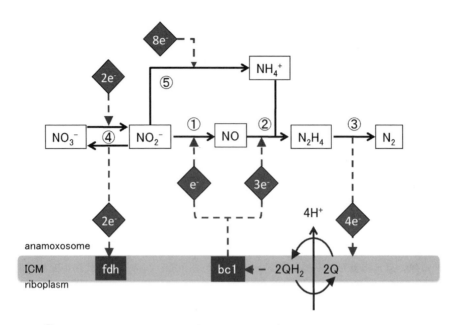

① $NO_2^- + 2H^+ + e^- \rightarrow NO + H_2O$ (Nitrite reductase)
② $NH_4^+ + NO + 2H^+ + 3e^- \rightarrow N_2H_4 + H_2O$ (Hydrazine hydrolase)
③ $N_2H_4 \rightarrow N_2 + 4H^+ + 4e^-$ (Hydrazine dehydrogenase)
④ $NO_3^- + 2H^+ + 2e^- \rightleftarrows NO_2^- + H_2O$ (Nitrate oxidoreductase)
⑤ $NO_2^- + 8H^+ + 6e^- \rightleftarrows NH_4^+ + 2H_2O$ (Dissimilatory Nitrite reductase)

fdh: formate dehydrogenase, bc1: bc1 complex, Q: ubiquinone

図2 アナモックス代謝の推定模式図
それぞれの反応式と触媒する酵素を番号で示す。

ており[19]，いずれのタンパク質についてもそのホモログが"K. stuttgartiensis"のゲノムから見つかっている。これらを含め，"K. Stuttgartiensis"のゲノムにはHAO遺伝子のホモログが9個も見つかっており，これらの酵素群が機能的に分化しているのか，あるいはアナモックス細菌の周辺環境の変化によって使い分けられているのか興味は尽きない。

これまでのところ，NOとNH$_4^+$からヒドラジンを合成する反応（上記②）に関わる酵素（hydrazine hydrolase）遺伝子は特定されていない。また，当初ヒドラジン生成の基質と考えられていたヒドロキシルアミンの役割も未解明である。今後ゲノム科学や生化学などの情報によりアナモックス代謝の全容が徐々に明らかになると思われる。

"K. stuttgartiensis"のゲノムからはnitrate reductase遺伝子である*narGH*も見いだされた。つまり，このアナモックス細菌はNO$_3^-$からNO$_2^-$を経てヒドラジン合成に用いるNOを生成する事ができる。また培養実験からはアナモックス細菌が，有機物などの適当な電子供与体が存在していれば，異化的硝酸アンモニア化（dissimilatory nitrate reduction to ammonium；DNRA）によっ

第 16 章　アナモックス細菌の生態と応用

て NO_3^- から NH_4^+ を生成できる事も示唆されている。つまりアナモックス細菌は本来のアナモックス基質である NO_2^- と NH_4^+ が与えられなくても NO_3^- さえ存在すれば，アナモックス基質を自給できるのである。

6.2　アナモックス細菌の炭酸同化

アナモックス細菌は酢酸菌などに見られる acetyl-CoA 経路（Wood-ljungdahl 経路）により炭酸同化を行っていると推定されており，今までに知られている好気性アンモニア酸化細菌の Calvin-Benson 回路による炭酸同化経路とは明確に異なる。炭酸固定に必要な還元力は亜硝酸の酸化（硝酸化）から得ており，結果的にアナモックス集積培養系では NO_3^- が蓄積することになる。

6.3　アナモックス細菌の多様な生き様

"K. stuttgartiensis" のゲノムには非常に豊富な呼吸系の遺伝子が見つかっており，培養実験からもアナモックス細菌が様々なエネルギー獲得様式を持っている可能性が示されている[14]。実際，"B. fulgida" と "A. propionics" はいずれもプロピオン酸などの有機物を電子供与体としてエネルギーを生産でき，その他に酸化鉄やマンガンを電子受容体にできる可能性も示されている[8,9]。またアナモックス細菌は塩分や温度に対しても幅広い馴化能力を持っており，従来考えられていたよりも多様な環境にアナモックス細菌が適応し，さまざまなエネルギー獲得様式を駆使して生残しているという新たな像が見え始めた。

7　アナモックス細菌の生態と環境における重要性

7.1　海洋環境のアナモックス

NH_4^+ や NO_3^- などの無機態の窒素は多くの場合，植物などの一次生産（primary production）を律速し，陸地や海洋の生態系に大きな影響を与えている。脱窒やアナモックスは生物圏の窒素化合物を気圏の窒素ガスへと変換する経路であり，地球全体の窒素循環を考えるうえできわめて重要である。特に二酸化炭素の最大の吸収源とされる海洋生態系において，生物ポンプ（海洋表層で一次生産者によって固定された炭素が海洋深層に運搬される現象）の駆動力は主に窒素供給によって制限されており，したがって海洋の窒素循環を把握する事は地球温暖化の予測と対策にも関連する。

2003 年，世界最大の嫌気海水塊が存在する黒海において，窒素化合物の鉛直プロファイル，^{15}N トレーサー法，Planctomycetes 門の 16S rRNA 遺伝子を標的とした分子生物学的手法やラダーラン脂質の分布によって，アナモックス細菌が表層の好気水塊と深層の嫌気水塊の境界に生息し

ている事が明らかになった[20]。これにより，アナモックス細菌が海洋生態系において固有のニッチ (niche) を占めている事が確実となった。この発見は，単に微生物生態学的な意義にとどまらず，海洋の物質循環モデルを大幅に再考する契機となったため，その後世界各地でアナモックス細菌やその活性の分布が調査されている。

さて一般に海水中には遊離の NH_4^+ はほとんど存在しない。なぜならば酸素が比較的豊富な海水中では，有機物の無機化により生成した NH_4^+ はすみやかに硝化され NO_3^- へと変換されるからである。また気温が高い地域や季節では，海水塊の密度の違いによって成立する成層（低温・高塩分で密度の高い中深層水と比較的高温で密度の低い表層水がお互いに混合せずに安定する現象）が発達しており，この場合，「一次生産者による窒素同化で，遊離の無機窒素化合物が枯渇した表層」「有機物の無機化により NH_4^+ が供給されると速やかに硝化され，NO_2^- や NO_3^- が生産される亜表層上部」「有機物分解により酸素が消費され，硝酸還元や脱窒が行われる亜表層下部」「微生物の活性が低く，NO_3^- の消費が少ないために NO_3^- が蓄積する中深層」という窒素代謝の鉛直プロファイルが一般的である。このような海洋環境ではアナモックスの代謝基質である酸化型窒素化合物（NO_2^- ないし NO_3^-）と NH_4^+ が共存する場はほとんど存在しない。

しかし黒海のように長期間成層が維持され，しかも周辺の大陸河川から充分な栄養塩が供給されて表層の一次生産が常に旺盛な海域では，沈降した有機物の生物分解によって深層の酸素が消費されて，完全な無酸素状態になる。その結果，黒海の水塊では NH_4^+ が豊富に蓄えられた嫌気深層水と硝化により常に NO_2^- ないし NO_3^- が生成している好気表層水の境界付近でアナモックス細菌の生息場が出現するわけである（図3）。

その他，海流や雪解けあるいは湧昇流など様々な要因によって普段は栄養塩が枯渇した表層海水で一次生産が活発になった場合，生産された有機物は亜表層で活発に分解・無機化されて局所的な酸素消費・NH_4^+ 生産層が出現する（図3）。これが酸素極小層 (oxygen minimum zone；OMZ) であり，その周辺に黒海同様のアナモックス細菌の生息場となり得る好気-嫌気境界層が形作られる事になる。巨大な湧昇により生物生産が活発であるアフリカ大陸西部ナミビア沖や南米大陸西部のペルー沖の亜表層海水には，実際にアナモックス細菌が存在しており[21,22]，この場所での窒素ガス生産に大きな役割を果たしている事が明らかになっている。

アナモックス活性が存在するこれらの水塊は，もともと硝化-脱窒による窒素ガス生産のホットスポットとして地球レベルの窒素循環に大きく寄与していると考えられていた場である。このような水塊で，アナモックス活性が従来型の従属栄養性脱窒の活性より優勢であったことから，アナモックス代謝が海洋全体からの窒素ガス生産（窒素消失）の50%以上を担っているという試算が導きだされている[23,24]。しかし，海洋からの窒素ガス生産の試算にも大きな幅があり，また環境中のDNRAなどの詳細も未だ明らかになっていない事などから，従来型の硝化-脱窒経路と

第 16 章　アナモックス細菌の生態と応用

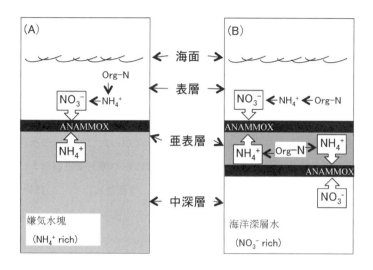

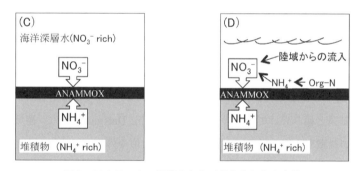

図3　アナモックス細菌の存在が報告された生息場

(A) 閉鎖性水域の嫌気水塊と好気水塊の境界, (B) 生産性の高い表層海水の下に形成される酸素極小層 (oxygen minimum zone；OMZ), (C) 貧栄養な大陸斜面の堆積物, (D) 陸からの栄養塩の供給がある河口の汽水域やマングローブ域。

アナモックス代謝経路のどちらが生物地球化学的に重要であるか, 結論は出ていない。

一方, 海底堆積物もアナモックス細菌の生息場となっていることは, すでに2002年に北大西洋の大陸棚の堆積物で報告されている[25]。海底堆積物では NH_4^+ は沈降有機物の分解・無機化によって, NO_3^- は深層海水からの浸透によって供給可能であるため (もちろん堆積物表層の薄い好気層における硝化も重要な供給源である), 堆積物の表層付近にアナモックス細菌に好適な好気-嫌気境界層が出現する事になる (図3)。すでに世界各地の海底堆積物でアナモックス活性が確認されているほか[26], 河口の干潟やマングローブ林などの堆積物表層にもアナモックス活性が存在していることが報告されている[27,28]。

アナモックス代謝は完全嫌気反応ではあるものの, 海洋環境の代表的な嫌気微生物である硫酸

還元細菌とは共存できないようである。これまでの研究によると，硫酸還元細菌が卓越し，硫化水素（H_2S）が蓄積した嫌気水塊や堆積物深層ではアナモックス細菌は出現しない。バルト海における観測では，通常は嫌気的なバルト海の底層水に酸化的な北海の海水が流れ込んだ時にのみ，アナモックス活性とアナモックス細菌が出現している[29]。大阪湾沿岸のアナモックス細菌調査においても，比較的酸素が供給されやすい干潟の堆積物表層にはアナモックス活性が存在したものの常時無酸素状態の大阪湾内の堆積物には活性が見られなかった[28]。アナモックス代謝自体は完全嫌気下で進行する反応ではあるものの，自然環境下では他の嫌気微生物およびその代謝産物によって生息場を制限されているのかもしれない。ただし，堆積物には多くの動物が生存しており，これらの行動が引き起こす堆積物の混合や物質の移動がアナモックス細菌群集に与える影響は未知である。

アナモックス細菌はNH_4^+については好気性アンモニア酸化微生物と，NO_2^-については亜硝酸酸化細菌や脱窒細菌と基質の競合関係にある。しかし好気性アンモニア酸化細菌はアナモックス細菌に基質（NO_2^-）を供給する役割も果たしており，実際に実験室内のアナモックスリアクターでは両者が共存している様子が観察されている[30]。黒海のアナモックス活性が高い水深の近傍にはγ-proteobacteria に属するアンモニア酸化細菌やアンモニア酸化古細菌（Crenarchaea）が豊富に存在し，アナモックス細菌に酸化型窒素を供給していると推測されている[31]。

一方，有機物によって律速される従属栄養性の脱窒細菌は，利用可能な有機物供給の多寡によってアナモックス細菌と棲み分けているのであろう。実際，Dalsgaard らは，陸域からの有機物負荷が多い沿岸域の貧酸素水塊や堆積物よりも貧栄養な水塊や外洋の堆積物の方が窒素ガス生産におけるアナモックス細菌の寄与率が高く，アナモックス細菌の生存戦略上好適であるのではないかと述べている[26]。

さらに最近，大西洋中部の水深 750 ～ 3650 m の深海の熱水噴出口からもアナモックス細菌の存在が報告[32]されている。この時の ^{15}N トレーサー法の培養温度は 65℃ 以上であることから，この場所のアナモックス細菌は好熱性であることがわかる。

7.2 淡水環境と陸域のアナモックス

海洋環境と比較して，淡水湖沼や河川，そして土壌環境中のアナモックス細菌に関する研究はほとんどなされていない。淡水域で初めてアナモックスの存在が報告されたのは世界で 2 番目に大きいアフリカのタンガニーカ湖の水深 100 ～ 110 m の湖水からである[33]。我々は，茨城県北浦や琵琶湖の堆積物，さらには淀川の河床からアナモックスの活性が見いだしている。特に北浦のある地点では，N_2 生産の 40% 程度がアナモックス経路であり，陸域の窒素循環においてもアナモックスが無視できないことを示唆している。最近になって，土壌からも Brocadiales 目に属す

第 16 章　アナモックス細菌の生態と応用

る 16S rRNA 遺伝子が検出されている[34]ほか，地下水にアナモックス活性が存在する事を示す報告もなされるようになってきた[35]。

7.3　アナモックス細菌群集の種組成

これまでに世界各地の海水や海底堆積物でアナモックス細菌の存在が確認されてきたが，いずれも Scalindua 属，特に "S. sorokinii" に近縁の限られたアナモックス細菌種から構成されており，アナモックス群集の多様性は低かった[36]。しかし，沿岸汽水域やマングローブ域など，淡水と海水が混合する地域では Scalindua 属や Brocadia 属などが入り雑じった多様な種のアナモックス細菌が存在している事が近年明らかになってきた。これまで環境試料からはほとんど検出例のなかった Brocadia 属や Kuenenia 属のアナモックス細菌も淡水環境から検出されつつある。我々が琵琶湖から淀川を経て大阪湾，紀伊水道に至る水系の堆積物試料を解析したところ，Brocadia 属や Kuenenia 属に近縁な種から構成された群集（淡水域）から，"S. wagnerii" を優占種とした多様性の高い群集（汽水域），そして "S. sorokinii" を優占種とする群集（海水域）へと段階的に種組成が変化していた。この事は，塩分によって属レベルの棲み分けがなされている事を意味する。また，同一試料中に多様なアナモックス細菌種が共存することから，特殊な代謝様式をもつアナモックス細菌のニッチが当初考えられていたほど限定的ではないという考えが想起される。今後は環境中でのアナモックス細菌の生存戦略や他の微生物群集との関係など，窒素循環に限定しない，より詳細な研究が期待される。

8　アナモックス細菌の応用

従来の廃水処理（浄化）システムでは硝化-脱窒系によって窒素を除去していた。しかしこのシステムは決して経済的ではない。なぜならば，酸素を必要とし（アンモニア酸化と亜硝酸酸化），汚泥を大量に産生するうえに，適当な電子供与体（メタノールなど）を与えなければならないからである。また副産物として CO_2 や N_2O のような地球温暖化ガスを産生するおそれもある。このような問題点をすべて解決するためにアナモックス反応による廃水処理システムが開発されている。アナモックス細菌の増殖が遅いこと，さらに亜硝酸供給システムや代謝産物の制御など，アナモックス廃水処理システムの課題も多かったものの，最近では実用化の道筋は整いつつある。すでに欧州とアジアの複数の国で規模の大きなプラントが建設されており，今後廃水処理の主流となる事が期待されている。

9 おわりに

　アナモックス細菌はその特殊な代謝経路とともに，ラダーラン脂質のような珍しい脂質の生合成経路を持っていることなど，他の微生物には見られない様々な特質を持っている。堆積物中のラダーラン脂質の分布やその同位体比を解析する事で，過去の気候を推測するという試みもなされており，アナモックス細菌の特殊性を考えると，これまでとは異なる切り口の研究が期待できる[37]。また，多様な代謝経路を持つアナモックス細菌による有用物質生産への期待も大きい。微生物学的に興味深いアナモックス細菌は，今後様々な学問領域と産業において思ってもみない価値を見いだされるのかもしれない。

文　　献

1) E. Broda, *Zeit. Allgem. Mikrobiol.*, **17**, 491 (1977)
2) F. A. Richards, *Chem. Oceanogr.*, **1**, 611 (1965)
3) v. d. A. A. Graaf *et al.*, *Appl. Environ. Microbiol.*, **61**, 1246 (1995)
4) A. Mulder *et al.*, *FEMS Microbiol. Ecol.*, **16**, 177 (1995)
5) M. Strous *et al.*, *Appl. Microbiol. Biotechnol.*, **50**, 589 (1998)
6) M. Strous *et al.*, *Nature*, **400**, 446 (1999)
7) M. Schmid *et al.*, *Syst. Appl. Microbiol.*, **23**, 93 (2000)
8) B. Kartal *et al.*, *Syst. Appl. Microbiol.*, **30**, 39 (2007)
9) B. Kartal *et al.*, *FEMS Microbiol. Ecol.*, **63**, 46 (2008)
10) M. M. M. Kuypers *et al.*, *Nature*, **422**, 608 (2003)
11) Z. X. Quan, *et al.*, *Environ. Microbiol.*, **10**, 3130 (2008)
12) M. Schmid *et al.*, *Syst. Appl. Microbiol.*, **26**, 529 (2003)
13) M. S. M. Jetten *et al.*, *Crit. Rev. Biochem. Mol. Biol.*, **44**, 65 (2009)
14) M. Strous *et al.*, *Nature*, **440**, 790 (2006)
15) I. Schmidt *et al.*, *Appl. Environ. Microbiol.*, **68**, 5351 (2002)
16) v. d. J. Vossenberg *et al.*, *Environ. Microbiol.*, **10**, 3120 (2008)
17) J. Schalk *et al.*, *Biochemist.*, **39**, 5405 (2000)
18) M. Shimamura *et al.*, *Appl. Environ. Microbiol.*, **73**, 1065 (2007)
19) M., Shimamura *et al.*, *J. Biosci. Bioeng.*, **105**, 243 (2008)
20) M. M. M. Kuypers *et al.*, *Nature*, **422**, 608 (2003)
21) M. M. M. Kuypers, *et al.*, *Proc. Nat. Acad. Sci. USA*, **102**, 6478 (2005)
22) M. R., G. Hamersley *et al.*, *Limnol. Oceanogr.*, **52**, 923 (2007)

23) T. Dalsgaard *et al.*, *Nature*, **422**, 606 (2003)
24) J. A. Brandes *et al.*, *Chem. Rev.*, **107**, 577 (2007)
25) B. Thamdrup *et al.*, *Appl. Environ. Microbiol.*, **68**, 1312 (2002)
26) T. Dalsgaard *et al.*, *Res. Microbiol.*, **156**, 457 (2005)
27) R. L. Meyer *et al.*, *Appl. Environ. Microbiol.*, **71**, 6142 (2005)
28) T. Amano *et al.*, *Microb. Environ.*, **22**, 232 (2007)
29) M. Hannig *et al.*, *Limnol. Oceanogr.*, **52**, 1336 (2007)
30) M. S. Jetten *et al.*, *Appl. Environ. Microbiol.*, **63**, 107 (2003)
31) P. Lam *et al.*, *Proc. Nat. Acad. Sci. USA*, **104**, 7104 (2007)
32) N. Byrne *et al.*, *ISME J.*, **3**, 117 (2009)
33) C. J. Schubert *et al.*, *Environ. Microbiol.*, **8**, 1857 (2006)
34) S. Humbert *et al.*, *ISME J.*, doi:10.1038/ismej.2009.125 (2009)
35) K. D. Kroeger *et al.*, *Limnol. Oceanogr.*, **53**, 1025 (2008)
36) M. C. Schmid *et al.*, *Environ. Microbiol.*, **9**, 1476 (2007)
37) A. Jaeschke *et al.*, *Paleoceanography* **24**, PA2202, doi:10.1029/2008PA001712 (2009)

第17章　水田土壌で機能する脱窒細菌群集の土壌DNAに基づく特定とSingle-Cell Isolation

妹尾啓史[*1], 石井　聡[*2]

1　はじめに

　脱窒は，硝酸や亜硝酸が微生物の呼吸の電子受容体として用いられ，一酸化窒素ガス(NO)，亜酸化窒素ガス(N_2O)，窒素ガス(N_2)に還元される反応であり，環境中の窒素循環の重要な部分を担っている。水田土壌は脱窒反応が活発に起こっている環境の1つである。水田の脱窒現象は古くから知られており，大工原銀太郎により著され大正5年(1916年)に発行された土壌学の教科書[1]には大工原らによる実験結果を含めた脱窒に関する記述がすでになされている。その後1930年代に，塩入と青峰は肥料や土壌有機物に由来するアンモニアの一部が土壌表層の酸化層において硝化反応により硝酸イオンに変換され，続いて酸化層直下の還元層において脱窒反応によりN_2に変換され大気へ放出されるという「水田土壌の硝化—脱窒現象」を発見した[2](図1左)。当時の研究は，施用した窒素肥料の損失という観点からなされたものであり，塩入は窒素の損失を防ぐために，窒素肥料を土壌の表面にではなく下層土に施用する事を推奨し，水稲の増産に大きく貢献した。一方，水田は畑土壌と比較して，地下水汚染につながる硝酸イオンの溶脱[3]や温室効果ガスN_2Oの発生[4]が極めて少ないことが知られている。これは脱窒反応による硝酸の除去，N_2への還元に由来するものであり，水田の脱窒反応は環境保全型食糧生産に貢献していると言うことができる。

　脱窒は微生物による反応である(図1右)。脱窒能を示す微生物として，60以上の属に分類される多様な細菌が知られているほか，古細菌，真菌の一部にも脱窒能が見出されている[5]。しかし，水田の脱窒現象が発見されてから1世紀近くになるが，水田土壌の脱窒微生物に関してはこれまで一般的な培養法による限られた知見しか得られていなかった。そこで我々は，土壌DNAを用いた培養に依存しない複数の解析手法により，水田土壌で脱窒を活発に行っている脱窒菌の群集構造を明らかにすることを試みた(図2)。さらに，マイクロマニピュレーターを用いた単一細胞分離法(Functional Single-Cell 分離法)により土壌から脱窒細菌を分離することを試み，土壌DNA解析により見えてきた脱窒細菌群を培養菌株として取得することに成功した。これらの手

[*1] Keishi Senoo　東京大学　大学院農学生命科学研究科　応用生命化学専攻　教授
[*2] Satoshi Ishii　東京大学　大学院農学生命科学研究科　応用生命化学専攻　特任助教

第17章　水田土壌で機能する脱窒細菌群集の土壌DNAに基づく特定とSingle-Cell Isolation

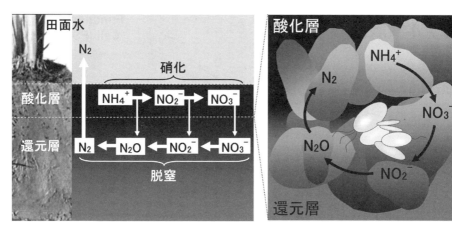

図1　水田土壌における窒素循環

法と成果について紹介する。

2　Stable Isotope Probing (SIP) 法による脱窒細菌群集構造解析[6]

SIP法（安定同位体標識法）は，^{13}C，^{15}N，^{18}Oなどの安定同位体で標識した基質を土壌などの試料に添加して培養を行い，安定同位体を取り込んだDNAやRNAを分離回収して解析することにより，添加した基質を資化した微生物群集を明らかにしようとする手法である[7]。詳細については第1編第3章を参照されたい。

再現性の高い実験系として，次のような室内モデル実験系を設定した（図2）。東京大学農学部附属多摩農場の水田圃場からサンプリングした土壌をバイアルびんに入れ，脱窒菌の基質としての^{13}C-コハク酸（0.5 mg C/g乾土）ならびに脱窒の電子受容体としての硝酸（0.1 mg N/g乾土）を添加し，気相を$Ar-C_2H_2$混合ガスで置換（アセチレンブロック法）して24時間インキュベートした。土壌中のコハク酸と硝酸の濃度を液体クロマトグラフィーで，N_2Oの生成量をガスクロマトグラフィーで測定し，コハク酸と硝酸の減少に対応した脱窒活性の上昇を確認した。コハク酸を選択したのは次の理由による。①この条件においてコハク酸は脱窒を促進し，硝酸からの異化的なアンモニア生成や発酵は起こらない事が報告されている[8]。②コハク酸は幅広い脱窒菌が基質として利用できる[9]。③湛水土壌に存在する有機酸の1つである[10]。なお，本研究では脱窒菌を主なターゲットとしているが，硝酸から亜硝酸までの還元，すなわち硝酸呼吸を行う細菌も増殖する可能性がある。

インキュベート後の土壌からDNAを抽出し，塩化セシウム密度勾配超遠心により^{12}C-DNAを中心とする軽いDNA画分（L画分），^{13}C-DNAを中心とする重いDNA画分（H画分），またそ

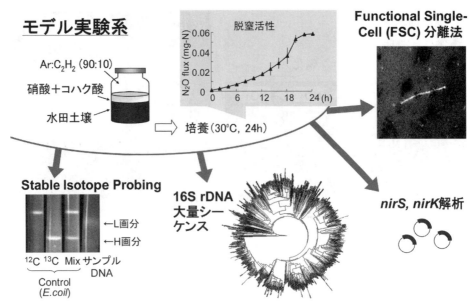

図2 さまざまなアプローチによる水田における脱窒菌群集構造の解析
硝酸およびコハク酸を添加して嫌気条件で培養することによって水田土壌の脱窒活性を高めたモデル実験系を用いた。

の中間の画分（M画分）を分離した。16S rRNA 遺伝子（16S rDNA）を対象としたPCR–DGGE法によってそれぞれに対応する細菌群集構造を解析した。それぞれの画分では異なったバンドプロファイルが見られた。H画分に特徴的なDGGEバンドを切り出して塩基配列を解読し，系統解析を行ったところBurkholderiales, Rhodocyclales（β-プロテオバクテリア），ならびにRhodospirillales（α-プロテオバクテリア）に近縁な微生物に由来することがわかった（図3）。H画分について16S rDNAを対象としたクローンライブラリの解析を行ったところ，DGGE解析と同様の結果が得られた（図4）。さらに，クローンライブラリ解析からはRhodocyclalesに近縁な新規のグループが優占していることも明らかになった。なお，H画分を鋳型として古細菌の16S rDNAおよび真菌類の18S rDNAに特異的なプライマーを用いたPCRを行ったが増幅は見られなかった。

H画分について，脱窒の亜硝酸還元酵素遺伝子 nirS および nirK を対象としたクローンライブラリも作成して解析した。得られた塩基配列から推定されるアミノ酸配列は，BurkholderialesおよびRhodocyclalesに属する脱窒菌の既知のNirSおよび，Rhizobialesに属する脱窒菌の既知のNirKに近縁だった。ただし，NirSのアミノ酸配列に基づく脱窒菌の系統関係は16S rRNA遺伝子の配列に基づく系統関係と2, 3の例外を除いてよく対応するが，NirKについてはその限りでない[11]。

第 17 章　水田土壌で機能する脱窒細菌群集の土壌 DNA に基づく特定と Single-Cell Isolation

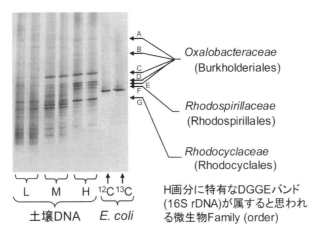

図3　SIP 法で分けられた DNA 画分における細菌群集構造の違いを PCR-DGGE 法を用いて解析した
L：^{12}C-DNA を中心とする軽い DNA 画分；H：^{13}C-DNA を中心とする重い DNA 画分；M：L 画分と M 画分の中間の画分 ^{12}C：^{12}C-コハク酸を取り込んだ大腸菌の DNA；^{13}C：^{13}C-コハク酸を取り込んだ大腸菌の DNA。H 画分に特異的に現れているバンド（A～G）を切り出してシーケンス解析を行った。

以上のことにより，本実験で用いた条件下における水田土壌では Burkholderiales, Rhodocyclales, Rhodospirillales に属する細菌群，ならびに Rhodocyclales に近縁な新規のグループに属する細菌が脱窒活性を高めた条件下でコハク酸を取り込んでいる主要な細菌群であることが明らかとなった。

3　16S rDNA 大量シーケンスによる脱窒細菌群集構造解析[12]

脱窒が活発に起こる土壌と活発でない土壌にそれぞれ由来する大量の 16S rDNA 配列を比較解析することによって脱窒条件下で増殖してくる細菌群を特定することを目的とした。実験には上述の室内モデル実験系（図 2）を用いた。硝酸およびコハク酸を添加して脱窒活性を高めた土壌（TSNS サンプル）の他に，対照として硝酸のみ添加（TSNI サンプル），コハク酸のみ添加（TSSU サンプル），両者無添加（TSCO サンプル）でそれぞれ培養した土壌，さらに培養前の土壌（TSBA サンプル）を用意した。これら 5 つの土壌サンプルから DNA を bead beating を用いた直接法で抽出した。16S rRNA 遺伝子の V3 領域を対象とした PCR-DGGE 法により，5 種類のサンプル間で群集構造に差があるか判断した。さらに 16S rRNA 遺伝子のほぼ全長を対象に PCR を行い，クローニングを経て塩基配列を解読した。それぞれのサンプルにつきサンガー法でシーケンスを行い比較解析した。

上述の 5 種類の土壌サンプルについて，それぞれ 1000 クローン以上をシーケンスし，合計 5312 クローンの塩基配列を解読した。多様な門に属する細菌分類群が見出され，そのなかでも

難培養微生物研究の最新技術Ⅱ

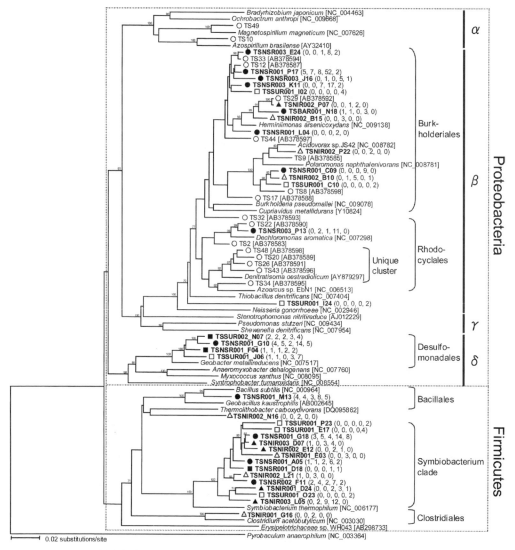

図4 16S rDNAに基づく系統樹におけるSIP法および16S rDNA大量シーケンス解析で得られたクローンの関連性

○：SIP法で得られたクローン；●：硝酸およびコハク酸を添加して脱窒活性を高めた土壌（TSNSサンプル）に特異的に現れたクローン；△：硝酸のみ添加して培養した土壌（TSNIサンプル）に特異的に現れたクローン；□：コハク酸のみ添加して培養した土壌（TSSUサンプル）に特異的に現れたクローン；▲：TSNSおよびTSNIサンプルで共通して増加したクローン；■：TSNSおよびTSSUサンプルで共通して増加したクローン。

Firmicutesが5つのサンプルで共通して優占していることが明らかになった。主成分分析により，無添加土壌，硝酸のみ，あるいはコハク酸のみ添加の土壌と比較して，硝酸およびコハク酸を添加した土壌（TSNSサンプル）はユニークな細菌群集構造を有している事が分かった。テンプレートマッチ解析[13]により硝酸とコハク酸を添加して培養した土壌に特異的に出現したクローンが特

第17章　水田土壌で機能する脱窒細菌群集の土壌DNAに基づく特定とSingle-Cell Isolation

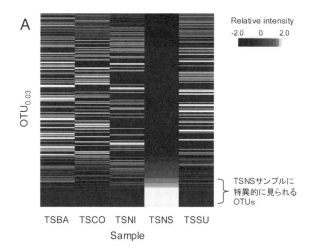

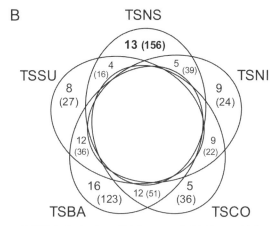

図5　テンプレートマッチ解析[13]を利用した，硝酸とコハク酸を添加して培養した土壌に特異的に出現したクローンの特定

A：テンプレートマッチ解析によって得られたヒートマップの一列。この図では，TSNSに特異的に出現している頻度の順番にクローン（OTUs）を並べてある。
B：それぞれのサンプルに特異的に出現していたOTU（クローン）の数

定でき（図5），相同性解析からBurkholderiales，特に*Herbaspirillum*が特異的に増加していることが明らかになった（図4）。これらの細菌は脱窒が活発に行われる条件で特異的に増殖するものと推定された。この結果は2節で述べたStable Isotope Probingにより得られた結果と一致する。本研究によって水田土壌の細菌群集構造ならびに脱窒活性を高めた条件下で特異的に増殖する細菌群集構造が詳細に明らかになり，16S rRNA遺伝子大量シーケンスの有効性が示された。

　この研究および上記のSIP法による研究では脱窒活性を高めた条件下で増殖する細菌群集を特定したが，それらが脱窒を行うかどうかは16S rDNA解析からだけでは特定できない。それは脱窒能が多様な細菌種に散在しており，また同一の属でも脱窒能を持つものと持たないものが存在

するからである。本研究で特定した細菌が脱窒能を持つことを最終的に確認するためには，単離株の機能遺伝子解析あるいは single-cell genomics による解析が必要である。

4　nirS, nirK 解析による脱窒細菌の多様性と変動解析

　脱窒菌の多様性を解析するための遺伝子マーカーとして，亜硝酸還元酵素（NirS, NirK）の遺伝子（nirS, nirK）を用いた。NirS および NirK はともに亜硝酸を一酸化窒素に還元する反応を触媒するが，NirS はシトクローム型，NirK は銅型である[5]。脱窒菌は NirS または NirK のいずれかを保有し，脱窒菌以外のものはこれらの酵素を持っていない。

　室内モデル実験系（図2）の培養前の土壌ならびに硝酸・コハク酸を添加して培養した後の土壌からそれぞれ DNA を抽出し，nirS および nirK を対象とした定量的 PCR を行った。また，nirS および nirK を対象としたクローンライブラリを作成し，定性的解析も行った。定量的 PCR の結果，土壌の培養後に顕著な nirK コピー数の増加が見られたが，nirS のコピー数には大きな変動は見られなかった。クローンライブラリ解析で得られたクローンは，NirS, NirK アミノ酸配列に基づくいずれの系統樹においても広い分布を示した。Burkholderiales, Rhodocyclales, Rhizobiales に属する既知の脱窒細菌由来の NirS および NirK に近縁なクローンが多く見られた一方で，既知の脱窒細菌の Nir とは近縁でないクローンの存在も示され，このようなクローンは培養後の土壌から多く検出された（図6, 図7）。

　室内のモデル実験系に加えて，フィールドの水田土壌から採取したサンプルを用いても同様の実験を行った[14]。東大農学部附属多摩農場の水田圃場から湛水直前，湛水2週間後，湛水1ヶ月後，湛水2ヶ月後の土壌をサンプリングした。定量的 PCR の結果，フィールド土壌中の nirK の遺伝子量は nirS に比べ多いことが明らかになった。また，湛水2週間後のサンプルで nirK のコピー数は最大になった。モデル実験の結果と同様に，Burkholderiales, Rhodocyclales, Rhizobiales に属する既知の脱窒細菌由来の Nir に近縁なクローンおよび既知の脱窒細菌の Nir とは近縁でないクローンが見出された。

　これらの結果から，水田土壌には新規なグループを含む極めて多様な脱窒菌が存在していること，それら多様な脱窒菌の分布には時期的変動があること，nirK 保有脱窒細菌が nirS 保有脱窒細菌に比べて優占していることが示唆された。

　脱窒微生物の解析には今回用いたような nirS, nirK などの機能遺伝子に基づく培養非依存的手法が多く使われてきたが[5,14〜19]，この手法の弱点は機能遺伝子解析だけでは持ち主を特定できないことである。一方で，先に述べた 16S rDNA に基づく解析だけでは脱窒能の有無を確定することはできない。次に述べる Functional Single-Cell（FSC）分離法で，機能遺伝子（nirS, nirK）

第 17 章　水田土壌で機能する脱窒細菌群集の土壌 DNA に基づく特定と Single-Cell Isolation

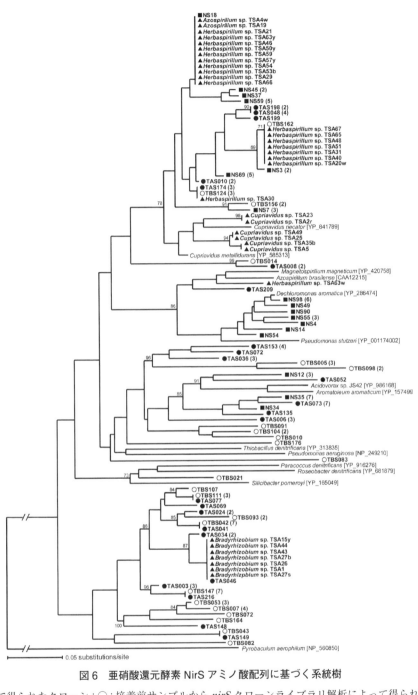

図 6　亜硝酸還元酵素 NirS アミノ酸配列に基づく系統樹

■：SIP で得られたクローン；○：培養前サンプルから *nirS* クローンライブラリ解析によって得られたクローン；●：培養後サンプルから *nirS* クローンライブラリ解析によって得られたクローン；▲：FSC 分離法によって得られた単離株の NirS 配列。

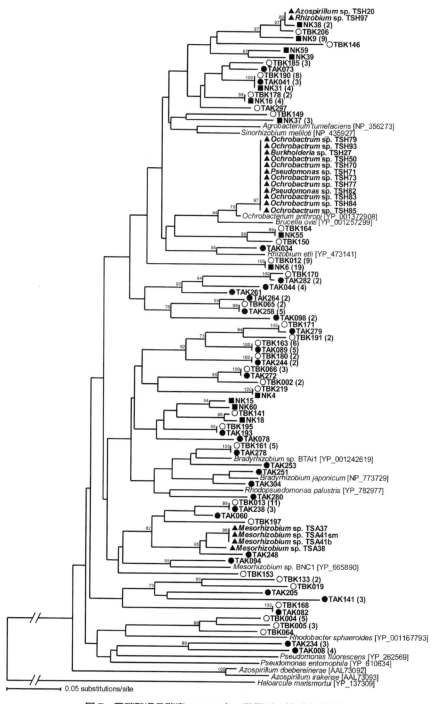

図7 亜硝酸還元酵素 NirK アミノ酸配列に基づく系統樹

■：SIP で得られたクローン；○：培養前サンプルから *nirK* クローンライブラリ解析によって得られたクローン；●：培養後サンプルから *nirK* クローンライブラリ解析によって得られたクローン；▲：FSC 分離法によって得られた単離株の NirK 配列。

第17章 水田土壌で機能する脱窒細菌群集の土壌DNAに基づく特定とSingle-Cell Isolation

と持ち主（16S rDNA）をリンクさせる試みを紹介する。

5 Functional Single-Cell（FSC）分離法による水田土壌からの脱窒細菌の単離・同定

　土壌や海水などの環境試料に酵母エキス等の基質と細胞分裂阻害剤を添加して，増殖・分裂しようとする細菌細胞を伸長させ，それを顕微鏡下で計数することにより，試料中の生菌数を計測するDirect Viable Count（DVC）法[20]が環境微生物研究に用いられてきた。目的とする機能を有する細菌細胞のみが増殖する土壌条件を設定してDVCを行うことも可能である[21]。DVC法と，細菌細胞を生きたまま染色する蛍光染色法，ならびにマイクロマニピュレーションを組み合わせて，目的とする細菌細胞を個別に分離する方法を我々は確立し，Functional Single-Cell 分離法と名付けた。個別分離を行うことにより，土壌に存在している細菌群集の一部を，通常の培養分離法につきものの「セレクション」をかけることなく，いわば「そっくりそのまま」手に入れる事ができるのがこの手法の大きな特徴である。このFSC分離法を土壌からの脱窒細菌の分離に適用し，上記2，3節で見出されてきた活発に脱窒を行っていると考えられる細菌や，上記4節で存在が示された*nir*遺伝子保有脱窒菌を実際に分離する事を試みた。

　上述の水田土壌モデル実験系を用いてFSC分離法を実施した（図2）。このモデル実験系で土壌をインキュベートする際に，土壌に細胞分裂阻害剤ナリジクス酸，ピロミド酸，ピペミド酸[22,23]を添加した。これにより脱窒を活発に行って増殖しようとする細菌細胞を伸長させた。土壌を蛍光染色剤CFDA-AM[24,25]で処理し，蛍光顕微鏡下で伸長細胞をマイクロマニピュレーターにより単離した[26]。なお，今回用いた細胞分裂阻害剤と蛍光染色剤は菌株保存施設から入手した8目10属に属する11種の脱窒菌保存菌株の全てを伸長・蛍光染色することを確認しており，幅広い種類の脱窒菌に有効であると考えられる。

　まず131の伸長細胞を分離しLB培地に植え継いだところ，82サンプルで増殖が見られた。純化とアセチレンブロック法による脱窒能の検定を経て56株が脱窒菌の候補となり，脱窒能検定においてN_2Oガス発生の少ない菌株を除いた36株を脱窒菌とした。また16S rDNAの塩基配列を解読し，系統分類を推定するとともに，亜硝酸還元酵素遺伝子*nirS*，*nirK*のPCR増幅，シーケンス解析を行った。16S rDNAの塩基配列に基づいて，菌株の多くが*Azospirillum*属と*Ochrobactrum*属に分類され，そのほかに*Pseudomonas*属，*Burkholderia*属，*Bacillus*属，*Rhizobium*属が見出された。なおガス発生の少ない菌株の中には硝酸呼吸（硝酸から亜硝酸への還元）を行うと判断されるものが存在していた。

　LB培地で増殖が見られなかったサンプルが多くあったことから，新たに伸長細胞を分離し硝

酸およびコハク酸添加をした1/100NB培地に植え継いだところ，すべてのサンプルで増殖が見られた．純化と脱窒能の検定を経て，脱窒菌62株を得た．LB培地を用いた場合と異なり，*Azospirillum* 属と *Herbaspirillum* 属が優占していた．そのほかに *Pseudomonas* 属，*Burkholderia* 属，*Bacillus* 属，*Rhizobium* 属，*Bradyrhizobium* 属，*Cupriavidus* 属等が見出された．

FSC分離法により水田土壌で機能する脱窒細菌群集構造を明らかにし，多様な分類群に属する幅広い脱窒菌を培養菌株として取得することができた．特筆すべき点は，上述の土壌DNAに基づく手法によって特定してきたユニークな脱窒菌群も分離し，培養菌株として取得できたことである．具体的にはSIP法で検出されたRhodocyclalesに近縁な新規の脱窒菌，16S rDNA大量シーケンスで検出した *Herbaspirillum* に近縁な脱窒菌，SIP法や *nir* クローンライブラリ法で検出した新規 *nirS* および *nirK* の持ち主，などである（図6，図7）．土壌の細菌群集の一部を「そっくりそのまま」分離できる本手法の特徴が発揮された結果と言えるであろう．

さらに，FSC分離法によって単離菌株を得たことで，16S rDNAに基づく解析結果と機能遺伝子解析の結果をリンクさせることができた（図8）．今回の解析によって，NirSおよびNirKの所有関係はいままで知られていた以上に複雑であることが明らかになった．例えば，SIP法で検出されたNirSクローンNS18の持ち主候補は *Azospirillum*，*Bacillus*，*Herbaspirillum* と3目3種にまたがることが明らかになった．NirKでも同様に，SIP法で検出されたクローンNK40の持ち主候補は *Azospirillum* または *Rhizobium* であることがわかった．FSC分離法を用いたことによって，土壌DNA情報と分離菌株情報との間に新しい関係を見出すことができたと言えよう．

6　おわりに

これまでの土壌微生物生態研究では，土壌DNAに基づく分子生態学的手法から得られた成果と，土壌から分離・培養した微生物の解析から得られた成果はそれぞれ独立している場合が多かった．本研究では土壌DNA解析から脱窒に機能している主要な脱窒菌群を特定しただけでなく，FSC分離法により特定した脱窒菌を分離菌株として入手・解析し，土壌DNA情報と分離菌株情報とを繋ぐことができた．今後，例えばメタゲノム解析により土壌のDNA・RNA情報をより詳細に解析するとともに，分離菌株の生理的性質やゲノム情報を取得することによって，両者の関連がより詳細に明らかになり，水田土壌の脱窒現象のより深い理解が可能になるであろう．なお，土壌から分離した単一細胞はたとえ培地で増殖しなくてもゲノム解析が可能である（詳細は第2編第13章を参照）．このような研究戦略は微生物生態研究全般にあてはまると考えられる．その際に，微生物を取り巻く環境条件，物理化学的性質，物質の動態等に関する，いわゆる環境メタ情報も詳細に取得して統合的に関連付けることが重要であろう．

第 17 章　水田土壌で機能する脱窒細菌群集の土壌 DNA に基づく特定と Single-Cell Isolation

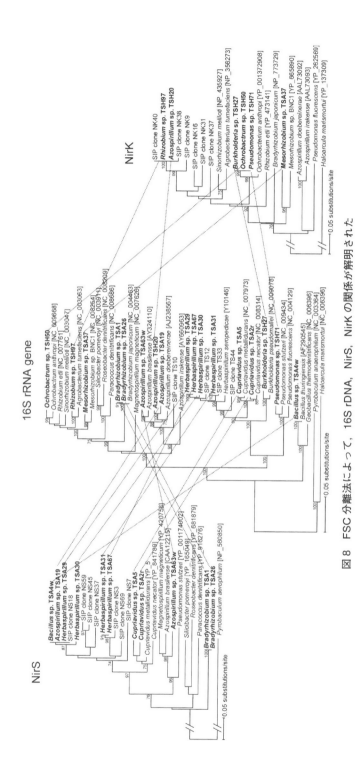

図 8　FSC 分離法によって、16S rDNA、NirS、NirK の関係が解明された

謝辞

本研究は生研センター基礎研究推進事業，農水省 eDNA プロジェクト，ならびに学術振興会科学研究費補助金の支援を受けた。水田土壌試料は東京大学大学院農学生命科学研究科附属農場から分譲して頂いた。FSC 分離法の確立に際して辻堯博士（玉川大学学術研究所），吉村義隆博士（玉川大学農学部）の協力を得た。16S rDNA の大量シーケンス解析には，服部正平博士，大島健士郎博士，菊池真美博士（ともに東京大学大学院新領域創成科学研究科）の協力を得た。斉藤貴之，吉田愛美，早野禎一，山本倫大，芦田直明の各氏には技術協力を頂いた。また，大塚重人博士，多胡香奈子博士（東京大学大学院農学生命科学研究科）には研究全般を通じて貴重な助言を頂いた。ここに記して謝意を表する。

文　　献

1) 大工原銀太郎，土壌学講義　上巻，p.368，裳華房（1916）
2) 塩入松三郎，日本土壌肥料学雑誌，**16**(3)，104（1942）
3) 小川吉雄，農業技術体系　土壌施肥編 3，土壌と活用 IV　16 の 2（1992）
4) S. Nishimura et al., *Soil Sci. Soc. Am. J.*, **69**, 1977（2005）
5) L. Philippot et al., *Adv. Agron.*, **96**, 249（2007）
6) T. Saito et al., *Microbes Environ.*, **23**, 192（2008）
7) E. L. Madsen, *Nat. Rev. Microbiol.*, **3**, 439（2005）
8) 佐藤立夫ほか，土肥誌，**60**，134（1989）
9) K. Heylen et al., *Appl. Environ. Microbiol.*, **72**, 2637（2006）
10) 木村眞人ほか，土肥誌，**48**，540（1977）
11) L. Philippot, *BBA-Gene Struct. Expr.*, **1577**, 355（2002）
12) S. Ishii et al., *Appl. Environ. Microbiol.*, **75**, 7070（2009）
13) S. Ishii et al., *J. Microbiol. Meth.*, **78**, 344（2009）
14) M. Yoshida et al., *Soil Biol. Biochem.*, **41**, 2044（2009）
15) G. Braker et al., *Appl. Environ. Microbiol.*, **64**, 3769（1998）
16) S. Henry et al., *J. Microbiol. Meth.*, **59**, 327（2004）
17) E. Kandeler et al., *Appl. Environ. Microbiol.*, **72**, 5957（2006）
18) I. Throbäck et al., *FEMS Microbiol. Ecol.*, **49**, 401（2004）
19) T. Katsuyama et al., *Microbes Environ.*, **23**, 337（2008）
20) K. Kogure et al., *Can. J. Microbiol.*, **25**, 415（1979）
21) C. Bakermans and E. L. Madsen, *J. Microbiol. Meth.*, **43**, 81（2000）
22) F. Joux and L. Lebaron, *Appl. Environ. Microbiol.*, **63**, 3643（1997）
23) S. Wu et al., *Microbes Environ.*, **24**, 33（2009）
24) S. Fukunaga et al., *Geomicrobiol. J.*, **22**, 361（2005）
25) T. Tsuji et al., *Appl. Environ. Microbiol.*, **61**, 3415（1995）
26) N. Ashida et al., *Appl. Microbiol. Biotechnol.*, in press

第18章　嫌気的脱ハロゲン化と環境保全

片山新太[*]

1　残留性の高い有機ハロゲン化合物

　有機ハロゲン化合物には，各種洗浄溶媒として用いられた脂肪族塩素化合物と絶縁物や殺菌剤として用いられた芳香族塩素化合物，それから有機塩素系殺虫剤として用いられた環状脂肪族塩素化合物等がある。有機塩素化合物の残留性や毒性は，その塩素原子の置換位置と数によって大きく異なるが，一般には塩素数が多くなると残留性や毒性が高まることが多い。残留性が高いことは，すなわち厳しい環境中でもその特性を変えないで長期間使えることから，当初は環境中で安定な化学物質として重用されたものが多い（例えば，トリクロロエチレンやポリ塩化ビフェニル）。アルドリン等の環状脂肪族塩素化合物やDDTおよびγ-ヘキサクロロシクロヘキサンは，1950年代～1970年代前半に農薬（殺虫剤）として使われた。しかし現在では，これら有機ハロゲン化合物の長期残留性や生体内での蓄積性・毒性が問題となって，1970年代以降，使用が禁止されてきた。環状脂肪族塩素化合物や芳香族塩素化合物は，ストックホルム条約で早急に対応が必要な残留性有機汚染物質としても管理対象化合物として指定されている（図1）。また，半導体製造での洗浄溶媒として，あるいはドライクリーニング溶媒として用いられた脂肪族塩素化合物（テトラクロロエチレンやトリクロロエチレン等）も，その毒性から使用が禁止されるに至っている。

　これらの物質の中で，PCBは用禁止後に保管場所から遺漏して環境に放出される場合が多く起こっており，またダイオキシンやジベンゾフラン類の場合は非意図的に環境中に放出されている。その結果，環境中に低濃度で広く分布し，いわゆる「食物連鎖」によって野生生物に蓄積し，また大気圏を介した長距離輸送によって極地方に集積し，極地方に生きる生物の健康を脅かしている。脂肪族塩素化合物の場合は，非常に多くの量が半導体工場等で用いられ，その間に地盤（地下水）中に遺漏する汚染が世界中で起こっている。これらの化合物はいずれも残留性が高いが，長期的モニタリングによれば，1970年代に販売使用が禁止されて以降は，徐々に環境中濃度が低下してきている。この濃度の低下は分解によるものである。環境中で起こる分解には，光分解や化学的加水分解もあるが，主な分解は微生物の働きによるものである。そこで，微生物を用いて有機塩素化合物を分解して環境浄化を行うことが試みられるようになった。

---

　[*]　Arata Katayama　名古屋大学　エコトピア科学研究所　教授

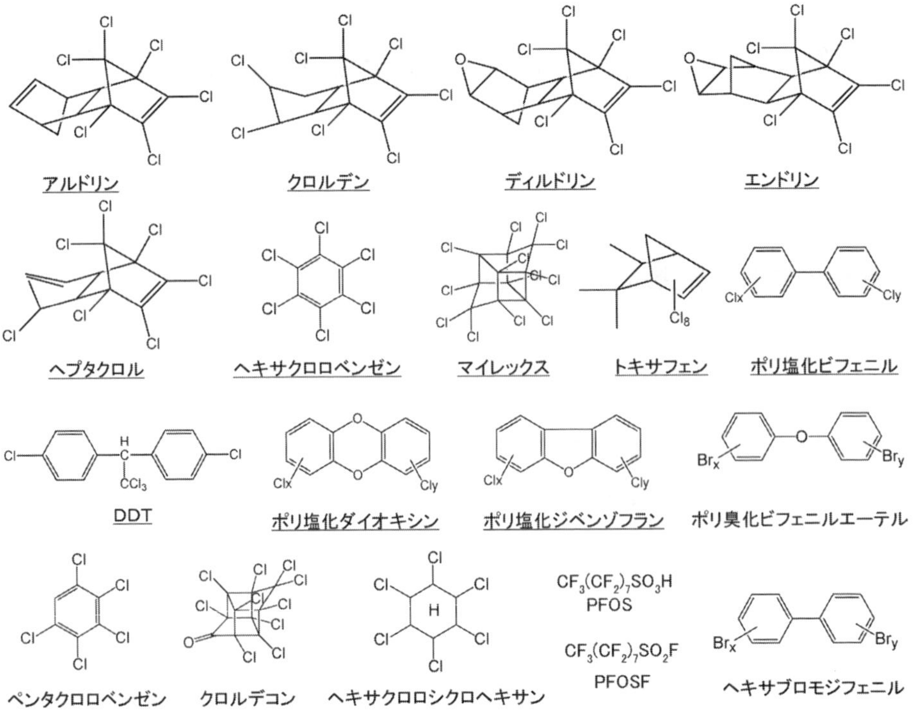

図1 残留性有機汚染物質に関するストックホルム条約（2001年5月締結，2004年5月発効）で指定された早急な対応が必要な12化合物（下線の引いてあるもの）と，2009年5月の第4回締約国会議で新たに指定された9化合物（下線の引いて無いもの）

ポリ臭化ジフェニルエーテルではx + y = 4～7の物質が含まれる。ヘキサクロロシクロヘキサンでは，γ異性体（リンデン），α異性体，β異性体が含まれる。PFOSは，パーフルオロオクタンスルホン酸の略，PFOSFはパーフルオロオクタンスルホン酸フルオリドの略。

　微生物による有機ハロゲン化合物の分解反応は，有機ハロゲン化合物の脱ハロゲン反応と，脱ハロゲン化の後に残る炭化水素の酸化反応に分けられる。一般に，環境中では前者の反応が律速となって分解が進まないことが多く，一方で脱ハロゲン化された塩素数の少ない化合物は，多様な微生物によって分解を受けやすく環境中での半減期も短いことが多い。したがって，環境浄化のためには，脱ハロゲン化反応が重要と考えられ，有機ハロゲン化合物の脱ハロゲン化技術につながる微生物の研究が行われてきた。脱ハロゲン化反応には，好気的酸化反応，加水分解反応，嫌気的還元反応などがある。この内，嫌気的（還元的）脱ハロゲン化反応が，嫌気的な地下地盤の環境下で利用でき，且つその還元反応によって微生物が増殖することから注目されるようになった。嫌気的脱ハロゲン反応が起こることは，古くから観察されてきたが，近年まで，その反応を担う微生物は不明なままであった。1990年代以降，嫌気性微生物の培養技術や分子解析技術の発展により，多くの嫌気性脱ハロゲン化微生物が単離され，その脱ハロゲン化メカニズムが明らかにされてきた。そこでここでは，この嫌気的脱ハロゲン化反応について解説する。

2 嫌気微生物による脱ハロゲン化反応

脂肪族塩素化合物は，塩素数が3個（例えばトリクロロエチレン）までは好気性微生物による酸化分解も観察されるが，テトラクロロエチレンの様に塩素数が4個になると，好気性微生物では酸化分解されなくなり，むしろ嫌気的な脱塩素反応が見られるようになる。これは，酸化還元電位が高い塩素数の多い化合物は，①微生物が電子供与体として使いにくい上に，炭素の酸化反応（電子引き抜き反応）を塩素がブロックしていること，②酸化還元電位が高い化合物は電子受容体として脱塩素反応しやすくなることが理由と考えられる。図2には，これまでに知られている脂肪族塩素化合物の嫌気的脱塩素反応経路をまとめた[1]。還元的脱塩素反応，脱2塩化反応，脱塩化水素反応，脱塩素化反応，嫌気的直接分解が観察されている。

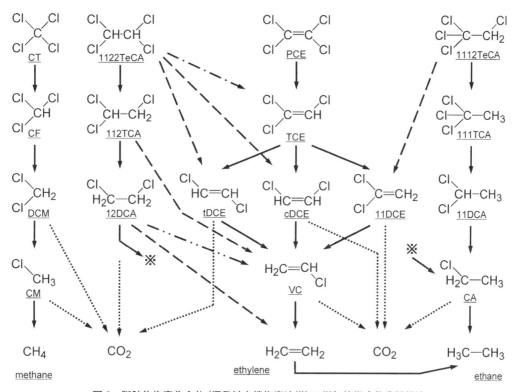

図2　脂肪族塩素化合物（揮発性有機塩素溶媒）の嫌気的微生物分解経路

実線：還元的脱塩素反応，点線：嫌気的直接分解反応，破線：脱2塩素化反応，一点鎖線：脱塩化水素反応，二点鎖線：脱塩素化反応，CT：四塩化炭素，CF：クロロフェルム，DCM：ジクロロメタン，CM：クロロメタン，1122TeCA：1,1,2,2,-テトラクロロエタン，112TCA：1,1,2-トリクロロエタン，12DCA：1,2-ジクロロエタン，PCE：テトラクロロエチレン，TCE：トリクロロエチレン，tDCE：trans-1,2-ジクロロエチレン，cis-1,2-ジクロロエチレン，11DCE：1,1-ジクロロエチレン，VC：塩化ビニル，1112TeCA：1,1,1,2-テトラクロロエタン，111TCA：1,1,1-トリクロロエタン，11DCA：1,1-ジクロロエタン，CA：クロロエタン（Interstate Technology & Regulatory Council Bioremediation of Dense Nonaqueous Phase Liquids (Bio DNAPL) Team 2005）。

難培養微生物研究の最新技術 II

　芳香族塩素化合物の脱塩素反応も塩素数が増すにつれて好気性酸化分解を受けにくくなり，嫌気性脱塩素反応を受けやすくなる傾向は同じである。ポリ塩化ビフェニルの例では，塩素数が4個までのもの(特に片方の芳香環に塩素を含まないもの)は，ビフェニルジオキシゲナーゼによって酸化分解を受けるが，塩素数が5個以上になると好気性微生物による酸化分解を殆ど受けない。むしろ嫌気的脱塩素反応が起きやすくなる。また，塩素の位置によって脱塩素反応を受けやすい塩素と受けにくい塩素がある。ポリ塩化ビフェニルを脱塩素する微生物群によって，どの位置の

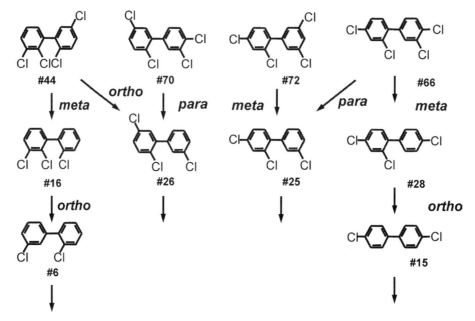

図3　嫌気性微生物群によるポリ塩化ビフェニルの嫌気的脱塩素経路の例
(Baba *et al.* 2007)

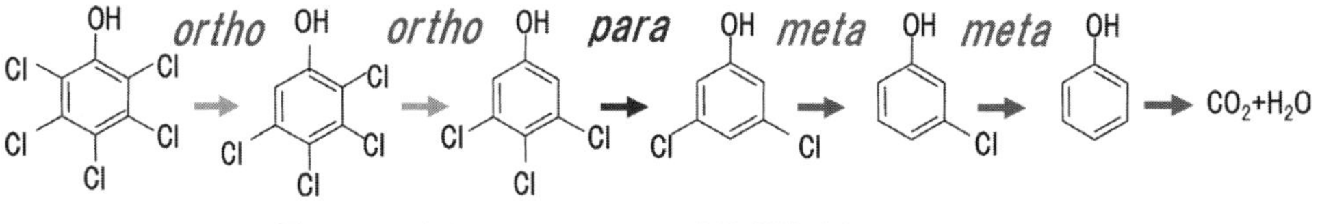

図4　ペンタクロロフェノールの嫌気性微生物分解経路の例
オルト位，パラ位，メタ位の順に脱塩素反応が起こっている (Yang *et al.* 2009; Yoshida *et al.* 2007)。

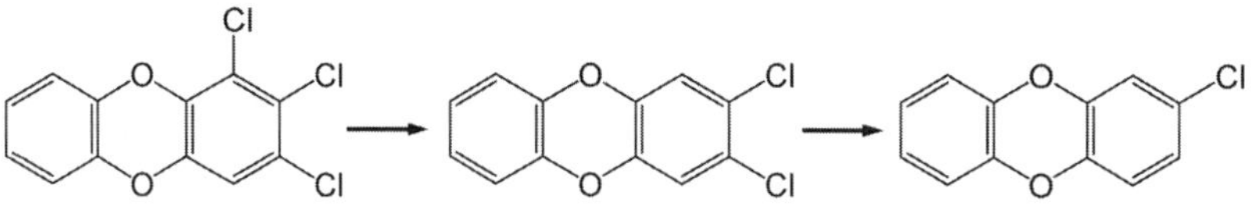

図5　1,2,3-トリクロロジベンゾ-p-ダイオキシンの脱塩素反応の例
1位の次に3位の脱塩素が起こっている (Yoshida *et al.* 2009)。

第18章 嫌気的脱ハロゲン化と環境保全

塩素も区別無く脱塩素するもの[2]（図3）と，2つの塩素が隣り合った炭素についている場合に脱塩素反応が起きやすいものなど[3]，その傾向は異なっている。一方，クロロフェノールの場合は，一般にオルト位→パラ位→メタ位の順で脱塩素反応が進む[4]（図4）。ポリ塩化ダイオキシンの嫌気的脱塩素反応[5]（図5）は，まだ例が少なく，塩素の位置による違いがあるのかまだ不明である。

アルドリンやディルドリンの様な環状脂肪族塩素化合物の還元的脱塩素反応は，ヘキサクロロシクロヘキサンを除いて報告事例はまだない。ヘキサクロロシクロヘキサンの場合は，*Sphingomonas* 属細菌による好気性条件下での還元的脱塩化水素反応によって1,3,5-トリクロロベンゼンが生成して分解が進むことが知られている[6]。

3 嫌気性脱ハロゲン化微生物

表1にこれまでに知られている脱ハロゲン反応を行う主な嫌気性微生物をまとめた。脱ハロゲン化を行う微生物には，脱ハロゲン化によって増殖できるものとできないものがある。前者は，電子供与体からの電子を還元的デハロゲナーゼ（脱ハロゲン化酵素）に伝え，有機塩素化合物を電子受容体として脱ハロゲン化を行い，その結果生じるプロトンによる化学浸透圧がATP生産に結びついていることが報告されている（図6）[7~9]。これは脱ハロゲン呼吸と呼ばれている。脱ハロゲン化がATP生産に結びつかない場合はコメタボリズム（共役代謝）と呼ばれ，*Enterobacter* 属細菌や *Clostridium* 属菌の中に，コメタボリズムによる脱ハロゲン反応をしているものが報告されている。

脱塩素微生物は，電子供与体として，水素，ギ酸，乳酸，ピルビン酸，酢酸のいずれかまたは複数を用いることができる。そこで得られる電子は，先に図6でふれた様に，水素／水素イオン（標準酸化還元電位（pH = 7），$Eo' = -410$ mV）からメナキノン／メナキノール（$Eo' = -74$ mV）等を通して還元的デハロゲナーゼに伝達されるものと考えられている。図7に示すように，有機塩素化合物の脱塩素反応における酸化還元電位は＋側にあり，有機塩素化合物は，容易に電子受容体として機能することが予想される[1]。しかし，テトラクロロエチレン（$Eo' = +580$ mV）やトリクロロエチレン（$Eo' = +540$ mV）の脱塩素反応は，インビトロ試験では酸化還元電位が－360 mV以下にならないと起こらないことが観察されている[7]。その様な低い酸化還元電位は，還元的デハロゲナーゼの活性中心のコバルト（I）／（II）の系が，$Eo' = -350 \sim -600$ mVという低い酸化還元電位を持つためと考えられ，シアノコバラミンが脱塩素反応には重要な役割を果たしているという解釈の根拠となっている。

電子供与体と電子受容体となる物質の酸化還元電位の差が，得られるエネルギーとなるため，電子受容体の還元反応の酸化還元電位が高いほど得られるエネルギー量が多くなる。逆に電子受

難培養微生物研究の最新技術 II

表1 有機塩素化合物の塩素を除去する能力を持つ微生物*

嫌気性微生物	脱塩素できる有機塩素化合物	他に利用できる電子受容体，または還元できる物質
Anaermyxobacter	クロロフェノール類	硝酸塩，フマール酸，酸素
Clostridium	PCE，TCE，1,1-DCE，cis-DCE，ジクロロペンタン，1,1,2-トリクロロエタン，1,2-ジクロロエタン	
Desulfomonile	PCE，3-クロロ安息香酸，ペンタクロロフェノール	フマール酸，硫酸塩，亜硫酸塩，チオ硫酸塩，硝酸塩
Desulfovibrio	2-クロロフェノール	硫酸塩
Desulfuromonas	PCE，TCE	硫酸還元能，フマール酸，鉄(III)イオン
Geobacter	PCE	鉄(III)還元能，他の金属イオンの還元能
Sulfurospirillum	PCE，TCE，四ヨウ化エタン	フマール酸，硝酸塩
Dehalospirillum	PCE，TCE	
Desulfitobacterium	水酸化ポリ塩化ビフェニル，クロロフェノール類，PCE，TCE，3-クロロ-4-ヒドロキシフェニル酢酸，ヘキサクロロエタン，ペンタクロロエタン，テトラクロロエタン	亜硫酸，チオ硫酸塩，イオウ，硝酸塩，フマール酸，硝酸，Mn(IV)還元能，As(V)還元能，Se(VI)還元能
Dehalobacter	PCE，TCE，1,1,1-トリクロロエタン，β-HCH(セディメントバクターとの共存下)，ポリ塩化ビフェニル，ポリ塩化ジベンゾダイオキシン	
Dehalococcoides	PCE，TCE，1,1-DCE，cis-DCE，trans-DCE，VC，TCE，クロロベンゼン類，クロロフェノール類，ポリ塩化ジベンゾダイオキシン，ポリ塩化ジベンゾフラン，ポリ塩化ビフェニル	

*これまでに報告された個々の単離菌が脱塩素できる有機塩素化合物を属名ごとに整理した表。個々の単離株が，リストした全ての有機塩素化合物を脱塩素するわけではない。

容体の酸化還元電位が低くなると得られるエネルギーが小さく，微生物の増殖速度も小さくなる。自然界では，酸素／水の酸化還元電位が最も高く，ついで硝酸還元(脱窒)，マンガン還元，鉄還元，硫酸還元，メタン生成という順で低くなる。したがって，それらの反応(呼吸)を行う微生物の増殖速度の大小関係も同じ順となる。有機塩素化合物の場合は，塩素数が多くなるほど酸化還元電位が高く，還元的脱塩素反応が起こりやすい[8,10,11]。地下水汚染の事例が多いテトラクロロエチレンが，トリクロロエチレン，cis-1,2-ジクロロエチレン，塩化ビニルを通して，最終的にエチレンまで還元的脱塩素される際には，図7に示すように cis-1,2-ジクロロエチレン／塩化ビニルのステップが最も酸化還元電位が低く反応速度も低いことが予想される。このことは，嫌気環境中でテトラクロロエチレンの汚染が見られるサイトには cis-1,2-ジクロロエチレンが蓄積する事例が多いことと良く一致している。また，酸化還元電位が高い 1,1,2,2-テトラクロロエタン等の物質では，脱2塩素化反応の方が還元的脱塩素反応に較べて進みやすくなることが知られている。一般に，より上位の電子受容体を使う微生物が増殖している際には，より下位の電

第 18 章　嫌気的脱ハロゲン化と環境保全

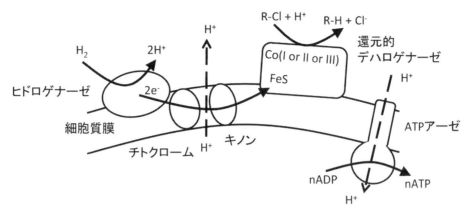

図 6　水素を電子供与体として用いる還元的脱塩素反応による化学浸透圧による ATP 生成の想像図
細胞質膜の下が細胞質，上部はペリプラズム空間である。水素からヒドロゲナーゼの働きによって得られた電子は，チトクロームおよびキノンから成る電子伝達系を通って鉄イオウタンパク質に伝達され，還元的デハロゲナーゼの活性中心として働くコバルトを還元し，コバルトと有機塩化合物が反応して脱塩素および水素添加を起こす。最終的に，細胞外に蓄積したプロトンによって生じる化学浸透圧が，ATP アーゼを通して ATP 生成に用いられる。ここでは，細胞外側に還元的デハロゲナーゼを描いているが，細胞内側でも浸透してきた有機塩化合物の脱塩素をすることが可能である。電子供与体が水素ではなく他の有機物である場合は，ヒドロゲナーゼではなく，NADH デヒドロゲナーゼによる NADH/NAD$^+$ の反応から電子を受け取る (Haeggblom and Bossert 2003 ; Hollinger et al. 1999 ; Villemur et al. 2006)。

子受容体を使う微生物は殆ど増殖しない（下位の電子受容体が使われない）。酸素存在下でも（好気性条件でも），1,1,2,2-テトラクロロエタンから cis-1,2-ジクロロエチレンへの脱 2 塩素化反応は進むことが予測されている[10]。

　嫌気性脱ハロゲン化微生物の系統分類上の位置はクロロフレキシ門，ε-プロテオバクテリア綱，δ-プロテオバクテリア綱，ファーミキューテス門に広がって多様である（表 1）。2009 年現在までの報告をみるかぎり，分類学上の位置と脱ハロゲン呼吸能力の間には特別な関係は無いように思われる。塩化ビニルを脱塩素できる単離菌として *Dehalococcoides* 属細菌しか報告が無い[12]点が，唯一，分類学的位置と脱ハロゲン呼吸能力の関係を示す例である。脱塩素能を持つ多くの嫌気性細菌が，硝酸塩，鉄酸化物，硫酸塩等の一般環境中に存在する電子受容体を使うことができる通性脱ハロゲン化細菌である（表 1）のに対し，*Dehalococcoides* 属細菌と *Dehalobacter* 属細菌は，有機塩素化合物しか電子受容体に用いることができない偏性脱ハロゲン化細菌である。この様な細菌がどの様にして生まれたのか，生物進化の観点から興味深いところである。

　また，同じ属の微生物が脱ハロゲン呼吸できる有機塩素化合物の種類も多様である。脂肪族塩素化合物も芳香族塩素化合物もいずれも電子受容体として用いることができる例が *Desulfitobacterium* 属細菌や *Dehalococcoides* 属細菌でみられ[6, 13]，1 菌株に複数のデハロゲナーゼの存在の可能性と低い基質特異性の可能性の 2 つが考えられている。*Dehalococcoides* 属細菌，*Dehalobacter*

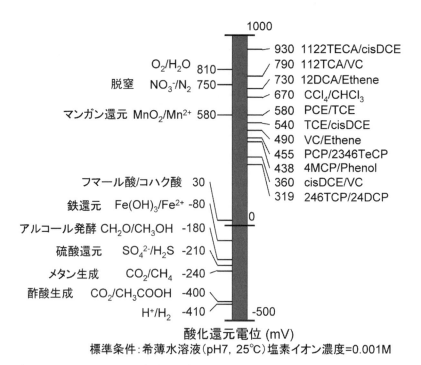

図7 自然界で用いられる電子受容体の標準酸化還元電位および有機塩素化合物の酸化還元電位

図中の物質を示す記号は以下のようである。1122TECA：1,1,2,2-テトラクロロエタン，cis-DCE：cis-1,2-ジクロロエチレン，112TCA：1,1,2-トリクロロエタン，VC：塩化ビニル，12DCA：1,2-ジクロロエタン，PCE：テトラクロロエチレン，TCE：トリクロロエチレン，PCP：ペンタクロロフェノール，2346-TeCP：2,3,4,6-テトラクロロフェノール，4MCP：4-クロロフェノール，246TCP：2,4,6-トリクロロフェノール，24DCP：2,4-ジクロロフェノール（Interstate Technology & Regulatory Council Bioremediation of Dense Nonaqueous Phase Liquids (Bio DNAPL) Team 2005 ; Nicholls 1982 ; Villemur *et al*. 2006 ; Vogel *et al*. 1987）。

属細菌，*Desulfitobacterium*属細菌の全ゲノムあるいは還元的デハロゲナーゼ遺伝子の配列が決定され，デハロゲナーゼの遺伝学的解析も進みつつある。*Desulfitobacterium*属細菌のテトラクロロエチレンおよびオルトクロロフェノール類の還元的デハロゲナーゼをコードする遺伝子が比較され，還元的デハロゲナーゼの必須補欠分子団である鉄イオウタンパク質の結合部位には，テトラクロロエチレンとオルトクロロフェノールの還元的デハロゲナーゼに共通するモチーフが見いだされている[8]。

4 脱ハロゲン化微生物の培養方法

表2に，脱ハロゲン化培地の例を示す[4]。電子供与体として水素，ギ酸，乳酸，ピルビン酸，酢酸のいずれかまたはそれらを組み合わせたものが用いられる。また，コバルトを含む微量金属元素，シアノコバラミンを含むビタミン類を添加するのが一般的である。培地中の酸素を窒素で

第18章 嫌気的脱ハロゲン化と環境保全

表2 脱塩素微生物を集積するための培地の一例

*Basal medium	40 ml
****1/10 diluted Vitamine solution	1%
*****Reductant solution	1%
******Electron donor solution	1%
*******Electron acceptor solution	1%
Headspace: N_2/CO_2 = 50/50	
	pH 7 〜 7.2
*Basal medium (L^{-1})	
NH_4Cl	1 g
$CaCl_2 \cdot 2H_2O$	0.05 g
KH_2PO_4	0.4 g
$MgCl_2 \cdot 6H_2O$	0.1 g
MOPS (200 mM) pH = 7.0	100 ml
Resazurin solution (5 mg/L)	1 ml
**Trace elements SL-10 solution	1 ml
***Se/W solution	1 ml
**Trace elements SL-10 solution (L^{-1})	
HCl (25%)	10 ml
$FeCl_3 \cdot 4H_2O$	1.5 g
$ZnCl_2$	0.07 g
$MnCl_2 \cdot 4H_2O$	0.1 g
H_3BO_3	6 mg
$CoCl_2 \cdot 6H_2O$	0.19 g
$CuCl_2 \cdot 2H_2O$	2 mg
$NiCl_2 \cdot 6H_2O$	0.024 g
$Na_2MoO_4 \cdot 2H_2O$	0.036 g
***Se/W solution (L^{-1})	
NaOH	0.5 g
$NaSeO_3 \cdot 5H_2O$	3 mg
$Na_2WO_4 \cdot 2H_2O$	4 mg
****Vitamine mix solution (L^{-1})	
Biotin	20 mg
Folic acid	20 mg
Poridoxine-HCl	100 mg
Thiamine-HCl_2H_2O	50 mg
Rivaflavin	50 mg
Nicotinic acid	50 mg
Pantothenic acid	50 mg
Vitamine B12	50 mg
p-Aminobenzoci acid	50 mg
Thioctic acid	50 mg
*****Reductant solution	Ti (III)-NTA (〜 350 mM) または Na_2S (〜 0.1%)
******Electron donor solution	H_2, format, acetate, pyrurate または lactate (〜 20 mM)
*******Electron acceptor solution	Chlorinated organics, Sulfate または FeOOH (〜 1 mM)

置換した後，更に還元剤（硫化ナトリウム，チタン（III）錯体など）で残留する微量酸素を除去するとともに酸化還元電位を低下させる。その際の指示薬として一般にレサズリンが用いられる。最後に電子受容体として，有機塩ハロゲン化合物を加えて培養を行う。脱ハロゲン化細菌の多くは，弱アルカリ（pH = 7〜7.5）条件で脱ハロゲン活性が高いので，そのpHとなるように調整する。培養はブチルゴム栓をした嫌気ボトルまたは嫌気チューブで行い，そのヘッドスペースは，窒素，二酸化炭素と窒素，または水素と二酸化炭素で置換する場合が多い。

電子受容体として加える有機塩素化合物は，いずれも難水溶性であるが，その程度は物質によって大きく異なる。脂肪族塩素化合物の場合は，例えばテトラクロロエチレンの水溶解度が150 mg/L（20℃），トリクロロエチレンの水溶解度が1000 mg/L（20℃）と，そのままでも微生物の増殖には十分な溶解度があることから，特に溶解補助剤は用いられない。むしろ揮発性のために培養液中から無くなることを防ぐことを目的として，ヘキサデカンのような殆ど水に溶けない溶媒を用いて，そこから徐々に塩素系溶媒が培地に供給される方法がとられる。しかし，ポリ塩化ビフェニルの様な芳香族塩素化合物の場合は，溶解度がμg/Lのレベルで非常に低い（表3）ため[14]，アセトン，アルコール，トルエン等の溶解補助剤が用いられる。アセトンやアルコールのような両親媒性溶媒を用いると，培地中により高濃度に溶かすことができるが，これらの溶媒は嫌気性微生物に阻害的な場合もあり注意が必要である。またトルエン（水溶解度470 mg/L（20℃））は，数百 mg/Lレベルの水溶解度があり，トルエンとともに水に分散される有機塩素化合物の溶解度を電子受容体として用いられるのに足るレベルまで増加させることができる。また嫌気性微生物に対する阻害の報告例もほとんど無いことから，この様な目的に良く用いられる。微生物の増殖の観点からみると，この難水溶性が，原位置で有機塩素化合物が電子受容体として還元（脱塩素）される速度および脱ハロゲン微生物の増殖が遅い大きな原因となっていると考えられる。

脱ハロゲン微生物の集積から単離までは，微生物の増殖速度が小さいので，活性の確認をするまでに長期間かかることが多い。一般に，集積培養は，脱ハロゲン反応が起こったことを代謝産物の生成から確認した後，培養物の一部を取り出して同じ組成の培地に植え継ぐことによって行なわれる。嫌気性微生物群の集積培養では，培養物中に土壌が存在しないと活性が失われる場合も多くみられ，その場合は土壌を含まない培養系にすることが第一の課題となる。集積に成功して活性が高くなると，そこから菌の分離を行う。しかし，脱ハロゲン微生物の集積物として活性がかなり高くなっても，まだ多くの微生物が共存していることが多い。それは，脱ハロゲン微生物の多くが，水素供給微生物（発酵性微生物）による水素供給を得てはじめて，脱ハロゲン反応を実現する場合が多いためと考えられる（図8）[15]。単離の難しい微生物群は，安定な溶液系集積培養物が得られた時点で，その中に含まれる微生物，用いることのできる電子供与体と受容体の種類と濃度，および胞子形成能に関する生理学的特徴付けが行われる。また，更に，クロラムフェ

第18章　嫌気的脱ハロゲン化と環境保全

表3　ポリ塩化ビフェニルの水溶解度（Mackey 1980）*

塩素数別グループ	水溶解度の範囲（μg/L）
ビフェニル	7500
Mono-Cl	1000〜6000
di-Cl	100〜1500
tri-Cl	15〜650
tetra-Cl	6〜180
penta-Cl	0.8〜31
hexa-Cl	0.4〜10
hepta-Cl	0.4〜
octa-Cl	0.18〜7
nona-Cl	0.1
deca-Cl	0.016

＊難溶性物質の水溶解度の測定には誤差が多く含まれるので，傾向を示す数字をして理解されたい。

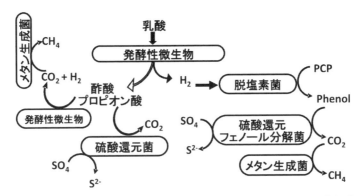

図8　嫌気性条件下でペンタクロロフェノールを二酸化炭素まで分解する微生物群の想像図

脱塩素菌によるペンタクロロフェノール（PCP）のフェノールへの脱塩素化反応は乳酸を発酵する微生物の生成する水素によって維持され，フェノール分解菌は硫酸還元を伴って二酸化炭素まで分解する。過剰の二酸化炭素と水素はメタン生成菌によって消費される（Yang et al. 2009）。

ニコール（細菌阻害剤），バンコマイシン（グラム陽性菌殺菌剤），ブロモエタンスルホン酸（メタン生成菌阻害剤），モリブデン酸塩（硫酸還元菌阻害剤）を用いて，脱塩素活性に関与する微生物群の解析を行うことができる[4]。

5　嫌気性脱ハロゲン微生物によるバイオレメディエーション

バイオレメディエーションによる環境浄化は，安価なことから注目を集めてきた。当初は，油汚染土に対するランドファーミング（掘削した汚染土を50cm程度の厚さに広げ，窒素やリンを加えて油分解を促進する方法）のような方法がとられたが，現在では，バイオレメディエーショ

ンは掘削することが難しい地下水帯の汚染(深さ＞5m)を掘削しないで浄化する有力な技術の1つとして，その重要性を高めている．図9には，浄化のための細い孔を掘り，汚染水を汲み上げて微生物に必要とする栄養(嫌気性脱塩素菌の場合は，乳酸のような電子供与体)を汚染箇所の上流に戻す事例を示している．

　土壌地下水汚染の浄化では，土地売買の必要性のために，しばしば浄化完了までの工期が限られている．その様な状況では，汚染浄化に時間のかかることが多いバイオレメディエーションは選択されない場合が多い．まず，汚染源の高濃度部位を迅速に処理することが重要であるが，汚染物質の地下地盤・地下水帯における3次元的広がりは地盤における隙間の広がり方によるので，汚染源部位の広がり予測は難しく，完全な処理は難しいことが普通である．その様な残留汚染の処理(いわゆる最後の始末)に，地下水を汲み上げないで処理する受動的な方法がとられるようになってきた．もっとも典型的なものは，「自然減衰」で，自然の微生物の力で浄化が進んでいることを確認し，それ以上の汚染の拡散が起こらないように経緯をモニタリングするというものである(「科学的自然減衰，monitored natural attenuation」と呼んでいる)(図10)．この技術を適用する際には，地下水帯で微生物分解がどの程度起きているかを明らかにすることが求められる．通常分解速度の推定は，①現地地下水帯の移流・分散・吸着を考慮した汚染の広がり状況からのシミュレーションによる推定，②現地地下水帯における微生物量と菌体収率からの推定，③電子供与体または受容体の減少量と地下水流速からの推定，④汲み上げ地下水を用いた実験室容器内試験による推定などの方法で行われる[16]．

　「科学的自然減衰」での浄化は，5年以内で終了できるか否かが，その実施の目安となっている．浄化速度が不十分な場合，促進減衰技術として「浄化帯」や「反応性浄化壁」が用いられる(図10)．「浄化帯」技術は，地下水帯の汚染物を分解する微生物を活性化する栄養剤を添加して浄化を促進するもので，また「反応性浄化壁」は透水性のある地中壁を設けて，その場で化学的あるいは微生物的に汚染物質を浄化するものである．これまでに既に，「浄化帯」で用いることのできる還元的脱ハロゲン化を促進する様々な電子供与体が開発されている．また「反応性浄化壁」では，鉄(0)を用いた化学的脱ハロゲン化反応がこれまで用いられてきたが，微生物を用いたよ

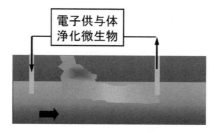

図9　地下水の原位置微生物浄化の模式図

第18章　嫌気的脱ハロゲン化と環境保全

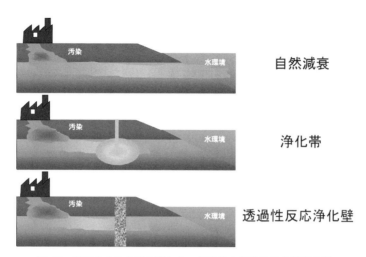

図10　地下水くみ上げを伴わない受動的な微生物浄化技術の例

り安価なバイオ反応性浄化壁の開発が徐々に進み始めている。

「科学的自然減衰」や「浄化帯」技術を適用する場合，汚染事例の多いテトラクロロエチレンの場合，Dehalococcoides 属細菌等の絶対脱ハロゲン呼吸菌が存在すると，還元的脱ハロゲン化によるエチレンまで無害化できる可能性が高いため，地下水微生物の検出技術が開発されてきている。地下水帯の Dehalococcoides 属細菌を PCR 検出（16S-rRNA 遺伝子やデハロゲナーゼ遺伝子を標的）する技術[17,18]や，脱ハロゲン呼吸する微生物群を広く検出する DNA マイクロアレイ技術[19]がそれにあたる。また，脱ハロゲン呼吸をする菌がいない地下水帯に Dehalococcoides 属細菌を注入するバイオオーギュメンテーション技術は，アメリカ合衆国では既に行われているが，日本では微生物の地下水注入に対する慎重意見が多く，まだ広く行われるには至っていない。経済産業省と環境省で 2005 年に「微生物によるバイオレメディエーション利用指針」がまとめられ，これを遵守したバイオレメディエーション実施によって微生物の野外利用に関する安全性確保がはかられている[20]。

6　おわりに：今後への展望

嫌気的脱ハロゲン化反応は，地下地盤・地下水帯のような酸素濃度の低いあるいは殆ど無い場所での安価な原位置浄化技術として，その開発が期待されている。特に，科学的自然減衰や促進減衰技術のような，地下水くみ上げ等の動力を使わない土着の微生物の活性をうまく利用する受動的技術が期待される。現在では，浄化技術といえども二酸化炭素排出をできるだけ削減した省エネルギー型技術が求められる。嫌気性微生物の利用は，その目的に沿っており，今後の利用技

術の発展が大いに期待されるが，一方その単離が非常に難しいため，学問的にも不明な点が多い。ポリ塩化ビフェニルを脱塩素するDF-1株やO-17株など，まだ分類学的にも不明な微生物が多く発見されつつあり[13]，今後の嫌気性微生物に関する基礎から応用までの幅広い研究開発が期待される。

文　献

1) Interstate Technology & Regulatory Council Bioremediation of Dense Nonaqueous Phase Liquids (Bio DNAPL) Team, *Overview of in situ bioremediation of chlorinated ethene DNAPL source zones, BIODNAPL-1*. Volume, 62pp (2005)
2) Baba, D., N. Yoshida, and A. Katayama, *Journal of Bioscience and Bioengineering*, **104** (4), p.268-274 (2007)
3) Fagervold, S.K., et al., *Applied and Environmental Microbiology*, **71** (12), p.8085-8090 (2005)
4) Yoshida, N., et al., *Science of the Total Environment*, **381**, p.233-242 (2007)
5) Yoshida, N., et al., *Microbes and Environments* (2009) in printing
6) Phillips, T.M., et al., *Biodegradation*, **16**, p.363-392 (2005)
7) Hollinger, C., G. Wohlfarth, and G. Diekert, *FEMS Microbiology Reviews*, **22**, p.383-398 (1999)
8) Villemur, R., et al., *FEMS Microbiology Reviews*, **30**, p.706-733 (2006)
9) Haeggblom, M.M. and I.D. Bossert, eds. *Dehalogenation : Microbial professes and environmental applications*, Kluwer Academic Publishers : Boston. 501pp (2003)
10) Vogel, T.M., C.S. Criddle, and P.L. McCarty, *Environmental Science and Technology*, **21** (8), p.722-736 (1987)
11) Nicholls, D.G., *Bioenergetics*, London : Academic Press, 190pp (1982)
12) 二神泰基，後藤正利，古川謙介，蛋白質核酸酵素，**50** (12), p.1548-1554 (2005)
13) Hiraishi, A., *Microbes and Environments*, **23** (1), p.1-12 (2008)
14) Mackay, D., R. Mascarenhas, and W.Y. Shiu, *Chemosphere*, **9**, p.257-264 (1980)
15) Yang, S., et al., *Biotechnology and Bioengineering*, **102** (1), p.81-90 (2009)
16) Chapelle, F.H., *Ground-water microbiology and geochemistry*, New York : John Wiley & Sons, Inc. 477pp (2001)
17) Nishimura, M., et al., *Biotechnology and Applied Biochemistry*, **51**, p.1-7 (2008)
18) Regeard, C., J. Maillard, and C. Holliger, *Journal of Microbiological Methods*, **56** (1), p.107-118 (2004)
19) Tas, N., et al., *Applied and Environmental Microbiology*, **75** (14), p.4696-4704 (2009)
20) 経済産業省製造産業局生物化学産業課・環境省環境管理局総務課環境管理技術室，微生物によるバイオレメディエーション利用指針の解説 (2005)

第19章　環境汚染物質分解細菌のメタゲノミクス

永田裕二[*1]，津田雅孝[*2]

1　はじめに

　石油化学工業を中心とした人類の活動に伴い，様々な難分解性有機化合物が環境に多量に放出された。これら化合物の中には，生物および生態系に有害な影響を与えるものもあり，深刻な環境問題を引き起こしている。いわゆる環境汚染物質とよばれる難分解性有機化合物の中には，元来天然に存在するものの地球表面での存在量が人間の活動により飛躍的に増加した石油成分化合物などと，人類が化学的に合成した非天然物質がある。後者にはナイロンオリゴマーやダイオキシンなど，それ自体が合成目的物質ではなく，副産物として生じた物質も含まれる。環境棲息性微生物（主に細菌）の中には，前者のみならず，後者の非天然物質をも自らの炭素源・エネルギー源（化合物によっては窒素源）として利用できるものが存在する[1]。細菌がこうした能力を獲得する機構の解明と当該能力の環境浄化への応用を主な目的として，様々な環境汚染物質を分解する細菌の研究が世界中で進められ，多くの成果が得られている。しかし，ほとんどの研究が「特定の物質を単独で完全分解できる純粋分離株」を対象に行われたものであり，実際の環境では，①特定の化合物（特に極めて難分解性の物質）は，複数菌株で協調的に分解されるケースが多いこと，②環境に棲息する大多数の微生物が古典的手法では培養困難なこと，を考慮すると，これまでに解析された分解細菌および分解酵素遺伝子が，実際の環境で実際に重要な役割を果たしているかは不明である。また，遺伝子資源という観点からも，膨大な環境メタゲノム（環境試料から培養過程を経ずに抽出した DNA）の中には，新規反応特性を持つ難分解性環境汚染物質分解酵素の遺伝子が研究対象にならずに多数埋もれたままになっていると示唆される。本稿では，以上のような背景をもとに筆者らの研究室で進めている芳香族化合物と有機ハロゲン系化合物の微生物分解に関するメタゲノミクスを紹介する。

[*1]　Yuji Nagata　東北大学　大学院生命科学研究科　准教授
[*2]　Masataka Tsuda　東北大学　大学院生命科学研究科　教授

2 培養非依存的手法による環境汚染物質分解酵素遺伝子の取得

2.1 メタゲノムからの特定の機能遺伝子の取得法

　水や土，活性汚泥や堆肥など様々な環境試料からDNAを抽出するには，試料それぞれに応じた工夫が必要であるが，抽出したメタゲノムから目的遺伝子をスクリーニングするには，機能ベースの方法 (function-driven) とシークエンスベースの方法 (sequence-driven) に大別できる[2]。前者ではメタゲノムを導入した宿主細胞内で目的遺伝子が発現し，当該機能が発揮されることを期待している。後者には，PCRやハイブリダイゼーションにより目的遺伝子を獲得する手法と，メタゲノム塩基配列を網羅的に決定し，相同性検索で目的遺伝子を見つけ出す手法がある。機能ベースの方法では，DNA配列上は全く相同性がないにもかかわらず同等の機能を有する新規性の高い遺伝子を獲得することが原理的に可能であるが，由来生物不明の当該遺伝子がその活性を宿主細胞内で発現しなければならないという大きな制約があり，宿主―ベクター系や効率的スクリーニング方法などを慎重に検討する必要がある。一方，網羅的配列決定によるシークエンスベースの方法では，一般に膨大な資金と配列決定後のバイオインフォマティクス処理における多大な労力が必要である。また，遺伝子取得に際しては，既知配列との相同性を遺伝子探索の拠り所とすることから，新規性の高い遺伝子獲得の可能性も低くなる。なお，いずれの方法でもまず適当なベクターを用いてメタゲノムDNAライブラリーを作製する必要があったが，この数年に普及してきた第2世代シークエンサーでは，試料DNA配列の直接決定が可能なために，ライブラリー作製を必ずしも必要とせず，この点はシークエンスベースの方法の大きなメリットになりうる。しかし，現時点では，①長い塩基配列情報が得にくい，②得られた目的遺伝子配列がクローン化されていないために，試料DNAに戻ってPCR増幅するか，人工合成する必要がある，などの問題点もある。ちなみに，現在，メタゲノム解析というと，メタゲノムの網羅的塩基配列決定とその後の解析を指す場合がほとんどで，特定の環境での菌叢や遺伝子レパートリーの検討という生態学的な意味合いが強い。

2.2 機能ベースの方法による環境汚染物質分解酵素遺伝子の取得

　芳香族化合物は化学的安定性から一般に難分解であり，特にトルエン，ベンゼン，ナフタレンなど原油に含まれる有害芳香族化合物が石油化学工業の発展とともに環境に放出され，汚染を引き起こしている。環境を汚染する芳香族化合物の微生物分解の研究は古くから行われ，様々な芳香族化合物分解細菌が単離され，その分解経路や分解酵素遺伝子，分解遺伝子発現制御系などについて詳細な解析がなされている[3]。一例として *Pseudomonas putida* のNAH7プラスミドが支配するナフタレン分解代謝経路を図1に示す。細菌の芳香族化合物分解における重要な反応は，芳

第19章　環境汚染物質分解細菌のメタゲノミクス

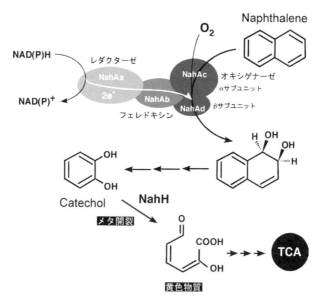

図1　細菌のナフタレン分解代謝経路

筆者らが実験に用いたNAH7プラスミド[9]支配のナフタレン分解経路では，初発水酸化酵素は，触媒コンポーネントのNahAc（オキシゲナーゼのαサブユニット）とNahAd（オキシゲナーゼのβサブユニット），電子伝達コンポーネントのNahAb（フェレドキシン）とNahAa（レダクターゼ）から構成される。また，本経路では，中間代謝産物のカテコールはNahH（カテコール2,3ジオキシゲナーゼ）の働きでメタ開裂し，黄色物質を生じる。代謝産物は，最終的にはTCA回路代謝物へと変換される。

香環の水酸化（初発酸化）反応と環開裂反応である。芳香環は化学的に安定で反応性に乏しいが，初発酸化反応で水酸基が導入されることで電子密度に偏りが生じ，反応性が向上する。また，環開裂反応は芳香族化合物を主要代謝経路であるTCA回路代謝物質に誘導するために必須である。

一方，有機ハロゲン系化合物は，多様な生物的・非生物的反応により自然界に比較的多量存在するが[4]，高度塩素化化合物などは完全に人為的に合成されたものといってよい[1]。これらのうち，物理・化学的特性に優れた化合物や殺虫・除草作用等の有用な効果がある化合物は大量に合成・利用されてきたが，同時に環境汚染も引き起こしてきた。生物は炭素―ハロゲン結合の切断反応を一般に苦手とするが，有機ハロゲン化合物を分解・利用可能な細菌は，この反応を触媒する脱ハロゲン酵素（デハロゲナーゼ）と総称される酵素を有しており[5]，本酵素は有機ハロゲン系化合物分解の鍵酵素といえる。例えば，図2に示した*Sphingobium japonicum* UT26株の有機塩素系殺虫剤 γ-hexachlorocyclohexane（γ-HCH）分解代謝経路[6]では，LinAが脱塩化水素酵素，LinBが加水分解的脱ハロゲン酵素（ハロアルカンデハロゲナーゼ），LinDがグルタチオン依存的脱ハロゲン酵素という反応機構が互いに異なる脱ハロゲン酵素であり，さらに，反応に脱ハロゲン化を伴うLinEとLinFも広義の脱ハロゲン酵素である。すなわち，UT26株のγ-HCH分解代謝系には，脱ハロゲン酵素が5種類も関与している。

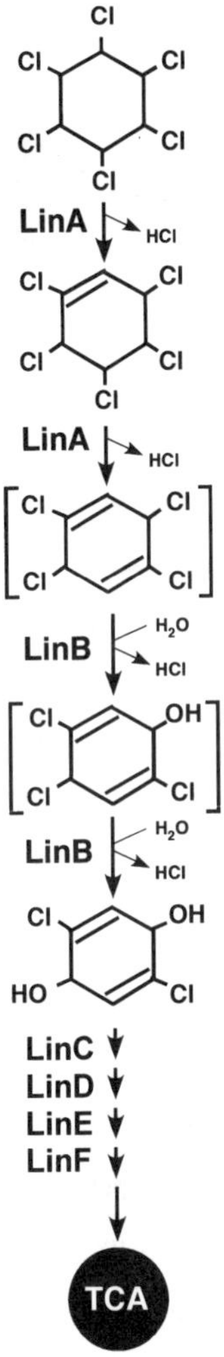

図2 *Sphingobium japonicum* UT26 株の γ-HCH 分解代謝経路[6]

γ-HCH は，Lin 酵素群により分解され，代謝産物は，最終的には TCA 回路代謝産物へと変換される。分解の最初のステップは，脱塩化水素酵素 LinA と加水分解的脱ハロゲン酵素 LinB の 2 種類のデハロゲナーゼによって触媒される。以降の代謝に関与する LinD，LinE，LinF も，反応に伴って脱塩素が起こるため，広義のデハロゲナーゼである。

著者らは，以上の背景を踏まえ，芳香族化合物および有機ハロゲン系化合物分解の鍵酵素となる芳香族化合物初発水酸化酵素および脱ハロゲン酵素の機能的ホモログ遺伝子のメタゲノムからの取得を実施した[7,8]。我々が用いた機能相補の手法の概要を図 3 に示す。ナフタレン完全分解菌[9]と γ-HCH 完全分解菌[6]から，それぞれの化合物分解の鍵酵素となる芳香族化合物初発水酸化酵素のオキシゲナーゼ α サブユニットをコードする遺伝子（図 1 の *nahAc*），および脱ハロゲン酵素をコードする遺伝子（図 2 の *linA* または *linB*）を各々破壊した株を宿主とし，①広宿主域

第19章　環境汚染物質分解細菌のメタゲノミクス

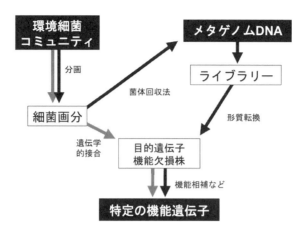

図3　環境試料からの培養非依存的な機能性環境汚染物質分解酵素遺伝子取得法

筆者らは，ライブラリーの作製による機能相補の手法（黒矢印）と，目的遺伝子自身の可動性を利用した接合による機能相補の手法（灰色矢印）により，芳香族化合物分解酵素遺伝子と有機ハロゲン系農薬分解遺伝子を取得した[7,8]（本文参照）。なお，著者らは，ライブラリーの作製には広宿主域コスミドベクターを用い，比較的長鎖のメタゲノムDNAを必要としたため，環境試料から直接DNAを抽出する方法ではなく，細菌画分を分離した後にDNAを抽出する間接的な菌体回収法を用いた。

コスミドにクローン化した土壌DNAライブラリーによる形質転換，②土壌細菌集団との遺伝学的接合，の両手法で，完全分解能が回復した株を選択した。その結果，各化合物で汚染された土壌試料を用いた場合に，目的の機能遺伝子を担うDNA断片やプラスミドを取得できた[10,11]。本手法では，構造上の相同性がない遺伝子の取得も原理的には可能であるが，我々が取得した機能遺伝子自身は，既知遺伝子と極めて高い相同性を示した。その原因として，汚染土壌という特定の遺伝子が極端に濃縮された試料を用いたことが考えられる。筆者らが非汚染土壌を試料として同様実験を行った際には目的遺伝子が得られなかったことも考慮すると，膨大な土壌DNAから機能発現を指標として新規性の高い目的遺伝子を効率よく取得するためには，①土壌DNAでの目的遺伝子の存在比率を高めること，②進化的に類縁性の低い複数宿主菌株を用いること，③高感度で効率の良いスクリーニング系を用いること，の3点が重要だと考えた。

これらの点を踏まえて，我々は，新規性の高い環境汚染物質分解酵素遺伝子の土壌DNAからの取得をめざした新たな研究を行った[8]。まず，分解酵素遺伝子の存在比率上昇のために，汚染歴のない土壌を閉鎖系にした後に4種芳香族系化合物で人工的に汚染化させた。そして，経時的に調製した土壌メタゲノムでの既知の幾つかの分解酵素遺伝子の変動をモニターし，分解酵素遺伝子が増大した時点でのメタゲノムを用いて広宿主域コスミドをベクターとしたライブラリーを作製した。様々な芳香族化合物の好気的分解に関与する初発水酸化酵素は無色のインドールを青色のインディゴに変換する活性を備えることから，進化的類縁関係の低い3種の受容菌にメタゲノムライブラリーを導入後，本活性を宿主受容菌に賦与する示すコスミドクローンを選択した。

サリチル酸資化菌を宿主受容菌としたときに8種類のインディゴ産生コスミドクローンを取得できたが，この中には，ナフタレンをサリチル酸まで変換可能な酵素遺伝子群を持つコスミドクローンや変換初期の幾つかの反応のみを司る酵素遺伝子群を持つコスミドクローンが存在していた。また，この宿主菌にはインディゴ産生能を賦与できるが別の宿主受容菌には賦与できないコスミドクローンも見出され，本クローンには新規性の高い分解酵素遺伝子が存在していた。このことは，機能ベースでの遺伝子ハンティングには複数受容菌株を用いることが重要性であることを示す顕著な例といえよう。

2.3 シークエンスベースの方法による環境汚染物質分解酵素遺伝子の取得

シークエンスベースの方法では新規性の高い遺伝子の取得が難しいと先に述べたが，最近のバイオインフォマティクスの進歩により，例えば，アミノ酸配列レベルでの相同性は低いものの，産物としての酵素タンパク質の立体構造は保存されていると推定される遺伝子の検出などが可能になってきている。また，ハロアルカンデハロゲナーゼ LinB[12]や，除草剤であるアトラジンの初発分解を触媒する AtzA[13]など，数アミノ酸残基の違いで活性特性が劇的に変化する例も知られている。すなわち，シークエンスベースの方法を用いても新規性の高い遺伝子獲得の可能性が高まりつつある。実際に，筆者らは，細菌のゲノム配列情報を利用することで，ダイズ根粒菌 *Bradyrhizobium japonicum* USDA110 株は，新規反応特性のあるハロアルカンデハロゲナーゼ遺伝子を有していることを明らかにした[14]。このように，機能未知遺伝子が多数存在する細菌ゲノム情報も，メタゲノムと同様の未開拓遺伝子資源として捉えることができる。さらに，申請者らは，メタゲノムからもシークエンスベースの方法で，環境汚染物質分解酵素遺伝子を取得した[15]。竹山らのグループは，カイメン共在細菌メタゲノムライブラリーの末端シークエンスを合計 54 Mb 程決定し，データベース (XanaMetaDB ; http://xanametadb.xanagen.com/) を構築した。著者らは本データベースを利用し，芳香族化合物初発水酸化酵素，芳香環開裂酵素，およびハロアルカン脱ハロゲン酵素の既知アミノ酸配列をクエリとして相同配列の検索を行った結果，有意なレベルの相同性を示すオープンリーディングフレームが複数検出された。特に，全長またはほぼ全長が含まれていると予想された5種の芳香環水酸化酵素遺伝子，7種の芳香環開裂酵素遺伝子，および3種のハロアルカン脱ハロゲン酵素遺伝子について，大腸菌等で発現させて機能解析を行ったところ，幾つかの芳香環開裂酵素やハロアルカン脱ハロゲン酵素で活性を確認できた[15]。このカイメン共在細菌メタゲノムを対象とした環境汚染物質分解酵素遺伝子相同配列の解析で，以下の点が明らかになった。①カイメン共在細菌メタゲノム中には，既知の環境汚染物質分解菌由来の分解酵素遺伝子とは比較的相同性の低い多様な環境汚染物質分解酵素遺伝子相同配列が存在する，②見出された相同配列の少なくとも一部は，実際に環境汚染物質分解活性を有す

第 19 章　環境汚染物質分解細菌のメタゲノミクス

る酵素をコードし，その中には新規性の高い基質特異性を有する酵素遺伝子も存在する．③クローン化された遺伝子の一部が何らかの原因により欠失している場合でも，当該部分を比較的近縁な既知配列で補うことで活性を有する「ハイブリッド」酵素遺伝子とすることが可能である．④環境汚染物質分解菌由来の既知芳香族化合物分解遺伝子が関連酵素遺伝子とクラスターをなすことが多いのに対して，カイメン共在細菌メタゲノム中のものは単独で存在する場合が多い．すなわち，カイメン共在細菌メタゲノムが，系統的に多様な環境汚染物質分解酵素遺伝子相同配列を取得するための遺伝子ハンティングの対象としても，また，細菌が有する環境汚染物質分解酵素遺伝子の起源や環境での進化機構を解明するための研究対象としても有用であることを示すことができた．Suenaga[16]らは，コークス炉洗浄廃液処理活性汚泥由来のメタゲノムのフォスミドライブラリーを調製し，大腸菌内でカテコールをメタ開裂可能な酵素［カテコール 2,3-ジオキシゲナーゼ（C23O），図1のNahHホモログ］遺伝子を有するフォスミドクローンを数多く単離した．これらnahHホモログの周辺に芳香族化合物完全分解に必要な全酵素遺伝子群が位置する例はたいへん希であった[17]．この状況は，上記のカイメン共在細菌メタゲノムでの特色④と類似しているといえよう．なお，Suenagaらの活性汚泥由来メタゲノムの解析では，nahHホモログとその周辺遺伝子の産物群は，細菌自身の生育にも有害なフェノールなどの化合物の「解毒」に関与すると示唆された[17]．

　機能ベースとシークエンスベースの方法の中間的な手法として，著者らは，特定の可動性遺伝因子の配列に注目して，機能遺伝子を取得する方法も開発した．世界の様々な場所から γ-HCH 分解菌が単離されているが，それらは全て著者らが提示してきた lin 遺伝子群を保持していた[18]．さらに，これら γ-HCH 分解菌の lin 遺伝子群周辺領域には挿入配列 IS6100 が高頻度で見出され，本 IS が lin 遺伝子群の環境での伝播や，分解菌内での lin 遺伝子群の構成過程に深く関与していると示唆された[18]．そこで，IS6100 周辺領域には lin 遺伝子群が存在している可能性が高いと著者らは考え，HCH 汚染土壌から培養を介さずに直接抽出した DNA を鋳型とし，2コピーの IS6100 に挟まれた領域を増幅するようにデザインしたプライマーセットを用いて nested PCR を実施したところ，再現性良く増幅した4種類の DNA 断片のうち，3種類の DNA 断片に lin 遺伝子が存在していた[19]．その他にも，別の IS が特定機能遺伝子の増幅と水平伝播に関与していることを示唆する報告[20]があり，ここで紹介した我々の手法はある程度普遍性の高いものであると考えている．

3　おわりに

本稿では，環境汚染物質分解酵素遺伝子の生態系からの取得・解析に主眼をおいたが，このよ

うにして取得した遺伝子やそれらが由来する菌株が汚染環境の浄化に「真の」主役として働くかなどの点は依然不明である．取得遺伝子をプローブにすることで，当該遺伝子の生態系での発現様式の検討や，遺伝子を有する元来の宿主株の分離培養が可能になってくる，と期待できるが，ハンティングした遺伝子を用いた研究のみでは，上記の不明な点に明解な手がかりを得ることは，とうてい無理である．そこで我々は，前述の人工的汚染化土壌を材料にして，①更なる遺伝子のハンティングと解析，②分解細菌株とその分解酵素遺伝子の単離と解析，そして，③大規模レベルでのメタゲノム塩基配列決定とそのバイオインフォマティクス的解析，を進めている．このような研究を相互に連関・統合させて得られる成果は，上記の不明点を本質的に解明できる手がかりになると考えている．

謝辞

本稿に記載した研究成果は，大坪嘉行氏，小野玲氏，佐藤優花里氏，遠藤諒氏，伊藤通浩氏，宮崎亮氏，府中玄樹氏，宮崎健太郎氏，末永光氏，曽田匡弘，矢野大和，宮腰昌利氏らとの共同研究によるものである．また，土壌試料の提供やメタゲノムライブラリーの調製などに関して多くの研究者の助言を頂いた．ここにて感謝致します．

文　　献

1) D. B. Janssen *et al.*, *Environ. Microbiol.*, **7**, 1868 (2005)
2) P. D. Schloss and J. Handelsman, *Curr. Opin. Biotechnol.*, **14**, 303 (2003)
3) H. Habe and T. Omoari., *Biosci. Biotechnol. Biochem.*, **67**, 225 (2003)
4) C. Wagner *et al.*, *J. Nat. Prod.*, **72**, 540 (2009)
5) S. Fetzner, *Appl. Microbiol. Biotechnol.*, **50**, 633 (1998)
6) Y. Nagata *et al.*, *Appl. Microbiol. Biotechnol.*, **76**, 741 (2007)
7) 永田裕二，津田雅孝，化学と生物，**43**, 33 (2005)
8) 津田雅孝ほか，*J. Environ. Biotechnol.*, **7**, 75 (2007)
9) M. Sota *et al.*, *J. Bacteriol.*, **188**, 4057 (2006)
10) A. Ono *et al.*, *Appl. Microbiol. Biotechnol.*, **74**, 501 (2007)
11) R. Miyazaki *et al.*, *Appl. Environ. Microbiol.*, **72**, 6923 (2006)
12) M. Ito *et al.*, *Arch. Microbiol.*, **188**, 313 (2007)
13) J. L. Seffernick *et al.*, *J. Bacteriol.*, **183**, 2405 (2001)
14) Y. Sato *et al.*, *Appl. Environ. Microbiol.*, **71**, 4372 (2005)
15) 永田裕二，津田雅孝，マリンメタゲノムの有効利用，シーエムシー出版，p 166 (2009)
16) H. Suenaga *et al.*, *Environ Microbiol.*, **9**, 2289 (2007)

17) H. Suenaga *et al.*, *The ISME J.*, **3**, 1335 (2009)
18) R. Lal, R. *et al.*, *Trends. Biotechnol.*, **24**, 121 (2006)
19) G. Fuchu *et al.*, *Appl. Microbiol. Biotechnol.*, **79**, 627 (2008)
20) M. Sota *et al.*, *Appl. Environ. Microbiol.*, **72**, 291 (2006)

第20章　昆虫細胞内共生細菌—その機能と応用—

土田　努*

1　はじめに

　内部共生(endosymbiosis)とは，生物が微生物を体内に恒久的に取り込む現象である。特殊かつ効率のよい代謝系をもった微生物をまるごと取り込むことにより，単独では利用困難な生態的地位への進出が可能となり，生物進化の原動力となってきたと考えられている[1]。内部共生は，様々な生物に普遍的に見られる現象であるが，既知生物種の過半数を占める昆虫類では特に多くの事例が知られている[2~7]。多くの昆虫類では，特殊な微生物を体内に住まわせることで劣悪な餌資源を利用できるようになり，多様な環境での繁栄が可能となっている。また共生微生物は，後述のように，多くの農業害虫や衛生害虫の環境適応や病原体の媒介等に大きな影響を与えるため，害虫防除の観点からもきわめて重要な研究対象と言えよう。

　本章では，昆虫体内に恒常的に生息する共生細菌のうち，特に細胞内に生息する共生細菌を対象として，宿主昆虫に与える影響やその生物機能を概説し，今後の応用の可能性について紹介する。

2　細胞内共生細菌の種類

2.1　必須の栄養共生細菌

　栄養価の低い食物資源を利用する昆虫には，餌に不足する栄養素を補う共生細菌が存在し，宿主の生存や繁殖に必須の存在となっている場合が多く見られる[2]（表1）。カメムシ目昆虫の多くは，栄養バランスのきわめて偏った植物汁液を常食としている。これらの昆虫は，体内にある菌細胞(mycetocyte，またはbacteriocyte)という特殊な細胞内に細菌を共生させており，餌に不足する必須アミノ酸やビタミンといった栄養素の供給を受けていると考えられている[8~10]。分子系統解析の結果は，これらの昆虫と必須共生細菌との関係が遠い過去に始まったことを示唆している[9]。このことは，これらの必須共生細菌が，遠い祖先から子孫へと連綿と伝えられてきた，昆

---

*　Tsutomu Tsuchida　㈵理化学研究所　基幹研究所　松本分子昆虫学研究室　基礎科学特別研究員

第20章 昆虫細胞内共生細菌―その機能と応用―

表1

内部共生細菌の種類/細菌種名	バクテリアの種類	宿主昆虫	宿主昆虫の餌	体内局在	表現型, 効果	参考文献
必須の共生細菌						
Buchnera aphidicola	γ-proteobacteria	アブラムシ	植物汁液	菌細胞	餌に不足する必須アミノ酸, ビタミンの供給／環境温度への適応／ウイルス媒介性への関与	8/25, 26/34～36
Carsonella ruddii	γ-proteobacteria	キジラミ	植物汁液	菌細胞	餌に不足する必須アミノ酸, ビタミンの供給	9, 57
Portiera aleyrodidarum	γ-proteobacteria	コナジラミ	植物汁液	菌細胞	餌に不足する必須アミノ酸, ビタミンの供給	9
Tremblaya princeps	β-proteobacteria	コナカイガラムシ	植物汁液	菌細胞	餌に不足する必須アミノ酸, ビタミンの供給	9
Sulcia muelleri	Cytophaga/Flexibacter/Bacteroides (CFB)	ヨコバイ, セミ	植物汁液	菌細胞	餌に不足する必須アミノ酸の供給	10, 17, 18
Baumannia cicadelinicola	γ-proteobacteria	ヨコバイ	植物汁液	菌細胞	*Sulcia*が合成できない必須アミノ酸, ビタミンの合成	10, 17, 18
Hodgkinia cicadicola	α-proteobacteria	セミ	植物汁液	菌細胞	*Sulcia*が合成できない必須アミノ酸の合成	10, 19
SOPE	γ-proteobacteria	コクゾウムシ属	イネ科穀物	菌細胞	餌に不足する必須アミノ酸, ビタミンの供給	70
Wigglesworthia spp	γ-proteobacteria	ツェツェバエ	血液	中腸内菌細胞	餌に不足する必須ビタミンの供給	11
Riesia pediculicola	γ-proteobacteria	コロモジラミ, アタマジラミ	血液	stomach disc 内菌細胞	餌に不足する必須ビタミンの供給	12
Blattabacterium. spp	CFB	ゴキブリ, シロアリ (*Mastotermes darwiniensis*)	雑食, 木材	脂肪体内の菌細胞	餌に不足する必須アミノ酸の供給	71
Blochmannia floridanus	γ-proteobacteria	オオアリ属のアリ	雑食	中腸内菌細胞	生育初期段階での栄養補償	56
任意の共生細菌						
Serratia symbiotica	γ-proteobacteria	アブラムシ	植物汁液	二次菌細胞, 鞘細胞, 体液	高温耐性の賦与／寄生蜂抵抗性の賦与／宿主によっては 27/40/21	27/40/21
Regiella insecticola	γ-proteobacteria	アブラムシ	植物汁液	二次菌細胞, 体液	*Buchnera*が合成できないトリプトファンを供給 好適寄主植物範囲の拡大／病原菌抵抗性の賦与／寄生蜂抵抗性	29/47/46
Hamiltonella defensa	γ-proteobacteria	アブラムシ, コナジラミ	植物汁液	二次菌細胞, 鞘細胞, 体液	寄生蜂抵抗性賦与	40, 41
PAXS	γ-proteobacteria	アブラムシ（エンドウヒゲナガアブラムシ）	植物汁液	二次菌細胞？, 鞘細胞？, 体液？	*Hamiltonella*と共感染することで, 寄生蜂耐性に関与？	72
Fritshea spp.	Chlamydiae	コナジラミ	植物汁液	全ての細胞	？	73
Sodalis glossinidius	γ-proteobacteria	ツェツェバエ	血液	全ての細胞	宿主の寿命や*Trypanosoma*の媒介に関与	60, 61
Arsenophonus sp.	γ-proteobacteria	多くの昆虫	様々	全ての細胞	宿主の生殖操作	51, 52
Wolbachia sp.	α-proteobacteria	多くの昆虫, 節足動物	様々	全ての細胞	宿主の生殖操作／餌環境への適応／病原ウイルスからの防御 *Liposcelis bostrychophila*では, 必須の栄養供給？	51, 52/33/48～50
Rickettsia sp	α-proteobacteria	多くの昆虫	様々	全ての細胞	宿主の生殖操作	51, 52/74
Spiroplasma sp.	Firmicutes	多くの昆虫	様々	全ての細胞	宿主の生殖操作	51, 52
Cardinium. sp	CFB	多くの昆虫	様々	全ての細胞	宿主の生殖操作	51, 52

虫にとってなくてはならない存在であることを物語っている。また，脊椎動物の血液を常食とするツェツェバエやシラミにも菌細胞内に必須の共生細菌が存在し，血液中に不足するビタミンB群を宿主に供給することが示唆されている[11,12]。

2.2 任意共生細菌

多くの昆虫には，宿主の生存や繁殖には必ずしも必要ではないが，ある程度の感染頻度で宿主昆虫集団に存在する様々な"任意細胞内共生細菌"（facultative endosymbiont）が知られている（表1）。任意共生細菌も，必須の共生細菌と同様に，母親から次世代へと垂直感染により伝えられる。任意共生細菌は単独で存在している場合もあるが，アブラムシやコナジラミのような菌細胞内共生系をもつ昆虫では，必須共生細菌と任意共生細菌が，同一宿主体内に共存している場合がしばしば見られる。必須の共生細菌が宿主との長い歴史を共有するのに対し，任意共生細菌についてはその歴史が比較的短いことが，分子系統解析等により示唆されている[13〜16]。宿主との共生関係が長い必須共生細菌を"一次共生細菌"（primary symbiont），共生の歴史が短い任意共生細菌を"二次共生細菌"（secondary symbiont）と呼ぶこともある。近年，明らかになりつつある任意共生細菌の生物機能については，4節で述べる。

3 必須の複合共生系

必須アミノ酸やビタミンに乏しい植物の導管液を餌にするヨコバイの一種 *Homalodisca coagulata* には，体内にある菌細胞内に，*Sulcia muelleri*（CFB）と，*Baumannia cicadellinicola*（γ-proteobacteria）という2種類の共生細菌から成る"複合共生系"が存在する。ゲノム解析の結果，*Sulcia* には10の必須アミノ酸のうち8つを合成する経路が存在し，*Baummania* には残りの2必須アミノ酸合成経路と，多くのビタミン類の合成経路が存在することが示唆された[10,17,18]。これは，ヨコバイが栄養に乏しい導管液を利用するためには，2種類の共生細菌が必須であることを意味している。

Diceroprocta 属セミの菌細胞内には，ヨコバイと同様に *Sulcia* が存在している。ヨコバイとセミの系統は2億年以上前に分岐したと考えられているにも関わらず，それぞれの *Sulcia* は非常に似通ったゲノム構造を持っていた[10]。しかしセミには，ヨコバイに存在する *Baumannia* は存在せず，代わりに *Hodgkinia cicadicola*（α-proteobacteria）というこれまでに報告された中で最小ゲノムサイズ（144 kb）を持つ共生細菌が検出された[19]。*Baumannia* と *Hodgkinia* は非常に離れた系統であり，かつゲノムサイズ（*Baumania* 686 kb に対し，*Hodgkinia* 144 kb）や遺伝子構成が全く異なっている。しかし興味深いことに，*Hodgkinia* は，*Baumannia* と同様，*Sulcia* が合成

第 20 章　昆虫細胞内共生細菌—その機能と応用—

することのできない必須アミノ酸の合成経路をもっていることが示唆された[10]。

　オオアブラムシ亜科の *Cinara cedri* の *Buchnera*（BCc）は，ゲノムサイズが 422 kb と縮小しており，多くの遺伝子を失っていることが報告されている[20]。BCc には，必須アミノ酸であるトリプトファン合成に関わる酵素遺伝子群の一部，*trpEG* 遺伝子だけがプラスミド上に存在している。トリプトファン合成に必要な残りの *trpDCBA* については，宿主体内で共存する二次共生細菌 *Serratia* の染色体上に存在し，*Serratia* が宿主および *Buchnera* にとってのトリプトファンの供給源となっていることが示唆されている[21]。

　必須と考えられる複合共生系を持つ昆虫は上記以外にも数多く存在しているが[2,22〜24]，それぞれの共生細菌が果たしている役割はよく分かっていない。今後の研究の進展が期待される。

4　共生細菌が宿主昆虫に与える影響

4.1　環境温度への適応

　アブラムシの必須共生細菌 *Buchnera* の遺伝子に生じた変異が，宿主の環境温度への適応に大きく影響することが報告されている[25,26]。*Buchnera* は高温下での代謝活性の維持に熱ショックタンパク質をつくって対応する仕組みを持っているが，一部の *Buchnera* にはこのタンパク質を作る遺伝子の転写制御領域に変異があるものが存在する。このような *Buchnera* を持つアブラムシは，気温 35 度に数時間曝されただけで，産仔数が激減してしまう。しかし一方で，変異型ブフネラをもつアブラムシは，至適温度付近ではより多くの仔を残せることも報告されている[25]。

　アブラムシの二次共生細菌 *Serratia* は，その感染により宿主に高温耐性を賦与することが示されている[27]。野外調査の結果からも，高温に曝される夏に *Serratia* を保有するアブラムシの割合が多くなることが示された。これは，自然環境においても宿主の高温耐性に *Serratia* 感染が寄与していることを強く示唆している[27]。*Serratia* は *Buchnera* の機能を一部肩代わりすることが，*Buchnera* 除去系統を用いた実験から示されており[28]，高温で衰退した *Buchnera* の機能を *Serratia* が補っているのではと考えられている。

4.2　餌環境への適応

　植食性の昆虫はふつう，ごく限られた植物しか効率的に利用できない。寄主植物特異性と呼ばれる本性質は，従来，昆虫自身のものであると当然のように考えられてきた。しかし実は，アブラムシの植物適応に共生細菌が強く影響している場合があることが，筆者らの研究で明らかになった[29]。野外においてエンドウヒゲナガアブラムシ *Acyrthosiphon pisum* は，カラスノエンドウ *Vicia sativa* とシロツメクサ *Trifolium repens* を餌としてよく利用している。本種アブラムシの

繁殖力は植物種によって異なり，カラスノエンドウでは生涯に100頭程を産仔できるのに対し，シロツメクサではその半分くらいの子しか産めない。ところが二次共生細菌 *Regiella* を保有したアブラムシでは，シロツメクサを餌にした場合の産仔数が倍増し，シロツメクサ上でその頻度を増している可能性が示唆された[29,30]。

イネ科作物を加害するムギミドリアブラムシ *Schizaphis graminum* の中には，成長や増殖に悪影響を生じる害虫抵抗性のソルガム品種を効率よく利用できるバイオタイプが存在する。この性質は母系遺伝することから，これと同じ遺伝様式を示す共生細菌が関与している可能性が示唆されている[31]。

細胞内共生細菌の範疇からは外れるが，マルカメムシ *Megacopta punctatissima* においても，マメ科作物を効率よく利用できる性質に，腸内の必須共生細菌 *Ishikawaella* が関与していることが報告されている[32]。特定の寄主植物への適応に共生細菌が寄与するという現象はアブラムシに限られたものではないようである。

また，キイロショウジョウバエ *Drosophila melanogaster* では，餌に含まれる鉄分の欠乏，あるいは過多による悪影響が任意共生細菌 *Wolbachia* の感染によって緩和されることが示されている[33]。鉄は様々な生体反応に重要な役割を果たす微量栄養素であるが，野外から捕獲したキイロショウジョウバエの体内鉄分量は低いレベルにあり，*Wolbachia* が野外において宿主の餌環境への適応に寄与していることが示唆された[33]。

4.3　ウイルス伝播

アブラムシの一次共生細菌 *Buchnera* は，大腸菌 GroEL と相同のタンパク質を大量に生産しているが，これが植物ウイルスの媒介にも関与していることが報告されている。感染植物の師部から取り込まれた循環型ウイルスは，昆虫によって非感染植物へと媒介される前に，消化管から体腔内に入り，さらに唾液腺へと運ばれる必要がある。この際に，GroEL ホモログはウイルスの外皮タンパク質と高い親和性で結合し，昆虫による免疫作用からウイルス粒子を保護していると考えられている[34~36]。

またタバココナジラミ *Bemisia tabaci* においても，共生細菌が合成する GroEL 相同タンパク質には様々なウイルスが高い親和性で結合することが示され[37]，ウイルスの体内での安定化に寄与していることが示唆された[38,39]。

4.4　天敵からの宿主の防御

エルビアブラバチ *Aphidius ervi* などの寄生蜂は，アブラムシの体内に卵を産みつける天敵である。二次共生細菌 *Hamiltonella* を保有するエンドウヒゲナガアブラムシは，体内にいる寄生

第 20 章　昆虫細胞内共生細菌—その機能と応用—

蜂の幼虫を高確率で殺すことが報告されている[40,41]。Hamitonella に存在するファージ APSE (Acyrthosiphon pisum secondary endosymbiont phage) が寄生蜂耐性を引き起こす実体であり[42]，ファージにコードされる細胞毒性タンパク質が関与していることが示唆されている[43〜45]。またアブラムシの二次共生細菌 Serratia[40] や Regiella の一部の系統[46]にも寄生蜂耐性作用が示されているが，これまでに APSE は検出されていない。

アブラムシにとって寄生菌もやっかいな天敵であるが，二次共生細菌 Regiella を保有したエンドウヒゲナガアブラムシでは，寄生菌の胞子にさらされた場合の死亡率が大きく減少することが実験的に示されている[47]。

生殖操作を行なう細菌として知られる Wolbachia pipientis (4.5) は，宿主の防御にも関与していることが示唆されている。宿主のキイロショウジョウバエ Drosophila melanogaster には，高い致死率を示す様々な病原 RNA ウイルスが感染する。このとき，Wolbachia に感染しているキイロショウジョウバエでは生存時間が大幅に伸びることが示された[48,49]。さらにキイロショウジョウバエの Wolbachia は，昆虫病原糸状菌 Beauveria bassiana に対しても，宿主に耐性をもたらすことも報告されている[50]。

4.5　宿主の性を操る

共生細菌の中には，宿主昆虫に生殖異常を引き起こすものが存在する[51,52]。生殖異常は，Spiroplasma (Firmicutes) や Wolbachia (α-proteobacteria)，Rickettsia (α-proteobacteria)，Arsenophonus (γ-proteobacteria) といった共生細菌によって引き起こされ，以下に挙げる様々な表現型が報告されている。「細胞質不和合 (cytoplasmic incompatibility)」は，感染雄と非感染雌の交配に限って，受精卵が死んでしまうという現象であり，共生細菌が非感染雌の子どもを残させなくすることで，感染雌個体が集団中に増えていくという影響を生じる。寄生蜂などの半数倍数性の昆虫では，これらの共生細菌に感染することで，交尾することなく倍数体の雌を産むようになる表現型 (単為生殖誘導) が知られている。「雄殺し (male killing)」は雄宿主が発育途中で致死となる現象であり，雄兄弟が死亡することによって，餌資源を独占できるなど生き残った感染雌の適応度が上がるため，進化的に有利な形質であると考えられている。この他，Wolbachia の感染が，宿主昆虫の雌化を引き起こすことも報告されている。

5　共生細菌を対象とした応用技術

5.1　共生細菌を標的にした害虫管理技術

農業害虫や衛生害虫の多くは，共生細菌との間に密接な共生関係を築いている。これらの特殊

かつ重要な細菌を標的に薬剤等を開発することにより，選択性が高く，人畜に無害で，効率のよい防除が可能になることが期待される。また，現在，昆虫病原微生物や寄生蜂などの害虫防除資材がいくつか販売されているが，前述(4.4)のように害虫が共生細菌によって防御されている場合には，これらの防除資材の効果は減少してしまうだろう。さらに共生細菌は，抵抗性作物を加害する害虫の能力にも関与していることが示唆されている(4.2)。従って，共生細菌を標的にした害虫管理技術は被害を最小レベルに抑えるために有効な手段となりうる。

ニンニクの葉レクチンタンパク質は，ニセダイコンアブラムシ *Lipaphis erysimi* の *Buchnera* 由来のシャペロニンタンパク質である GroEL ホモログに結合し，殺虫活性を持つことが示されている[53]。ニンニク葉レクチンを発現させた遺伝子組換えカラシナ(*Brassica juncea*)では，ニセダイコンアブラムシの生存や繁殖を低下させることが示された。前述(4.3)のように，共生細菌のGroEL ホモログは循環型ウイルスの伝播に重要な役割を果たしており，ウイルス伝播の抑制も期待される[54]。

近年，様々な昆虫共生細菌の全ゲノム情報が明らかになりつつある[11, 17~19, 55~59]。これらの情報を活用し，RNA干渉法を用いて共生系維持に関わる遺伝子発現を抑制する等により，将来的には，より効果的な防除が行えるようになるかもしれない。

5.2 昆虫媒介性病原体の共生細菌を利用した駆除

ほ乳類や植物の病原体の多くは，昆虫によって媒介される。そこで，病原体と昆虫体内で一時的に共存することになる共生細菌を遺伝子改変して，病原体の駆除に用いる paratransgenic と呼ばれる方法が近年提唱されている。

ツェツェバエの二次共生細菌 *Sodalis* は，細胞内共生細菌としては珍しく培養が可能である。そこで，*Sodalis* を遺伝子改変して抗病原微生物活性ペプチドを発現させることにより，ツェツェバエが媒介するアフリカ睡眠病の原因となる寄生性原虫 *Trypanosoma brucei* を防除することを目指した研究が行われている[60, 61]。

同様の試みは，シャーガス病の原因となる *Trypanosoma cruzi* を媒介するオオサシガメ亜科昆虫や[62]，マラリア原虫を媒介するハマダラカ *Anopheles* の共生細菌を用いても行われている[63]。これらの方法は，昆虫自体の遺伝子改変よりも一般に容易であり，防除技術の開発に有効な手段となろう。

5.3 生殖を操作する共生細菌を用いた害虫防除，有用系統の作出

マラリア原虫等の昆虫媒介性病原体の蔓延を抑えるためには，媒介能力のない(低い)昆虫の割合を如何に集団中に広めるかが問題となる。これを解決するために，*Wolbachia* が引き起こす

第 20 章　昆虫細胞内共生細菌—その機能と応用—

細胞質不和合を利用した方法が考案されている[60,64]。前述 (4.5) のように，細胞質不和合には Wolbachia 感染虫の割合を集団中に増やしていく効果がある。従って，病原体媒介能力の低い昆虫に Wolbachia を感染させて野外に放飼すれば，世代を経るごとに低媒介性虫の割合が増えていき，集団中での病原体の抑制につながることが期待される。

　農業用生物防除資材として，害虫の体内に卵を産む寄生蜂が利用されている。防除資材として有効なのは，卵を産むメスだけなので，メスを効率よく得ることが重要である。Wolbachia は寄生蜂などに産雌性単為生殖化を引き起こす (4.5) ので，この性質を利用すればメスだけを得ることができるだけでなく，卵をたくさん産むなどの有用形質をもった寄生蜂のクローン増殖が可能となる[65,66]。

5.4　共生細菌遺伝子組換え植物による植物病原ウイルスの防除

　上述 (4.3) のように，アブラムシの必須共生細菌 Buchnera やコナジラミの二次共生細菌から発現される GroEL タンパク質は，循環型のウイルスと高い親和性を持つことが知られている。この性質を利用して植物病原ウイルスをトラップするという防除法が考案されている。遺伝子組換えベンサミアナタバコ Nicotiana benthamiana で発現させたタバココナジラミの GroEL は，tomato yellow leaf curl virus や，cucumber mosaic virus と結合し，これらの病原ウイルスに対する高い抵抗性を賦与した[67]。4.3 で述べたように，昆虫体内では免疫作用から免れるために，多くの循環型ウイルスが共生細菌の GroEL に結合していると考えられている。それ故，GroEL 発現植物では多くのウイルスをトラップして，広い防除範囲が期待できよう。

5.5　共生細菌由来有用物質の活用

　アオバアリガタハネカクシ Paederus fuscipes の共生細菌が生産する毒物質 pederin は，本来は外敵からの宿主の防御に用いられるものであるが，抗腫瘍剤として利用できる可能性も指摘されている[68]。この他，多種多様な共生細菌が生理活性物質を生産していることが報告されており[69]，有用遺伝資源の探索源としての重要性も認識されつつある。

6　おわりに

　本章では，昆虫細胞内共生細菌が，栄養補償や，環境適応，さらには他種生物との相互作用にまで幅広く関わっている事例を概観し，それらの性質を利用した害虫や病原体の防除技術，遺伝資源としての有効利用への取り組みについて紹介した。昆虫は，種数・個体数ともに地球上でもっとも繁栄した動物であり，その多くが機能未知の共生微生物を保有している。故に昆虫は，非常

に身近でありながら，手つかずの遺伝資源を内包した存在であると言えよう。この分野の発展におおいに期待したい。

文　献

1) L. Margulis & R. Fester, *Symbiosis as a source of evolutionary innovation*, MIT Press (1991)
2) P. Buchner, *Endosymbiosis of animals with plant microorganisms. Interscience* (1965)
3) K. Bourtzis & T. Miller, *Insect Symbiosis*, CRC Press (2003)
4) K. Bourtzis & T. Miller, *Insect Symbiosis 2*, CRC Press (2005)
5) K. Bourtzis & T. Miller, *Insect Symbiosis 3*, CRC Press (2008)
6) 中鉢淳，石川統，難培養性微生物研究の最新技術―未利用微生物資源へのアプローチ―，174-185，シーエムシー出版 (2004)
7) Y. Kikuchi, *Microbes Environ.*, **24**, 195-204 (2009)
8) A. E. Douglas, *Advances in Insect Physiology*, **31**, 73-140, Academic Press (2003)
9) P. Baumann, *Annu. Rev. Microbiol.*, **59**, 155-189 (2005)
10) J. P. McCutcheon et al., *Proc. Natl. Acad. Sci. U. S. A.*, **106**, 15394-15399 (2009)
11) L. Akman et al., *Nat. Genet.*, **32**, 402-407 (2002)
12) K. Sasaki-Fukatsu et al., *Appl. Environ. Microbiol.*, **72**, 7349-7352 (2006)
13) J. Russell et al., *Mol. Ecol.*, **12**, 1061-1075 (2003)
14) M. Thao et al., *Curr. Microbiol.*, **41**, 300-304 (2000)
15) M. Thao et al., *Appl. Environ. Microbiol.*, **68**, 3190-3197 (2002)
16) M. Thao et al., *Curr. Microbiol.*, **48**, 140-144 (2004)
17) J. P. McCutcheon & N. A. Moran, *Proc. Natl. Acad. Sci. U. S. A.*, **104**, 19392-19397 (2007)
18) D. Wu et al., *PLoS Biol.*, **4**, e188 (2006)
19) J. P. McCutcheon et al., *PLoS Genet.*, **5**, e1000565 (2009)
20) V. Pérez-Brocal et al., *Science*, **314**, 312-313 (2006)
21) M. J. Gosalbes et al., *J. Bacteriol.*, **190**, 6026-6029 (2008)
22) T. Fukatsu, *Appl. Environ. Microbiol.*, **67**, 5315-5320 (2001)
23) von Dohlen et al., *Nature*, **412**, 433-436 (2001)
24) Y. Matsuura et al., *Zool. Sci.*, **26**, 448-456 (2009)
25) H. E. Dunbar et al., *PLoS Biol.*, **5**, e96 (2007)
26) J. P. Harmon et al., *Science*, **323**, 1347-1350 (2009)
27) C. B. Montllor et al., *Ecol. Entomol.*, **27**, 189-195 (2002)
28) R. Koga et al., *Proc. R. Soc. Lond., B, Biol. Sci.*, **270**, 2543-2550 (2003)
29) T. Tsuchida et al., *Science*, **303**, 1989 (2004)
30) T. Tsuchida et al., *Mol. Ecol.*, **11**, 2123-2135 (2002)

第 20 章　昆虫細胞内共生細菌―その機能と応用―

31) J. Eisenbach & T. Mittler, *Experientia*, **43**, 332-334 (1987)
32) Hosokawa *et al.*, *Proc. R. Soc. Lond., B, Biol. Sci.*, **274**, 1979-1984 (2007)
33) J. C. Brownlie *et al.*, *PLoS Pathog.*, **5**, e1000368 (2009)
34) S. A. Filichkin *et al.*, *J. Virol.*, **71**, 569-577 (1997)
35) van den Heuvel *et al.*, *J. Gen. Virol.*, **75**, 2559-2565 (1994)
36) van den Heuvel *et al.*, *J. Virol.*, **71**, 7258-7265 (1997)
37) F. Akad *et al.*, *Arch. Virol.*, **149**, 1481-1497 (2004)
38) S. Morin *et al.*, *Virology*, **256**, 75-84 (1999)
39) S. Morin *et al.*, *Virology*, **276**, 404-416 (2000)
40) K. M. Oliver *et al.*, *Proc. Natl. Acad. Sci. U. S. A.*, **100**, 1803-1807 (2003)
41) K. M. Oliver *et al.*, *Proc. Natl. Acad. Sci. U. S. A.*, **102**, 12795-12800 (2005)
42) K. M. Oliver *et al.*, *Science*, **325**, 992-994 (2009)
43) N. A. Moran *et al.*, *Proc. Natl. Acad. Sci. U. S. A.*, **102**, 16919-16926 (2005)
44) P. H. Degnan & N. A. Moran, *Mol. Ecol.*, **17**, 916-929 (2008)
45) P. H. Degnan & N. A. Moran, *Appl. Environ. Microbiol.*, **74**, 6782-6791 (2008)
46) C. Vorburger *et al.*, *Biol. Lett.*, in press.
47) C. L. Scarborough *et al.*, *Science*, **310**, 1781 (2005)
48) L. Teixeira *et al.*, *PLoS Biol.*, **6**, e1000002 (2008)
49) L. M. Hedges *et al.*, *Science*, **322**, 702 (2008)
50) D. Y. Panteleev *et al.*, *Russ. J. Genet.*, **43**, 1066-1069 (2007)
51) S. L. O'Neill *et al.*, Influential passengers : *Inherited microorganisms and arthropod*, reproduction, Oxford University Press (1998)
52) 陰山大輔, 分子昆虫学―ポストゲノムの昆虫研究―, 274-287, 共立出版 (2009)
53) S. Banerjee *et al.*, *J. Biol. Chem.*, **279**, 23782-23789 (2004)
54) I. Dutta *et al.*, *Plant Sci.*, **169**, 996-1007 (2005)
55) S. Shigenobu *et al.*, *Nature*, **407**, 81-86 (2000)
56) R. Gil *et al.*, *Proc. Natl. Acad. Sci. U. S. A.*, **100**, 9388-9393 (2003)
57) A. Nakabachi *et al.*, *Science*, **314**, 267 (2006)
58) M. Wu *et al.*, *PLoS Biol.*, **2**, 0327-0341 (2004)
59) P. H. Degnan *et al.*, *Proc. Natl. Acad. Sci. U. S. A.*, **106**, 9063-9068 (2009)
60) S. Aksoy, *Vet. Parasitol.*, **115**, 125-145 (2003)
61) S. Aksoy & R. V. M. RIo, *Insect Biochem. Mol. Biol.*, **35**, 691-698 (2005)
62) C. B. Beard *et al.*, *Annu. Rev. Entomol.*, **47**, 123-141 (2002)
63) G. Favia *et al.*, *Adv. Exp. Med. Biol.*, **627**, 49-59 (2008)
64) Z. Xi *et al.*, *Science*, **310**, 326-328 (2005)
65) R. Stouthamer *et al.*, *Nature*, **361**, 66-68 (1993)
66) M. Kubota *et al.*, *Entomol. Exp. Appl.*, **117**, 83-87 (2005)
67) D. Edelbaum *et al.*, *Arch. Virol.*, **154**, 399-407 (2009)
68) R. Narquizian & J. Kocienski, *The Role of Natural Products in Drug Discovery*, 25-56, Springer (2000)

69) J. Piel, *Nat. Prod. Rep.*, **26**, 338-362 (2009)
70) A. Heddi, *Insect symbiosis.*, CRC Press, 67-82 (2003)
71) Bandi *et al.*, *Proc. R. Soc. Lond., B, Biol. Sci.*, **259**, 293-299 (1995)
72) Guay *et al.*, *J. Insect Physiol.*, **55**, 919-926 (2009)
73) Gottlieb *et al.*, *FASEB J.*, **22**, 2591-2599 (2008)
74) Perotti *et al.*, *FASEB J.*, **20**, E1646-E1656 (2006)

第21章 難培養微生物と創薬リード探索

山本英作[*1], 江崎正美[*2]

1 微生物由来の創薬リード化合物探索

　1940〜50年代のいわゆる「抗生物質探索の黄金期」には，約12,000の生物活性を有する微生物由来の新規化合物が発見された[1]。そして，現在でも毎年300〜400程度の新規化合物が発見され，2003年までの総計では，およそ31,600化合物が報告されている。生産菌としての微生物分類群の割合は，カビなどの真菌が35％，放線菌が48％および細菌が17％程度と報告[2]されている。これらの化合物のうち何らかの生物活性を有しているのは20,200化合物であり，抗細菌，抗真菌活性を示す化合物が半数以上を占め，抗腫瘍，抗ウイルス活性を示すものを加えると全体の75％を超える[3]。その他には抗炎症，免疫調節，コレステロール低下および血糖低下の活性の報告が多い。それらの中から抗生物質，抗腫瘍剤，高脂血症治療剤，血糖低下剤あるいは免疫抑制剤など，多様な医薬品が上市され，現在でも約100化合物が使用されており，依然として医薬品の探索源としてのニーズは高い。

　微生物からの創薬リード探索の流れは図1に示す通りである。まず，目的とする微生物群の生息環境を予測できる基盤情報（地理的環境，生態環境，地層，動植物相，気候帯など）に基づき，分離源（土壌，植物，動物，昆虫など）を採集する。その後，様々な技術を駆使して試料中の目的微生物群を検出・分離する。分離した菌株はライブラリー化し，適切な条件で保存管理する。次に，微生物の培養抽出物を特定のあるいは様々なスクリーニング系でアッセイする。ヒットサンプルが見られた場合は，大量培養系を確立し，活性物質の単離・構造決定を行う。取得した化合物については $in\ vitro$ および $in\ vivo$ 実験で薬効評価を行い，良好な結果が得られた場合にリード候補化合物として選択する。リード候補化合物は，誘導体合成，微生物変換法などを用いて物性，代謝，毒性，活性などを改善するための最適化研究へと進む。これらの過程を経て，開発化合物が決定される。

　微生物由来の医薬品の上市確率は1％以下であり，新規物質を見出してもほとんどは試験過程でドロップする。さらに1990年代後半からは，新規物質発見の困難性，研究開発コストの高騰，

---

*1 Eisaku Yamamoto　アステラス製薬㈱　研究本部　醗酵研究所　醗酵基盤研究室　研究員
*2 Masami Ezaki　アステラス製薬㈱　研究本部　醗酵研究所　醗酵基盤研究室　主管研究員

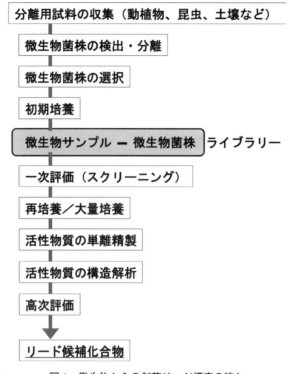

図1　微生物からの創薬リード探索の流れ

HTS（High-Throughput Screening）やコンビナトリアル化学の発展に伴う価値観の変化（天然物から合成化合物へ）などによって，天然物研究に壁が見え始めた。しかし21世紀になり，ゲノム研究や蛋白機能研究技術などの進展により，既存の合成化合物の限界を超え，抗体等の高分子や天然物も含めた多様な化合物の要請が高まった。微生物についても，これまで技術的課題により研究困難であった領域での研究を可能にするハード・ソフト両面での展開が見え始めた。本稿の主題である難培養微生物研究も，これまで手つかずであった膨大な未知の微生物資源・遺伝子資源の掘り起こしに挑戦し，有用物質探索への新たな展開を図ろうとする新しい切り口のひとつである。

2　難培養微生物が作る生理活性物質

難培養微生物を扱う際には，それぞれの微生物に適した培養技術の開発から行わなければならない。創薬研究における生理活性物質のスクリーニングにはまとまった数のサンプルが求められることから，探索源としての実績がなく多数の菌株を入手する事が困難な微生物のライブラリー

第 21 章　難培養微生物と創薬リード探索

化に注力する事は難しかった。そのため，これまでに見出されている生理活性物質の数は多くはない。

　その中でも，最もインパクトのある化合物は epothilone 類である。Epothilone 類は分離培養が難しい粘性細菌の一種 *Sorangium cellulosum* So ce90 株から見出された生理活性物質であり，接合菌類 *Mucor hiemalis* に対して特異的な抗真菌活性を示す。ヒト膀胱癌細胞等の動物細胞に対しても強力に細胞死を誘導し[4]，その作用はタキサン系抗癌剤と同様に，微小管の脱重合阻害による細胞増殖抑制を機序としている事が明らかとなっている[5]。さらにタキサン系抗癌剤の耐性細胞においても有効性を示す事から開発が進められ，epothilone B の誘導体である ixabepilone が 2007 年に FDA からの承認を受け，転移性乳癌治療薬として臨床現場で用いられている。

　また，近年では「多くの海洋生物由来の生理活性物質が共生微生物により産生される」と考えられるようになり，培養が困難な共生微生物から海洋生物由来の生理活性物質を取得しようという研究が積極的に行われている。しかしながら，実際にそれらの化合物を共生微生物の培養液から見出す事は容易ではなく，微生物が産生している事を証明した例は僅かである。細胞毒性活性を示す bryostatin 1，抗真菌活性を示す theopalauamide は，その数少ない例として知られている。Bryostatin 1 はコケムシ *Bugula neritinakara* から見出された[6]が，その後の研究で，共生微生物である *Endobugula sertula* が産生している事が明らかとなった[7]。本化合物は強力なプロテインキナーゼ C 阻害剤であり，非ホジキンリンパ腫[8]や転移性メラノーマなどの治療剤として臨床試験が実施された[9]（いずれも Phase Ⅱ試験で中止）他，虚血性脳疾患などにも有効である可能性が示されている[10]。また，theopalauamide は海綿 *Theonella swinhoei* から見出され[11]，共生している粘性細菌の近縁種 *Entotheonella palauensisi* が産生している事が明らかとされている[12]。ただし，どちらの共生微生物についても遺伝子の検出による検証であり，実際に培養により化合物を産生させる事には成功していない。

　さらに，嫌気性細菌は様々な自然環境に生息しているが，分離培養法が難しい上に，好気性細菌に比べて物質生産能が低いと考えられており，それらの生産物の探索研究はあまり行われてこなかった。報告されている生理活性物質のほとんどが病原性毒素などをはじめとするタンパク質，高分子多糖，バクテリオシンあるいは有機酸などであり，創薬リード化合物の候補となりそうな低分子化合物の報告はごく僅かである。そのうちの 1 つが reutericyclin であり，嫌気性菌 *Lactobacillus reuteri* LTH2584 が産生し，幅広いスペクトラムの抗菌活性を示す事が知られている[13]。

　本章では，難培養性微生物を用いた創薬リード化合物探索の一例として，ユニークな環境に生存する偏性嫌気性細菌から見出した新規生理活性物質について紹介する。

3 放線菌集落内に生育する嫌気性細菌

3.1 共生する嫌気性細菌の発見

我々は，茨城県で採集した土壌から放線菌や細菌を好気条件下で分離する過程において，YM寒天培地で好気的に生育する黄色のコロニーを発見した。

この黄色コロニーを継代すると，興味深いことに必ず黄色コロニーと白色コロニーの2種類が出現し，黄色コロニーは数日で継代不能となる現象が認められた。これらのコロニーを顕微鏡下で観察したところ，白色コロニーでは放線菌（SYA株）のみが見られたが，黄色コロニーではSYA株のコロニー内部に，偏性嫌気性細菌（SYB株）が生育している事を見出した[14]（図2c）。この共生状態のコロニーは好気条件での継代で必ず出現したが，SYA株は好気培養において白色コロニーとして，そしてSYB株は嫌気培養することにより純化が可能であった。また，好気条件下においてSYA株とSYB株を共培養する事で，共生状態の再現も確認できた（図3）。

SYA株は偏性好気性グラム陽性細菌で，運動性を持たない。短桿菌から球菌で多形性の栄養菌糸を形成する（図2b）が，胞子形成能はない。この菌株はYM寒天培地，30℃で7日間培養後に直径2 mmの淡黄色のコロニーとして良好な生育を示した。SYA株は16S rRNA遺伝子配列の系統解析および，形態学的・生理学的な性質等により*Rhodococcus*属の細菌として同定した（*Rhodococcus* sp. NBRC104304）[15]。

一方，SYB株は偏性嫌気性グラム陽性菌で，周毛性鞭毛を持ち運動性がある。長桿菌で，芽胞形成能があり耐熱性を有している（図2a）。この菌株は生育が遅いものの，嫌気条件下BP寒天で25℃，14日間培養後に直径2〜3 mmの黄色の円形コロニーを形成した。本菌株は16S rRNA遺伝子配列の系統解析，形態観察および生理学的な性質等により*Sporotalea*属に属する事が確かめられた。*Sporotalea*属は，ごく最近に*Acidaminococcaceae*科の新属であると提唱され[16,17]，種としては*Sporotalea propionica*のみが知られている。SYB株と*S. propionica*のタイプ株ATCC BAA-626株との比較を表1に示す。両株は色素生産性や酸生産性などにおいて異なっ

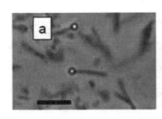 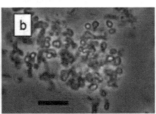 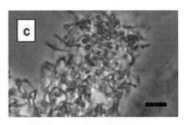

図2 *Sporotalea colonica* SYB株と*Rhodococcus* sp. SYA株の位相差顕微鏡写真

a：*Sporotalea colonica* SYB株，b：*Rhodococcus* sp. SYA株，c：共培養下のSYA株とSYB株。バーは全て10 μmを示す。

第21章 難培養微生物と創薬リード探索

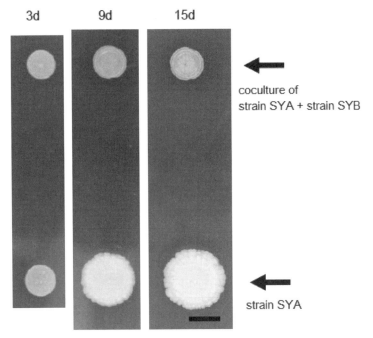

図3 共培養によるコロニー形態の変化
YM 寒天培地上での共培養によるコロニー形成を観察。バーは全て 10 mm を示す。

ており，さらに両株間の DNA-DNA hybridization の結果が 54% であったことから，両株が別種である事が確認された。そのため，SYB 株を Sporotalea 属の新種 Sporotalea colonica として提唱した (NBRC104305)[14]。

3.2 Sporotalea colonica SYB 株が産生する新規抗生物質 naphthalecin

この共生状態の黄色コロニーは数日で継代不能となる事から，コロニー中に SYA 株の生育に影響を及ぼす因子が存在すると予想された。共生する SYB 株が抗菌物質を産生している可能性が考えられたため，SYB 株を嫌気条件下で培養したところ，その培養抽出物に SYA 株に対する活性が認められた。そこで，BPM 寒天培地で 25℃，14 日間嫌気培養後，菌体を回収し 60% アセトンに続いて酢酸エチルで 2 回抽出し，HPLC で精製することにより，活性物質を単離した。各種機器分析による構造解析によって新規物質であることが判明し，新規抗生物質 naphthalecin の取得に成功した[14](図4)。この naphthalecin については，SYA 株を含めたグラム陽性菌に対する抗菌活性 (表2) と，マウスリンパ腫 EL-4 細胞に対する細胞毒性 (IC_{50} = 0.16 mg/mL) を確認しており[14]，今後，更に各種スクリーニング系での評価を行ない，生物活性の探索を進める予定である。

表1 SYB株と *Sporotalea propionica* ATCC BAA-626 の比較

Characteristics	Strain SYB	Strain ATCC BAA-626^T
Cell shape	long rod	long rod
Cell size	0.5〜0.8 × 2〜15 μm	0.5〜0.7 × 2〜12 μm
Spore formation on BP agar	+	+
Motility	+	+
Flagellum	+, peritrichous	+, peritrichous
Temperature range for growth	15〜35℃ (25〜30℃ opt.)	10〜35℃ (20〜25℃ opt.)
pH range for growth	6.0〜9.0	5.5〜9.0
Production of yellow pigments	+	−
Production of indole	−	−
Production of urease	−	−
Hydrolysis of gelatin	+	+
Acid production from D-glucose	+	−
sucrose	−	−
maltose	+	−
salicin	+	−
D-xylose	+	−
L-arabinose	+	−
glycerol	+	+
D-mannose	+	−
D-melezitose	−	−
D-raffinose	−	−
D-sorbitol	+	−
DNA GC%	40.4%	39.6%

Symbols represent ＋：positive, －：negative

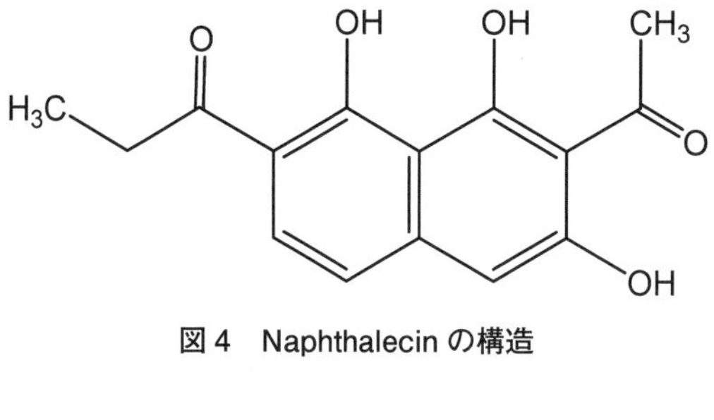

図4 Naphthalecin の構造

3.3 共培養と naphthalecin 産生

　SYA 株の純粋培養においては CFU が 15 日間まで維持されていた（図 5a）が，SYB 株との共培養においては SYA 株の CFU は徐々に低下し，9 日目には検出限界以下となった（図 5b）。その一方，SYA 株との共培養において，SYB 株の CFU は 15 日間まで維持されていた。共培養初期のコロニーの構成としては，SYA 株が優勢であったが，経時的に SYB 株が優勢となり，最終的

第 21 章　難培養微生物と創薬リード探索

表 2　Naphthalecin の抗菌活性

Microorganisms	MIC (μg/ml)
Strain SYA	3.1
Rhodococcus rhodochrous JCM3202	25.0
Bacillus subtilis IFO3301	25.0
Staphylococcus epidermidis ATCC12228	25.0
Micrococcus luteus IAM1056	3.1
Pseudomonas fluorescens IFO3903	>100
Pseudomonas putida IFO3738	>100
Escherichia coli IFO3301	>100
Saccharomyces cerevisiae IAM4017	>100
Aspergillus niger IFO2561	>100

には SYB 株のみが生き残るという結果となった。

　また，この培養条件において naphthalecin の産生は，SYA 株と SYB 株の共培養条件下でのみ検出され，9 日目に 0.3 mg/g まで増加した（図 5b）。また，naphthalecin を産生しない SYB 変異株と SYA 株の共培養を行ったところ，SYA 株の CFU は 15 日間を経ても維持される事がわかった（図 5c）[15]。

3.4　*Sporotalea colonica* SYB 株の共生（寄生）機構

　SYB 株の細胞は常に SYA 株のコロニーの内側で見られ，表面や外側には見られない。共培養 3 日目では，運動性が活発な SYB 株の栄養細胞が *Rhodococcus* sp. SYA 株の栄養細胞と凝集体を作っているが，共培養 6 日目では SYB 株の胞子形成と SYA 株の溶解が観察された（図 2c, 図 6）。これまでにも，嫌気性菌が好気条件下で好気性菌と共生するという例は，いくつか報告されている[18,19]。これらのケースでは，好気性菌の栄養細胞近傍が微好気環境あるいは嫌気環境となると考えられ，嫌気性菌の共生が可能であると説明されいる[20,21]。それと同様に，SYA 株の生育コロニー内が嫌気状態であるため，SYB 株が生育可能となっていると推測している。また，SYB 株との共培養により，SYA 株の CFU は徐々に減少し，最後には死滅した。Naphthalecin の産生量が SYA 株に対する MIC の約 100 倍となる事，そして SYA 株が naphthalecin 非産生変異株との共培養においては純粋培養と同様の生育が見られた事から，この現象が SYB 株の産生する naphthalecin により引き起こされていると考える事が妥当であろう。

　これらの結果から，SYB 株は SYA 株から生育に必要な嫌気環境を得て，生育後に SYA 株を死滅させているため，共生菌というよりも細菌寄生細菌と言えるかもしれない。これまでに知られている細菌寄生細菌[22〜28]では，宿主からエネルギーや栄養を奪い，そして細胞侵入や細胞溶解

難培養微生物研究の最新技術Ⅱ

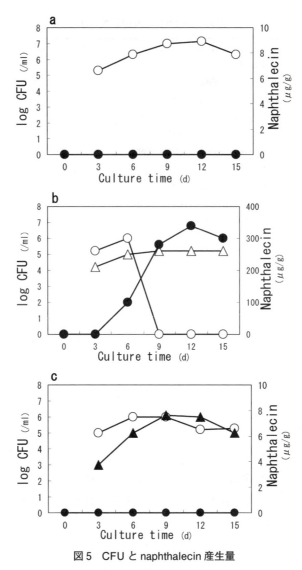

図5　CFUとnaphthalecin産生量

a：SYA株純粋培養，b：SYA株とSYB株の共培養，c：SYA株とSYB変異株との共培養。記号は，○：SYA株のCFU，△：SYB株のCFU，▲：SYB変異株のCFUおよび●：naphthalecinをそれぞれ示す。

により宿主を死滅させるという例などが示されている。しかしながら，このSYB株の寄生機構では，宿主の嫌気環境を利用する点，低分子の抗生物質により宿主を死滅させる点など，これまでとは大きく異なったメカニズムであった。

3.5　創薬リード探索にむけて

偏性嫌気性細菌が産生する低分子生理活性物質の例はこれまでにほとんど無く，naphthalecin

第 21 章　難培養微生物と創薬リード探索

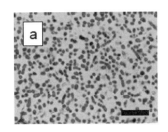 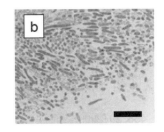 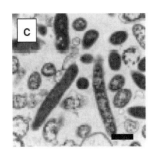

図 6　共培養の電子顕微鏡写真

YM 寒天培地上で 6 日間生育したコロニーの電子顕微鏡写真。a：SYA 株，b, c：SYA 株と SYB 株の共培養。バーは 10 μm（a, b）および 1 μm（c）を示す。

の発見で嫌気性細菌群のスクリーニングソースとしての可能性を示すことができた。また，SYB 株のこの共生・寄生関係は特異的なものではなく，他のいくつかの好気性菌との共培養でも同様の関係が見られた[15]事から，この現象が自然界でも広範に存在しうるものと考えられる。このような事例を他にも見出すことができれば，スクリーニングへの応用が期待できる。例えば，ある病原菌に有効な抗菌剤を取得したいと考えた場合，標的とする病原菌に共生・寄生している菌を分離し，スクリーニングソースとする事で効率的に抗菌物質が得られるかもしれない。さらに拡げて考えると，バイオフィルムの内部，さらには腸管内などの嫌気環境において，他の菌あるいは宿主とバランスをとりつつ生育している偏性嫌気性菌を活用する事で，共生・寄生現象を調節している新たな生理活性物質の発見に繋がるかもしれない。

4　おわりに

これまでに難培養微生物から見出された化合物で実用化されているものは，非常に少ない。また，その名の通り，化合物の製造においてはひと工夫が求められる。研究レベルの培養なら可能でも，工業スケールの培養になるとスケールアップが難しい場合もあると思われる。そのため，これまでは創薬リード探索のスクリーニングソースとしては，ほとんど用いられてこなかった。しかしながら，難培養微生物をめぐる研究は近年急速に発展しており，中でも eDNA を利用したメタゲノム解析による，二次代謝産物生合成遺伝子の研究は特に注目されている。

今後，分離・培養技術の進展，あるいは生合成遺伝子の解析・発現技術開発などを含む生合成工学の発展などにより，難培養微生物由来のユニークな生理活性物質が増加し，新たな創薬リード化合物が生まれると期待している。

文　献

1) A. L. Demain *et al.*, *Mol. Biotechnol.*, **38**, 41 (2008)
2) F. Marinelli, "Abstract book 1st FEMS Congress of European Microbiologists", p8, Ljubljana, Slovenia (2003)
3) F. Marinelli, *Methods Enzymol.*, **458**, 29 (2009)
4) K. Gerth *et al.*, *J. Antibiot.*, **49**, 560 (1996)
5) D. M. Bollag *et al.*, *Cancer Res.*, **55**, 2325 (1995)
6) G. R. Pettit *et al.*, *J. Am. Chem. Soc.*, **104**, 6846 (1982)
7) S. K. Davidson *et al.*, *Appl. Environ. Microbiol.*, **67**, 4531 (2001)
8) M. Varterasian *et al.*, *Blood*, **92** (Suppl. 1), 412 (1998)
9) A. Y. Bedikian *et al.*, *Melanoma Res.*, **11**, 183 (2001)
10) M. K. Sun *et al.*, *Eur. J. Pharmacol.*, **512**, 43 (2005)
11) E. W. Schmidt *et al.*, *J. Org. Chem.*, **63**, 1254 (1998)
12) E. W. Schmidt *et al.*, *Mar. Biol.*, **136**, 969 (2000)
13) A. Höltzel *et al.*, *Angew Chem. Int. Ed. Engl.*, **39**, 2766 (2000)
14) M. Ezaki *et al.*, *J. Antibiot.*, **61**, 207 (2008)
15) M. Ezaki *et al.*, 投稿準備中
16) M. Rogosa, *J. Bacteriol.*, **98**, 756 (1969)
17) G. M. Garrity *et al.*, "Bergey's Manual of Systematic Bacteriology 2nd edn.", Vol.1 p156, Springer, New York (2001)
18) J. Gerritse *et al.*, *FEMS Microbiol. Lett.*, **66**, 87 (1990)
19) J. Gerritse *et al.*, *J. Gen. Microbiol.*, **139**, 1853 (1993)
20) A. C. Peters *et al.*, *J. Gen. Microbiol.*, **133**, 1257 (1987)
21) E. Werner *et al.*, *Appl. Environ. Microbiol.*, **70**, 6188 (2004)
22) M. P. Starr *et al.*, *J. Bacteriol.*, **91**, 2006 (1966)
23) Y. Davidov *et al.*, *Environ. Microbiol.*, **8**, 2179 (2006)
24) J. J. Germida *et al.*, *Appl. Environ. Microbiol.*, **45**, 1380 (1983)
25) R. Guerrero *et al.*, *Proc. Natl. Acad. Sci. USA*, **83**, 2138 (1986)
26) J. C. Burnham *et al.*, *Arch. Microbiol.*, **129**, 285 (1981)
27) W. Shi *et al.*, *Nature*, **366**, 414 (1993)
28) D. A. Hogen *et al.*, *Science*, **296**, 2229-2232 (2002)

第 22 章　食品・環境と難培養性微生物

重松　亨*

1　はじめに

　食品と微生物の関わりには多種多様なものがある。発酵・醸造のように微生物が食品を好ましいものに変化させる場合もあるが，腐敗・食中毒のように微生物が食品に対して好ましくない変化をもたらす場合もある。食品製造における重要な業務の一つである衛生管理の目的は，安全な食品を製造・提供しながら，食中毒などの事故を未然に防止することである。特に原材料の食中毒菌の検査が容易にできれば，トラブルを未然に回避でき，またその後の工程の衛生管理に役立つ。通常，食品および原材料の微生物検査で汚染指標としている生菌数の測定には，好気的な条件下で生育する中温細菌（20～40℃）を対象として寒天平板培養法が用いられている[1,2]。また，食中毒菌の分離・検出に一般的に用いられている培地の多くも寒天培地である。

　ところが，近年，微生物が生息する様々な試料において，顕微鏡下で存在が認められる微生物数が寒天平板培地を用いたプレートカウントよりも数オーダー大きいことが明らかになってきた[3]。また，生理活性を保持しているが何らかのストレスにより寒天培地上にコロニーを形成できない Viable but NonCulturable（VNC）微生物[4]が食品や環境中に多数存在するということも明らかになってきた。腸管出血性大腸菌 O157：H7，レジオネラ菌，コレラ菌はいずれも，ヒトの体内から分離した場合は固体培地上で増殖するが，環境中に放出されると VNC 状態に移行することが分っている[5]。こうした，通常の方法では培養できない難培養性微生物にはどんな種類のものがいて，それらがどういう機能を持ち，食品および原材料にどのように影響するのかを解明することが，食品微生物学の大きな課題の一つとして浮かび上がってきた。

　難培養性微生物を含めた微生物を解析できる新しい方法として，主として 16S rRNA 遺伝子を標的とする培養操作を介さない分子生物学的手法が登場してきた。この方法は特に環境微生物学の領域において威力を発揮し様々な有益な知見が蓄積されており，食品微生物学の領域においても食品中の微生物群集解析[6,7]や食中毒菌の検出等に応用されている[8]。しかし，こうした培養非依存的な手法は微生物種による標的遺伝子のコピー数の違い，PCR バイアス，死細胞を検出する可能性，さらに，遺伝子として検出された微生物の代謝機能について得られる情報が少ないな

---

*　Toru Shigematsu　新潟薬科大学　応用生命科学部　食品科学科　准教授

どの短所も併せ持っている。本稿では，液体培養を基礎とすることで培養可能な微生物の範囲を拡大しつつ微生物群集解析が可能な方法を目指したわれわれの取り組みを紹介したい。

2 食品中の難培養性微生物

食品中の難培養性微生物数を概算するために，ワカメに存在する細菌の 4′,6-diamidino-2-phenylindole（DAPI）による直接計数を行い，寒天培養法によるコロニーカウントと比較した。ワカメ試料 10 g に生理食塩水を 90 ml 加え，ストマッカーを用い均質化した。ゴミや原生生物を取り除くため，ポアサイズ 1.0 μm のメンブレンフィルターを用いて濾過した濾液を原液試料とした。この試料を生理食塩水で希釈し直接計数を行うと同時に，海洋細菌用の 1/5 strength ZoBell 2216E 寒天平板培地および一般細菌数測定用の標準寒天培地にて 20℃で 4 日間培養し，コロニー数から生菌数を求めた。

その結果，直接計数の結果はコロニーカウントに比較して約 4 桁高い値を示した（表 1）。このことから，寒天平板培養では増殖能を示さない微生物がワカメにおいて数多く存在することが示された。また，2 種類の寒天平板培地を用いたコロニーカウントの結果の比較から，ワカメには標準寒天培地よりも，1/5 strength ZoBell 2216E 培地で増殖する微生物が多く存在する傾向が示された。

表 1 ワカメの直接計測およびコロニーカウント

直接計数 (cells g^{-1})	コロニーカウント (CFU g^{-1})	
	1/5 strength ZoBell 2216E	標準寒天培地
1.03×10^8 (5.97×10^7)	2.41×10^4 (1.59×10^4)	1.85×10^4 (7.83×10^3)

数値は 3 回の実験の平均値であり，標準偏差を括弧内に示した。

3 液体培養と固体培養

特に海洋微生物学の領域において，液体培養に基づく最確数（MPN）法による生菌数が寒天平板培養に基づくコロニーカウントによる生菌数よりも高い値を示すということが認められ，液体培養法により培養可能な微生物の範囲を拡大できる可能性が示された。このことが液体培地を用いた MPN 法や限界希釈培養法およびその改良法の確立を導き，新規な難培養性微生物の単離という成果をもたらしてきた[9,10]。

こうした液体培養による培養可能微生物の範囲の拡大は，同時に，難培養性微生物の部分集合として，寒天平板培地では増殖できないが同じ組成の液体培地中では増殖が可能な ILC（In-liq-

第22章　食品・環境と難培養性微生物

uid culturable) 状態の微生物[11]の存在を示唆している．食品衛生あるいは食品微生物学の立場に立つと，ILC 微生物は食品中で増殖する可能性があるが寒天培地上では検出できないことになり，大きな問題を引き起こすと考えられる．そこで，われわれは，ILC 微生物を標的とした液体培養による微生物の分離培養ならびに検出系の構築が重要と考え，試料を液体培地で希釈したものを 96 ウェルマイクロプレート 10 枚（960 ウェル）に分注し培養する液体培地希釈法を構築した[12,13]．

希釈した試料をマイクロプレートに分注すると，各ウェルへの微生物細胞の分配は以下のポアソン分布に従う：

$$p(r) = \frac{m^r}{r!} \cdot e^{-m} \tag{1}$$

ただし，r は 1 個のウェルに分配される細胞数，m は希釈試料中の平均細胞濃度，$p(r)$ は r 個の細胞がそのウェルに分配される確率である．総数 N 個のウェル中，n 個のウェルに 1 個以上の細胞が分配される確率は以下の式であらわされる：

$$f(m) = {}_N C_n (p(0))^{(N-n)} (1-p(0))^n = {}_N C_n (e^{-m})^{(N-n)} (1-e^{-m})^n \tag{2}$$

ここで，ある n と N が仮定されるとき，$f(m)$ の最大値を与える m の値は式(2)から計算できる．この m の値を最確数とする方法が MPN 法である．

われわれは，96 ウェルマイクロプレート 10 枚（960 ウェル）に希釈した試料を分注した．$N = 960$ として増殖が認められたウェル数を n とすると，式(2)から，m が決定される．n の値がおおむね 100 以下の場合，各ウェルに分配される細胞数は，確率的にほとんど 1 個または 0 個となり，$n/960$ の値はほぼ MPN 値と同じ値をとる．そこで，試料を段階希釈し，100 個以下の増殖ウェル数となる希釈段階における増殖ウェル数に希釈倍数を乗じた値により生菌数を求めた．本手法は，960 本の試験管を用いた MPN 法と同等の精度の生菌数測定方法であり，最確数の推定を介さないので，本質的にはコロニーカウント法に近い測定方法と考えている．

構築した液体培地希釈法を食品および海水試料に適用し，液体培養法と寒天平板培養法による生菌数の比較を行った．水産物，塩加工食品，生野菜の 25 品目の食品および食品素材について，1/5 strength ZoBell 2216E 液体培地および寒天培地および標準寒天培地を用い，20℃で 3 日間好気的に培養して生菌数を求めた（表2）[12]．生野菜試料については，3 つの培養法による生菌数は概ね同等の数値を示し，液体培養と固体培養，そして培地成分の違いにより増殖能に違いを示す微生物の存在は認められなかった．一方，塩加工食品および水産物試料の大部分が，標準寒天培地よりも 1/5 strength ZoBell 2216E 寒天培地を用いた培養において高い生菌数を示した．海洋細菌用の 1/5 strength ZoBell 2216E 培地は 2.3% の NaCl を含むため，塩加工食品および水産物試

表2 各種食品試料における各培養法に基づく生菌数の比較[12]

試料タイプ	試料名	1/5 ZoBell 2216E 培地		標準寒天培地 (CFU g^{-1})
		液体培養 (cells g^{-1})	寒天平板培養 (CFU g^{-1})	
生野菜	キュウリ	1.6×10^4 (1.9×10^3)	2.2×10^4 (4.3×10^3)	5.6×10^3 (1.4×10^3)
	ナス	1.7×10^5 (3.4×10^4)	3.0×10^5 (2.7×10^4)	1.2×10^5
	ゴボウ	4.2×10^5 (5.3×10^4)	2.9×10^5 (4.5×10^4)	3.3×10^4 (3.1×10^3)
	レンコン	5.4×10^4 (4.5×10^3)	5.3×10^4 (7.5×10^3)	4.6×10^4 (9.8×10^3)
塩加工食品	タイナ漬	3.1×10^4	2.7×10^4 (6.2×10^3)	NT
	白菜漬	4.6×10^4 (6.5×10^3)	1.5×10^5 (1.7×10^4)	1.9×10^4 (3.6×10^3)
	塩漬けカズノコ	8.3×10^2	3.5×10^2	1.0×10^1
	イカ塩辛	1.0×10^2	3.0×10^2	3.0×10^1
水産物	カキ (Crassostrea gigas) [試料A]	7.7×10^5	7.2×10^5	1.7×10^4
	カキ (Crassostrea gigas) [試料B]	9.1×10^4 (1.2×10^4)	2.9×10^4 (4.4×10^3)	8.3×10^3
	アサリ (Ruditapes philippinarum)	8.0×10^6	1.3×10^7 (2.3×10^6)	5.1×10^5
	ハマグリ (Meretrix lusoria)	2.0×10^7	3.4×10^7	2.8×10^6
	ホタテ (Patinopecten yessoensis)	5.3×10^5 (3.1×10^4)	4.3×10^5 (4.4×10^4)	4.0×10^3
	ツブガイ (Buccinum isaotakii)	2.1×10^6	2.8×10^6	8.5×10^4
	アジ (Carangidae fam.)	7.1×10^3	5.2×10^3 (1.2×10^3)	1.5×10^3
	マアジ (Trachurus japonicus)	4.2×10^5 (7.6×10^4)	4.2×10^5 (7.2×10^4)	2.9×10^4
	サケ (Oncorhynchus keta)	1.8×10^6	2.4×10^6 (7.9×10^4)	9.6×10^4
	カレイ (Pleuronectes herzensteini)	3.2×10^5	3.3×10^5 (2.5×10^4)	7.5×10^3
	冷凍エビ (Penaeus monodon)	1.6×10^4	1.5×10^4 (1.3×10^3)	8.5×10^2
	生エビ (Pandalus eous)	1.3×10^5 (3.0×10^4)	1.6×10^5 (1.2×10^4)	1.2×10^4 (8.2×10^2)
	生ズワイガニ (Chionoecetes opilio)	2.5×10^5 (6.7×10^4)	3.2×10^5 (9.2×10^4)	2.6×10^3
	メカブ (Undaria pinnatifida) [試料A]	1.1×10^3	1.3×10^2 (1.8×10^1)	2.8×10^2
	メカブ (Undaria pinnatifida) [試料B]	1.4×10^4	1.3×10^4 (1.5×10^3)	8.1×10^2
	コンブ (Laminaria japonica)	4.1×10^3	2.5×10^2	2.0×10^1
	ワカメ (Undaria pinnatifida)	3.3×10^3	2.3×10^3	1.5×10^3

数値は2回以上の測定の平均値を示す。3回測定した試料については標準誤差を括弧内に示した。
CFU, colony forming unit ; NT, not tested.

料には標準寒天培地では増殖できない好塩性の細菌が多く存在する可能性が考えられた。1/5 strength ZoBell 2216E 培地を用いた液体培養と寒天平板培養での生菌数は，試験したほとんどの試料ではほぼ同等の値を示した。ただし，メカブ [試料A] とコンブについては，液体培養の方が寒天平板培養よりもそれぞれ約10倍および16倍の高い生菌数を示した。これらの結果から，試料によっては寒天平板培養よりも液体培養に適用しやすい難培養性微生物が存在する可能性が示唆された。しかし，メカブを再度購入し追試したところ，同様の差は観られず，再現性が確認

第 22 章　食品・環境と難培養性微生物

表 3　海水試料における液体および固体培養法に基づく生菌数の比較[13]

採水日	液体培養 (cells ml^{-1})^a	寒天平板培養 (CFU ml^{-1})^b	CFU/液体培養による生菌数 (%)
2004 年 12 月 21 日	5.2×10^3	4.4×10^2 (6.4×10^1)	8.5
2005 年 12 月 21 日	5.0×10^4	3.4×10^3 (4.4×10^2)	6.8
2006 年 1 月 11 日	3.2×10^4	2.7×10^3 (1.6×10^3)	8.4
2007 年 1 月 11 日	1.0×10^4	8.2×10^2 (5.9×10^1)	8.2

海水試料は新潟市浦浜海岸で採水した。
a：液体培養に基づく生菌数は 2 回の測定の平均値を示した。ただし，2007 年 1 月 11 日の試料は一回の測定値を示した。
b：寒天平板培養に基づく生菌数は 3 回の測定の平均値であり，標準偏差を括弧内に示した。
CFU, colony-forming unit.

できなかった（メカブ［試料 B］）。製品の採取時期による環境温度，製造工場や輸送時の温度，殺菌作業等による加工状況の変化において難培養性微生物の存在が左右される可能性も考えられる。

　次に，環境試料として海水を選び，1/5 strength ZoBell 2216E 液体培地および寒天培地を用い，20℃で 4 日間好気的に培養して生菌数を求めた（表 3）[13]。2004 年から 2007 年にかけて，新潟市浦浜海岸の表面海水を 4 回採水し試料として用いた。その結果，いずれの試料についても，液体培養の方が寒天平板培養よりも約 1 桁高い生菌数を示した。この結果から，海水試料中に寒天平板培養よりも液体培養に適用しやすい難培養性微生物が存在する可能性が示唆された。

4　液体培養に基づく微生物叢の解析

　われわれが構築したマイクロプレートを用いた液体分離培養法は，960 本試験管を用いた MPN 法と同等の精度を有する生菌数測定法であるだけでなく，同時に細胞の分離培養ができることが特徴である。特に，マイクロプレート 10 枚（960 ウェル）中，増殖の認められるウェル数が 100 以下の条件では，ほとんどのウェルにおいて分配される細胞数はポアソン分布から 1 個または 0 個と推定される。2007 年 1 月 11 日の海水を 10^4 倍に希釈した試料をマイクロプレート 10 枚に分注し，20℃で 4 日間好気的に培養したところ，98 個のウェルにおいて増殖が認められた。そこで，ウェルの培養液をそのまま鋳型に用いて 16S rRNA 遺伝子を PCR 増幅し，系統解析を行った[13]。

　98 個の培養液の系統解析を行ったところ，88 個が *Proteobacteria*，9 個が *Bacteroidetes*，1 個が *Actinobacteria* にそれぞれ分類された（表 4）。*Proteobacteria* に分類された培養液のうち 85 個が，*Rhodobacteriaceae* に分類され，そのうち 83 個の最近縁種は *Shimia marina* であり，2 個の最近縁種は *Donghicola eburnes* であった。その他，*Oceanospirillaceae*，*Campylobacteraceae* に分類さ

表4 2007年1月11日の海水試料から分離培養した細菌の16S rRNA遺伝子配列に基づく系統分類[13]

系統分類	分離培養液数	最近縁種	相同性
Proteobacteria	88		
Alphaproteobacteria	85		
Rhodobacteraceae	85		
Type 1	83	*Shimia marina* (AY962292)	95.1%
Type 2	2	*Donghicola eburneus* (DQ667965)	95.4%
Gammaproteobacteria	2		
Oceanospirillaceae	2		
Type 1	1	*Neptunomonas naphthovorans* (AF053734)	93.5%
Type 2	1	*Neptunomonas naphthovorans* (AF053734)	93.2%
Epsilonproteobacteria	1		
Campylobacteraceae	1	*Arcobacter nitrofigilis* (L14627)	95.0%
Bacteroidetes	9		
Flavobacteriaceae	9	*Flavobacterium granuli* (AB180738)	96.7%
Actinobacteria	1		
Microbacteriaceae	1	*Curtobacterium flaccumfaciens* (AM410688)	100.0%
Total	98		

れた培養液がそれぞれ2個および1個得られた。*Bacteroidetes*に分類された9個の培養液はいずれも*Flavobacteriaceae*に分類され，最近縁種は*Flavobacterium granuli*であった。*Actinobacteria*に分類された1個の培養液は*Microbacteriaceae*に分類され，最近縁種は*Curtobacterium flaccumfaciens*であった。この海水試料において最も優占していた微生物が*Rhodobacteraceae*であり，次いで*Flavobacteriaceae*であった。Eilersらは，北海において*Alphaproteobacteria*と*Bacteroidetes*が優占していることを蛍光*in situ* hybridization（FISH）実験の結果から報告している[14]。また，GonzálezおよびMoranは，沿岸海水中に*Alphaproteobacteria*の'marine alpha group'が優占するということを培養非依存的な分子生物学的実験および寒天平板培養の結果から報告している[15]。われわれの解析結果も*Alphaproteobacteria*と*Bacteroidetes*の優占を示しており，海水中の微生物叢を反映した結果であることが確認できた。得られた16S rRNA遺伝子の塩基配列はそれぞれの最近縁種に対して93.2～96.7%の相同性を示したので，種レベルでは新規である可能性が高い。しかし，より広い分類グループで考えると寒天平板培養でも培養可能な単離細菌に近縁なものばかりであるので，この分離培養法をさらに培養が困難な微生物の分離・解析に指向する上で，培地条件や培養方法等の工夫が必要と考えている。

第 22 章　食品・環境と難培養性微生物

5　将来展望

1 希釈段階当たり 960 本の試験管を用いる MPN 法と同等の精度の生菌数を最確数推定を介さずに求める手法を確立した。この手法は 96 ウェルマイクロプレートを用いることで，比較的操作が簡便であるだけでなく，分離培養の操作も含んでおり，試料の希釈倍数の調節により微生物の群集解析にも応用可能であることを示した。例えば貧栄養条件の液体培地を用いることで，本手法は容易に低栄養細菌の分離培養および群集構造の解析に応用することが可能である。また，希釈倍数を低く調節することにより，1 個のウェル当たりに分配される細胞数を増やすことも可能となり，複数の細胞の分離培養による微生物間相互作用の解析にも応用できると考えられる。

本手法を応用し，培養可能な微生物の範囲を拡大することで，より広い範囲の微生物の分離培養および群集構造解析が可能となる。難培養性微生物を含む微生物群集の構造と機能を解析し，その相関関係を明らかにしていくことにより，食品・環境と微生物の多種多様な関わりのより深い理解につながると考えている。

文　　献

1) 厚生労働省監修，食品衛生検査指針：微生物編，日本食品衛生協会，東京 (2004)
2) 三瀬勝利，井上富士男，食品中の微生物検査法解説書，講談社，52-123 (1999)
3) R. I. Amann *et al.*, *Microbiol. Rev.*, **59**, 143-169 (1995)
4) R. R. Colwell *et al.*, *Bio/Technology*, **3**, 817-820 (1985)
5) 小暮一啓，*Microbes and Environ.*, **12**, 135-145 (1997)
6) D. Erconili, *J. Microbiol. Methods*, **56**, 297-314 (2004).
7) W.-X. Zhang *et al.*, *J. Inst. Brew.*, **111**, 215-222 (2005)
8) T. J. Montville & K. R. Matthews, K. R. "Food microbiology: an introduction-2nd ed.", ASM Press (2008)
9) D. K. Button *et al.*, *Appl. Environ. Microbiol.*, **59**, 881-891 (1993).
10) M. S. Rappé *et al.*, *Nature*, **418**, 630-633 (2002)
11) 正木春彦，日本農芸化学会関東支部 2003 年度第 1 回例会シンポジウム「海洋微生物研究の新展開」講演要旨集 (http://jsbba.bt.a.u-tokyo.ac.jp/03reikai1/masaki.pdf) (2003)
12) T. Shigematsu *et al.*, *Biosci. Biotechnol. Biochem.*, **71**, 3093-3097 (2007)
13) T. Shigematsu *et al.*, *FEMS Microbiol. Lett.*, **293**, 240-247 (2009)
14) H. Eilers *et al.*, *Appl. Environ. Microbiol.*, **66**, 3044-3051 (2000)
15) J. M. González & M. A. Moran, *Appl. Environ. Microbiol.*, **63**, 4237-4242 (1997)

第4編

微生物資源としての難培養微生物

第23章　難培養微生物の培養技術

鎌形洋一*

1　はじめに

　微生物の多くが培養できないという事実は古くから知られていた。例えば環境試料を顕微鏡で観察したときに多くの糸状性細菌が観察されたとする。この試料をいろいろな基質を含む寒天培地上に接種し出現するコロニーを一つ一つつぶさに調べてみても，全くそのような糸状性微生物が見当たらない。これは微生物の分離培養を試みたことのある研究者であれば，日常的に経験することである。それではその微生物が一体どのような微生物だったのか？　少なくとも古典微生物学には，この単純な問いに対して全く答える術がなかった。その答えを（時として鮮やかに）出すことができるようになったのは1990年代に入ってからである。① 16S rRNA遺伝子のクローン解析技術，変成剤密度勾配電気泳動（DGGE）等の方法で得た配列情報から作成した蛍光標識プローブを用いた fluorescence *in situ* hybridization（FISH），②放射性同位体を用いた基質の取り込みを autoradiography で FISH とともに用いて，系統的位置と *in situ* での機能を調べる MAR-FISH さらには FISH の高感度化，③安定同位体を用いて DNA，RNA，タンパク質等をラベル化し密度勾配分画して解析する SIP（stable isotope probing）法，さらには④単一細胞を分取して直接 DNA を増幅，全ゲノム配列決定を行う方法等ここ20年近くの技術の進歩はめざましいものがある（詳細については他章を参照されたい）。しかしこれらの技術は基本的に分離・培養という煩雑な方法を回避していかに未知・未培養・難培養微生物の実体（系統的位置や局在性や機能）を推定するか，という目的のために開発されてきた手法であって，難培養微生物の分離・培養技術を開発することを直接的な目的としたものではない。この方向性は微生物生態系の網羅的解析と総合理解という観点からは正しい道筋である。一方，多くの微生物はなぜ容易に分離できないのか，どのような手法を用いればこれらの微生物を分離することが可能になるのか，という問いに取り組んで行くことも，微生物生態系を理解し微生物の生き様を理解する上で，さらにはこれまでアクセスできなかった微生物資源を確保する上でも非常に重要である。本章では難培養微生物の実体とは何か，そしてそれに対してどのような分離・培養手法がありえるのか，について概説する。

＊　Yoichi Kamagata　㈱産業技術総合研究所　ゲノムファクトリー研究部門　部門長

2 微生物の多様性と未知微生物・難培養微生物

"難培養性微生物"という用語が広く使われるようになったのはここ十数年のことである。長い間，基礎微生物学や発酵生産の現場ではいくつかの限られた微生物が使われ，その過程で微生物が大変扱いやすい生物種であるとの認識が広がっていた。今日の分子遺伝学の基礎はもっぱら大腸菌のような微生物を用いて急速に進歩してきたことは誰もが知るところである。しかし16S rRNA遺伝子の情報蓄積がこれまでに全く知られていなかった膨大な微生物群の存在を初めて我々に知らしめたのである。大腸菌は夜空に瞬く無数の星の中の一つでしかなく，ある特定の環境にだけ棲息している微生物にすぎない。

それでは一体微生物の種はどれくらいの数だけ存在するのであろうか？　もちろん正確な答えはない。2005年にGansらは，ある森林土壌には優占種や希少種も含め1グラムの土あたり1,000,000のオーダーで微生物種が存在するのではないか，という報告を行なっている[3]。この値をにわかに信じるかどうかは別にしても，ある場所の森林土壌1グラムあたりに微生物が1,000,000種とすれば地球環境全体でいったい何種の微生物が存在するのか？　それは我々の想像を越えた驚くべき値であることは間違いない。有性世代をもたない原核生物の種はある恣意的な定義づけを行なわない限り明瞭な線引きは困難という本質的な問題はあるものの，仮に地球上の全微生物種をさらに3桁多い1,000,000,000種とするだけでも，現在正確に記述された微生物種は全体のわずか0.001%未満ということになる。

それではまだ知られていないこれら微生物の全てが難培養か，と問われれば，答えは否である。確かに未知・未培養の微生物種は膨大であるが，未知の微生物種はすなわち難培養微生物ではない。研究者が行ってきた様々な微生物探索研究の過程で得られてきた膨大な微生物についていちいち分類・同定・命名をしているわけではない。つまり，分離されていても分類・同定・命名がなされていない微生物もまた膨大であり，今日着々と伸び続けている新種記載の論文の大部分はそういった微生物のほんの一部でしかない。まだ知られていない培養可能な微生物の種も膨大であり，培養できない微生物の種もまた膨大であると言うのがおおよその真実であろう（図1）。

それでは難培養微生物とは何か？　今日，難培養微生物は文字どおり，"通常の培養では純粋培養や集積培養が困難な微生物"というおおよそのイメージで語られるものであり，それ以上の厳密な定義はない。では通常の培養とは何か？　当然これは実験者が扱う微生物と経験則によってまちまちである。"現存するすべての培地と培養条件すべてを駆使してもなお培養できない微生物"，というのがより厳密な"難培養性微生物"の定義と言えるが，これは究極の"培養不能微生物"の定義とも言える。よりゆるやかで現実的な定義をするとすれば，"その微生物が使うであろうと容易に想像しうる基質を含んだ培地で培養を試みても簡単には分離できない微生物"と

第23章 難培養微生物の培養技術

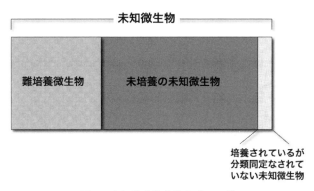

図1 未知微生物全体のイメージ
これは正確な割合を示したものではない。

いうことになるだろう。

　微生物の培養のための培地は数えられないくらいあるといって良い。しかし，液体培地であれば，多くはバッチ培養であり，ごく少数に限り連続培養が用いられているにすぎない。さらに純粋分離にあたってはこのような培地を通常寒天で固めたものを用いるという点で共通である。コッホの助手であったペトリが1880年代後半にガラスのプレート（いわゆるペトリ・ディッシュ）の中で，培地を寒天で固まらせたものを用いたのが現代の微生物培養技術の原点である[4]。寒天培地の上で1個のコロニーを釣り上げ，あらためて新しい培地に画線塗抹すると1つの細胞が増殖して再びコロニーができる。こうして確立した純粋培養系を単クローンとして維持し，研究に用いてゆく。この手法の簡便さと確からしさに疑いを挟む余地はない。しかしここには"全ての微生物は単独で寒天上でコロニーを形成する"という暗黙の前提が存在する。ところが，一定量の環境試料あたりに含まれている細胞数を計数しておき，それらを寒天培地で培養して得られるコロニー数と比較すると，歴然とした差があることが知られるようになった。例えば海水を例にとると，全菌数に比べ実際に寒天培地の上で生えてくる微生物はわずか0.1％にも満たない[5]。

　今日の微生物学と分子遺伝学の基礎は大腸菌に代表されるような容易に寒天培地で培養できるような微生物によって築かれた。しかし，大腸菌は"微生物は培養しやすく研究に便利な生物"という明らかに誤った固定観念を多くの生物学者に植え続けてきたことは否めない。大腸菌はむしろ微生物生態系においては例外的な微生物であると言える。

3　難培養性微生物とは

　ある微生物が"難培養微生物"であると"言い切る"には，少なくともその生物学的存在が明瞭となり，それが通常の実験室では容易に培養できない，という知見を得たときに初めてそう言う

ことができる。単に環境クローンとして未知の微生物の存在が確認されたとしてもそれは難培養であるとは言えない。少なくとも培養を試みていない限り、その微生物は単に"未知微生物"ではあっても培養できないという証拠が得られていないからである。以下にこれまでの研究から見えてきた"難培養微生物の姿"について概観したい。もちろん他の様々な考え方や分類の仕方があること、さらには個々の概念も相互に重複していることはご了解いただきたい。また難培養と考えられてきた微生物であっても多くの試行錯誤を経て結果的に培養可能になった微生物も"難培養微生物"という範疇に入れていることをご承知頂きたい。

3.1 生育速度が著しく遅い微生物

生育の遅い微生物の多くは平均世代時間が長いことに加え、生育開始までに要する時間(いわゆる lag time) が長いという特徴を持つものが多い。大腸菌の実験室での平均世代時間は30分である。この世代時間は多くの環境微生物の中でも"非常識な"速さである。これまでの筆者らの経験から言って平均世代時間が1日、2日という微生物はごく当たり前に存在する。一週間程度の平均世代時間の微生物も存在する。また生育開始までの lag が数週間に及ぶものも多い[6,7]。このような微生物では(基質濃度など培養条件にもよるが)液体培養で静止期に達するまで3ヶ月近くを要する。実際の環境を考えると、多くの場合、有機物濃度(あるいはエネルギー源としての無機物濃度)が常に律速になっているが、それでも有機物が少しずつ供給されているような場であれば増殖が速くなければならない必然性はない。この場合はむしろ基質に対する親和性や滞留時間(つまり、その環境場に留まっていることができる時間)が問題となる。また、他の微生物が資化できないような基質を使うものであれば競合者はいないわけだから増殖が速くなければならない必然性はない。さらに嫌気性微生物にありがちだが、モル基質あたりの獲得エネルギーが非常に低いものは生育も遅い。

3.2 寒天でコロニーを形成しない微生物

これまでの多くの研究が物語るように寒天という"足場"の上でコロニーを作る微生物のほうが圧倒的に少ないと考えるべきである。自然界における微生物の生育の場は多様であり、寒天というのはたったその1つにすぎない。ゲル化剤を変えることによって生育する微生物もあるが[8]、基本的にゲル化剤の上での生育を好まない微生物は多い。コロニーも形成しない、液体培養もできない微生物は典型的な難培養微生物であると言える。

3.3 生育に一定以上の細胞濃度を必要とする微生物

微生物学の基礎は上述のように細胞1つからの生育を前提としている。したがって寒天培養同

第 23 章　難培養微生物の培養技術

様に液体培養においても 1 つの生きた細胞を接種すれば生育は開始するはずである。しかしながら，筆者らの経験では 10^3 から 10^5 以上の初期接種量が絶対必須な微生物が確かに存在する。これはクオーラムセンシングと同様の効果を持つ生育因子や bacterial cytokine と呼ばれるような物質の存在を示唆するものである。

3.4　濁度として検知できない細胞数レベルで静止期を迎えてしまう微生物

このような微生物の代表例はアンモニア酸化細菌，亜硝酸酸化細菌，鉄還元細菌，硫黄還元菌などが挙げられる。基質，電子受容体あるいは生成物の物性や毒性等により高い基質濃度を用いて培養できない微生物にその傾向が強い。また，海洋環境に多いといわれる oligotroph (貧栄養微生物) と称される微生物も同様である。我々はふつう微生物の増殖を濁度でもって目視で判断することが多いが，濁度が認められるほどに生育しない微生物は基質の減少や生成物の増加を測定する，微小コロニーを顕微鏡下で確認する，あるいは微生物をフィルター上で濃集する等の方法をとらなければ，生育の確認は困難である。換言すれば，"濁度"が認められないからと言って，即ち"難培養微生物"と判断することは誤りである可能性が高い。

3.5　他の微生物が生産する生育因子を必要とする微生物

異種微生物間のクロストークと呼べるような現象について精緻な解明が成されている例は極めて少ないが，あらゆる環境が複雑微生物系によって成立している以上，異種微生物間のコミュニケーション，生育因子，基質のやりとりはおそらく普遍的な現象と考えるべきである。このような微生物は生育に必要な因子や基質を供給する微生物が見つからない限り培養は困難である。

3.6　種間水素伝達を行う共生微生物

これは嫌気性微生物において普遍的に見られる現象である。図 2 に示すように，多くの嫌気性微生物は物質の分解過程で水素を発生する (水素発生型発酵微生物)。しかし，水素は一定以上の濃度まで蓄積すると，物質の嫌気的酸化反応そのものを阻害してしまう。水素発生型嫌気性微生物群はこれを回避するために，発生する水素を速やかに除去する微生物を必要とする。特に脂肪酸や低級アルコール，芳香族化合物を分解する微生物にその傾向が顕著である。"水素除去者"は多くの場合，水素を用いて炭酸ガスを還元しメタンを作るメタン生成古細菌である。このような水素発生型嫌気性微生物 (嫌気共生細菌と呼ばれている) はほとんど例外なく分離培養が難しい。筆者らはこのような微生物の分離を試みてきたが，分離にあたっては，水素を消費するメタン生成古細菌を共存させた共培養を行う[9] (後述)。

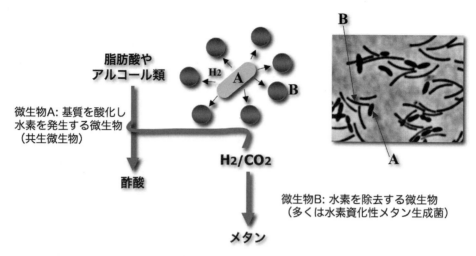

図2 嫌気性微生物を特徴づける共生関係

多くの絶対嫌気性微生物（A）は物質酸化にともなって水素を生成するが、水素が一定以上の濃度に達すると自らの生体反応を停止させてしまう。代謝および生育が進行するためには水素除去者としての第二の微生物（B）を必要とする。この関係を嫌気性微生物共生系と呼ぶ。写真はそのような完全共生系の例で微生物Aがプロピオン酸を分解し酢酸と水素を生成する微生物（*Pelotomaculum* 属細菌），Bが水素を消費しメタンを生成する *Methanospirillum* 属古細菌（文献31を参照のこと）。

3.7 昆虫や動物などに共生する微生物

　昆虫を初めとする動物の体内には様々な微生物が共生しているのはよく知られている事実である。通常1種の昆虫に1種の微生物が共生しているが、時として複数種の微生物を共生させていることもある。最もよく研究されているものの1つとしてはアブラムシの体細胞に共生している *Buchnera* と呼ばれる大腸菌と遠縁の微生物である[10]。これらの微生物は、共生によって宿主からの栄養供給を受けるなどしながら長年共進化を遂げた結果ゲノムの著しい縮退が認められる。似たような細菌はカメムシを初めとする他の多くの昆虫にも見いだされている[11,12]。数ある難培養微生物の中でこれらの微生物群はおそらく最も培養が難しい微生物であると考えられる。

3.8 そもそも環境中で非優占的な微生物

　これは基本的かつ重要な点であるが、集団において一定の割合以下しか存在しない微生物は（ある選択圧をかけない限り），そもそも原理的に分離培養が困難なだけでなく、PCRによる遺伝子の検出すら困難である。例えば 10^9 の微生物数が存在する1グラムの土壌の小宇宙を想定しよう。ここに 10^7 個ずつ存在する99の優占種と 10^3 個ずつ存在する10,000種類の微生物がいると仮定する。99の優占種と10,000種の希少種全てが液体培養あるいは固体培養が可能な微生物だとしても、10,000種類の非優占種は（特別な選択圧をかけることによってそれ以外の全ての種が排除できる場合を除いて）通常の微生物培養手法では培養ができないばかりでなく、PCRでも、

第23章　難培養微生物の培養技術

メタゲノムアプローチでも遺伝子の検出が困難である。一方，もしある1種の特別な化学物質を分解できる微生物が10^3個存在していたとする。それ以外の全ての微生物がこの物質を分解しないとすれば，この物質を単一炭素源としてたやすく分離することができるであろう。実は，何気ない普通の栄養源を含む培地で集積培養をした後，あるいは集積培養をせず直接ある栄養寒天培地に接種した際出現するコロニーというのはごく特定の非優占種である場合が多い。これはその"無意識のうちに設定した集積培養や普通の栄養寒天培地による培養環境"が立派な選択圧として働いていることを意味しており，逆に言えば99種の優占種にとっては（何らかの理由により）不都合な培地であると言える。強調したいのは，幅広い微生物を捕捉しようと思って意図した培地と培養条件そのものが実は決定的な選択圧になっているという事実である。

4　難培養・未知微生物を培養する技術

以下に記すのは培養が難しい微生物の分離培養について古くから用いられているものから最近開発された方法までを記した。その全体像は図3に示した。なお，ここに記した手法は"難培養微生物"のみに焦点を当てたものではなく，広く未知微生物の分離探索手法として用いることができる手法であることに留意されたい。

4.1　今なお有効な古典的分離培養手法（限界希釈やゲル化剤）

上述したように"未知・未培養微生物"が即ち"難培養性微生物"であると言うのは誤りである。これらの言葉はしばしば混然一体に使われがちである。その最大の理由は環境クローンの遺伝子配列情報が圧倒的な割合で増加する一方，分離・培養に払われている労力が極端に少ないことからくる溝が深まり，いきおい環境クローン＝難培養という誤った感覚が蔓延しているせいでもある。事実，古典的な手法とその改変技術，そして偶然の賜物によって得られる微生物もまた多いのが事実である。今日，旧来的な寒天培養法でも依然，"培養困難"と思われていた未知微生物が取得される場合も多い。もちろん，有機物の濃度を従来の1/10から1/1000程度に落としたり，ゲル化剤を寒天の代わりにゲランガムを用いたりといった創意も数多くなされている。ゲル化剤によって，培養化率が著しく改善されたり，寒天では決して得られない微生物が取得できたりする例が知られている[8,13~15]。また，コロニーを形成しない微生物については限界希釈法が広く用いられている。これは環境試料あるいは集積系に相当高い割合で標的微生物が存在している時，標的微生物が他の微生物と競合しない基質を用いる時（多くの場合，独立栄養微生物が対象となる），寒天培地が使用できない好酸性や高温性微生物を標的としている時に特に有利である[16~19]。

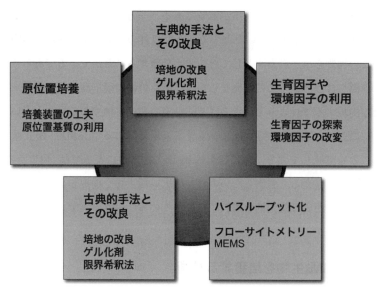

図3 難培養・未培養微生物の分離培養技術

4.2 原位置培養手法

バッチ式（例えばプレート，フラスコ，試験管，バイアル瓶等）で一定基質を加えて培養するというのが，微生物学研究者にとって最も慣れ親しんだ方法である。しかし，この古典的手法は実際の自然環境における物質フローや物理化学的な環境とは似ても似つかぬ条件である。上流から湧き出る温泉の下流に形成されるバイオマット，さまざまな排水が流入する水処理プロセス，絶え間なく温度が変化する表層環境等，どれ1つとっても容易に実験室において再現できるものではない。そこで，培養器自身を現場環境に放置したり，自然環境に模した場で培養しようとするのは，ある意味自然な発想に基づいたものである。そのような装置の考案例としてはKaeberlein らによる diffusion chamber 法がある[20]。これは孔径 0.03μm のメンブランフィルター2枚の中に 0.7％の軟寒天培地（あらかじめ環境試料を希釈して接種したもの）をサンドイッチ状に封じ込めて原位置試料中で培養するものである。彼らはこの方法で干潟試料中の微生物の培養を試みた。その結果，軟寒天中に多数の微小コロニーの出現が認められ，最大で初期接種細胞数の40％がコロニーを形成した。通常の寒天培養法でも同様に微小コロニーの出現が認められたものの，継代培養が困難であることなどが明らかとなり本手法の有効性が報告されている。Ferrariらも土壌スラリーを基質にしてメンブランフィルター上にコロニーを形成させる手法を開発している[21,22]。メンブラン上には土壌スラリー中の基質が滲出し，多数の微小コロニーの形成が観察されている。これらの中にはこれまでに培養されたことがない門レベルで新規な微生物も見いだされた。Aoi らも可溶性基質が内部に拡散可能なホローファイバー中に試料を接種し，活性汚泥

第 23 章　難培養微生物の培養技術

プロセスなどに浸漬し現場培養を行う手法を開発している[23]。これらの方法は手法の差こそあれ，実際の"環境場"に存在する多種類かつ低濃度の基質を常時原位置もしくは原位置を模した場で膜を介して供給しようとするものである。従来型の培養手法を大きく変えようとするものであり，今後の応用展開が期待できる。

4.3　生育因子や環境因子に基づく分離培養手法

我が国で古くから行われている研究の代表例は *Symbiobacterium thermophilum* と名づけられた微生物についてのものである[24]。この菌の生育は，*Bacillus* や他の細菌の培養上清を添加すると著しく促進する。その後の研究から本微生物は少なくとも，ペプチド性因子，NH_4^+ で代替できるカチオン，炭酸ガスの少なくとも 3 種の因子を要求することが明らかにされている。また，同じ研究グループでは，大気中の CO_2 濃度よりもはるかに高い CO_2 濃度（例えば 5 ％）で培養を試みたとき，高濃度 CO_2 に依存した新規な微生物群を得ている[25]。CO_2 というごく一般的な環境因子に着目するだけでも未知微生物が得られるのは非常に興味深い。

生育因子に着目した未培養微生物の捕捉手法の開発についても少ないながら研究が行われている。筆者らは，ある種の微生物（*Catellatibacterium nectariphililum*）が別種の微生物（*Sphingomonas* に類縁の細菌）の生産する物質によって生育が著しく助長されることを見いだしている[26,27]。*Sphingomonas* に類縁の細菌の上清液中に含まれる生育因子についてはまだ同定に至っていないが，上述の微生物のみならず，他の全く異なる微生物種の生育をも著しく助長することから，微生物間での生育因子のやりとり，さらにいえばシグナルコミュニケーションは極めて普遍的に存在しているとしても不思議ではない。Ogita らも同じく *Sphingomonas* 属細菌の培養上清から得た (*R,R,R,R*)-3-hydroxybutyrate 四量体が生育因子として機能することを見いだしていることは非常に興味深い事実である[28]。

4.4　共生培養法

微生物が他の種類の微生物種と共存して初めて生育するという現象は経験的に知られており，しばしば論文等に記載されている。例えば Haruta らはセルロースを分解する 5 種の微生物の安定した共生系を精緻に解析している[29]。こういった微生物種間共生では生育因子や基質を初めとするさまざま物質のやりとり，生成物除去，環境因子（pH や酸化還元電位等）の安定化など数多くの機構が想定される。そうした中でも上述した水素発生型発酵微生物と水素消費型微生物間での種間水素伝達は無酸素環境下では良く知られた現象であり，この現象を利用した共培養法は一定以上の成功をおさめている。水素発生型発酵微生物は水素除去者たる硫酸還元菌やメタン菌に高度に依存しているため，前者の分離にはあらかじめ水素資化性メタン菌を培養し，その培養液

を環境試料の希釈液に混ぜておく方法が有効である。そうすることによって，酪酸，プロピオン酸，酢酸，乳酸などの脂肪酸を分解し，水素を生成する微生物と水素を除去するメタン菌との純粋共培養系を構築する事が可能となる。これは限界希釈法の変法ともいえるものである。通常の限界希釈法では基質をいれた培地で環境試料を段階的に希釈するだけであるが，本法はその希釈系列にあらかじめパートナーとなりえる水素除去微生物を共存させる方法である。筆者らは本手法によってさまざまな水素発生型発酵性共生微生物の純粋共培養に成功している[6,30〜32]。

4.5 分離培養のためのハイスループットテクノロジー

ゲノム解析などを初めとする遺伝子解析が急速にハイスループット化しているのに対して微生物の分離培養に関してはややもすれば low through put な方法ばかりが目立っていることは否めない。これが微生物の網羅的分離に対する関心を低くさせている遠因ともなっている。しかしながら，従来法に比べ圧倒的な速度と量で分離培養を試みようとしている研究が進んでいることは特筆すべき事項である。

その最も初期の研究は Manome ら，続いて Zengler らによって開発された gel microdroplet（GMD）法である[33,34]。本手法では環境試料から集めた微生物細胞をゲルとともに混ぜエマルジョン化し，小さな液滴（GMD）中に細胞一つ一つを包埋したものをカラム内に充填した培養液中で培養し，ゲル内で細胞増殖が認められたものをフローサイトメトリーでソーティングし，96穴プレートに集めるシステムである。このシステムでは培養を一つ一つの細胞を一つ一つの液滴中で行うものの，群集全体を集めて同一カラム内で培養することによって微生物間の近接性（相互作用）が保てること，カラム内で連続培養が可能なこと，一分間で 5000 GMD がソーティング可能であり，極めてハイスループットであることなどが利点として挙げられる（注：現在のフローサイトメーターはさらに高速である）。Zengler らは海水試料中の微生物細胞を GMD で培養しており，GMD 内で微小コロニーとして生育が認められたものには多くの新規な微生物が含まれていたと報告している。高価なフローサイトメーターを用いる等決してどこの研究室でもできる手法とは言い難いものの，後段の DNA シークエンスそのもののスループットも飛躍的に上がっていることを考えると，今後有望な手法になると言えよう。

一方 Ingham らは全く異なる発想で，マイクロペトリディッシュの考案を行っている[35]。これは micro-engineered mechanical system（MEMS）を用いて，小さなチップ上に最小で $7×7\,\mu m$ のコンパートメントを30万個/cm^2，その一つ一つのコンパートメントに細胞を1つずつ格納して培養しようとするものである。チップは $36×8$ mm 角で浸透性の高い多孔質のポーラスアルミナを基盤にしており，寒天培地のようなものの上に作成したチップを置き，微生物試料を塗布する。寒天培地中の成分はポーラスアルミナを通してコンパートメントまで毛細管現象で到達する

仕組みである。本手法の最大の利点は，通常のペトリディッシュ1枚では到底扱えない圧倒的な数の微生物をコンパートメント内でコロニー化させることができる点にある。

5 あらためて難培養性微生物の培養技術とは

上述したように難培養微生物にはさまざまなものが知られているが，微生物を培養するということが微生物学の基礎であることは疑いようがないにしても，培養が困難な微生物をわざわざ培養するという挑戦に果たして意味があるのか？　という考えがあるのも事実である。手間をかけて星の数ほどある微生物の中のたった1つを分離するのはあまりに非効率的ではないか？　実際，筆者らの研究の中でも約10年近くかけて純粋培養にこぎつけた微生物もある[30]。微生物の分離に拘泥することについて疑問を抱く研究者がいる大きな背景の1つは近年の大量ゲノムシークエンス技術の革新的な進歩にある。もし，微生物を遺伝子プールとしてとらえるのならば，培養を経なくても微生物集団全体の遺伝子をライブラリー化することは現実になりつつある[36,37]。また微生物集団が非常に単純である場合はメタゲノムアプローチによって群集中に存在する複数種の微生物の完全長のゲノム構造を決めることさえも可能である[38]。たった1つの微生物の分離培養に心血を注ぐか，その微生物を含む集団全体を遺伝子ライブラリー化するか，それは対立する2つの手法というよりは，全く異なる考えに基づく2つの相互補完的な研究領域と捉えるべきであると筆者は考えている。いずれも決定的な長所と短所があり，そもそも比較できる手法論ではない。もちろんこの2つの手法の中間点に位置するものとして，微生物群集中での個々の微生物の機能と役割を解析しようとする研究の流れがあることも忘れてはならない。FISHやSIPを初めとする微生物の特定技術や代謝解析などはその流れにあると言って良い。筆者は①メタゲノム研究，②群集の機能解析研究，③分離培養技術開発は微生物研究をより高次元にするための今後の大きな3つの柱であると考えている。

謝辞
本解説中に引用した筆者らの研究については関係した多くの皆様に謝意を表する。

文　　献

1)　W.B. Whitman *et al., Proc. Natl. Acad. Sci. USA*, **95**, 6578 (1998)

2) V. Torsvik et al., *Appl. Environ. Microbiol.*, **56**, 782 (1990)
3) J. Gans et al., *Science*, **309**, 1387 (2005)
4) W. Bulloch, 天児和暢訳, 細菌学の歴史, 医学書院 (2005)
5) R.I. Amann et al., *Microbiol. Rev.*, **59**, 143 (1995)
6) Y-L. Qiu et al., *Appl. Environ. Microbiol.*, **70**, 1617 (2004)
7) S. Sakai et al., *Appl. Environ. Microbiol.*, **73**, 4326 (2007)
8) H. Tamaki et al., *Appl. Environ. Microbiol.*, **71**, 2162 (2005)
9) Y. Kamagata & H. Tamaki, *Microb. Environ.*, **20**, 85 (2005)
10) S. Shigenobu et al., *Nature*, **407**, 81 (2000)
11) R. Koga et al., *Proc Royal Soc London Ser.*, B **270**, 2543 (2003)
12) Y. Kikuchi et al., *BMC Biology*, **7**, 2 (2009)
13) H. Tamaki et al., *Environ. Microbiol.*, **11**, 1827 (2009)
14) M.B. Stott et al., *Environ. Microbiol.*, **10**, 2030 (2008)
15) K.E.R. Davis et al., *Appl. Environ. Microbiol.*, **71**, 826 (2005)
16) A. Pol et al., *Nature*, **450**, 874 (2007)
17) S. Bräuer et al., *Nature*, **442**, 192 (2006)
18) K. Takai et al., *Proc. Natl. Acad. Sci. USA*, **105**, 10949 (2008)
19) Y. Sako et al., *Int. J. Syst. Bact.*, **46**, 1070 (1996)
20) T. Kaeberlein et al., *Science*, **296**, 1127 (2002)
21) B. C. Ferrari et al., *Appl. Environ. Microbiol.*, **71**, 8714 (2005)
22) B. C. Ferrari et al., *Nature Protocols.*, **3**, 1261 (2008)
23) Y. Aoi et al., *Appl. Environ. Microbiol.*, **75**, 3826 (2009)
24) M. Ohno et al., *Int. J. Syst. Evol. Microbiol.*, **50**, 1829 (2000)
25) K. Ueda et al., *Appl. Environ. Microbiol.*, **74**, 4535 (2009)
26) Y. Tanaka et al., *Int. J. Syst. Evol. Microbiol.*, **54**, 955 (2004)
27) Y. Tanaka et al., *Microb. Environ.*, **20**, 110 (2005)
28) N. Ogita et al., *Biosci. Biotechnol. Biochem.*, **70**, 2325 (2006)
29) S. Haruta et al., *Appl. Environ. Microbiol.*, **71**, 7099 (2005)
30) S. Hattori et. al., *Int. J. Syst. Evol. Microbiol.*, **50**, 1601 (2000)
31) H. Imachi et al., *Appl. Environ. Microbiol.*, **66**, 3608 (2000)
32) H. Imachi et al., *Appl. Environ. Microbiol.*, **72**, 2080 (2006)
33) A. Manome et al., *FEMS Microbiol. Lett.*, **197**, 29 (2001)
34) K. Zengler et al., *Proc. Natl. Acad. Sci. USA*, **99**, 15681 (2002)
35) C.J. Ingham et al., *Proc. Natl. Acad. Sci. USA*, **104**, 18217 (2007)
36) B.D. Green & M. Keller, *Current Opinion in Biotechnol.*, **17**, 236 (2006)
37) G.W. Tyson & Jillian F. Banfield, *Trends in Microbiol.*, **13**, 411 (2005)
38) G.W. Tyson, J. Chapman, P. Hugenholtz, E.E. Allen, R.J. Ram, P.M. Richardson, V.V. Solovyev, E.M. Rubin, D.S. Rokhsar & J.F. Banfield, *Nature*, **428**, 37 (2004)

第 24 章　新規・未知微生物の分離培養

森　浩二*

1　はじめに

　17世紀にAnton van Leeuwenhoekによって肉眼で観察することが出来ない微生物の観察に成功して以来，Louis PasteurとRobert Kochによる秀逸な研究を経て，微生物学という新しい学問分野が確立した。培養とは本微生物学の基礎であり，純粋培養とは細菌・古細菌において1種類のみで人工的に増殖させていることを示す。微生物の純粋培養は，大腸菌 *Escherichia coli* のように30分の倍加時間で急激に増殖して，一晩で目視できるまでにコロニーを成長させるものから，酢酸資化性メタン生成古細菌 *Methanosaeta concilii* のようにコロニー形成が困難で液体培養において1ヶ月以上をかけて増殖させるものまで様々である。しかしながら，それぞれの培養に対する手間や期間に程度の差があれ，一端純粋培養が確立すれば，それらの微生物は様々な研究や産業に利用されうる資材となる。今日に至るまで様々な種類の微生物が古今の研究者の努力によって純粋培養化されてきたが，未培養な微生物がまだまだ数多く存在する事実は周知のことである。アブラムシの細胞内に生息する *Buchnera* 属のように極端な細胞内共生により必須遺伝子を宿主に移行してしまっている例外的な微生物も存在するが，研究者の不断の努力とちょっとした創意工夫によって数多くの未培養微生物は培養可能であると考えられる。

　近年，遺伝子解析技術が飛躍的に発展したことにより，我々は微生物学の系統分類に16S rRNA遺伝子をはじめとする様々な分子指標を使用するようになり，また，全ゲノム解析された微生物の種数を年々確実に増やしている。さらには，培養を介さずともメタゲノム解析等の遺伝子解析技術を駆使することで多くの遺伝子及びその情報を直接環境中から収得・蓄積していくことも可能である。しかしながら，様々な方法で取得した塩基配列情報から何らかの機能を持っている遺伝子であることが判っても，過半数が機能未知な遺伝子で占められている事実は未だ変わることが無い。一方で，培養された各種微生物の全ゲノム塩基配列情報は，その微生物の生理・生化学的な情報と密接に関わり，より付加価値の高い遺伝子情報であると言える。新しい微生物であればあるほど新たな遺伝子資源を保持している可能性を秘めており，このために系統分類学

---

　*　Koji Mori　㈱製品評価技術基盤機構　バイオテクノロジー本部　生物遺伝資源部門
　　　（NBRC）　主任

的に新規な微生物について早期にゲノム解析に着手される事例は多い。

　本章においては，近年分離された系統的に新規な微生物について概説する。なお，本章では，微生物を細菌・古細菌などの原核生物に限った純粋培養について述べる。また，共生系をはじめとする2種培養などについては，他章を参照されたい。

2 微生物の多様性

　WoeseとFoxによって初めて系統分類学に利用され，古細菌という概念を提唱するに至った[1] 16S rRNA遺伝子解析は，本解析手法が当り前のように行われるようになって10年にも満たないが，今日の微生物分類学にとって無くてはならないツールである。それまでの微生物の分類が細胞の形態や化学的性質，増殖条件などの特徴で行われてきたために，微生物の同定は専門的な知識を要する研究者によって吟味したうえでなされてきた。一方，16S rRNA遺伝子塩基配列に基づいた系統解析は客観的な指標に基づいたもので，分類学に関する専門的な知識が乏しくても比較的容易に微生物の同定を可能とした。近年の遺伝子塩基配列の決定に関する技術発展と相まって，手元にある微生物が何であるかの解答を得るのにその微生物の16S rRNA遺伝子配列をとりあえず決定することが手法的・コスト的にも当り前となったのである。これにより新規な微生物であるか否かを迅速に判断することが可能となり，そのことは近年の新種・新属提案が加速的になされている一因となっている。培養された細菌・古細菌についてほぼ全ての16S rRNA遺伝子情報が蓄積されており，これら情報は微生物の多様性を論じるうえで最も重要な指標である。

2.1 培養微生物

　全ての細菌と古細菌の学名は，国際細菌命名規約（International Code of Nomenclature of Bacteria）に従って命名されることになっている。現在正式に命名された細菌・古細菌は1980年に出版された細菌学名承認リスト（Approved Lists of Bacterial Names）に掲載された約2,300の学名から始まっており[2]，これ以前に発表されたがリストに掲載されなかった学名は全て無効となっている。それ以降の新しい学名の提案・記載に関する論文はInternational Journal of Systematic and Evolutionary Microbiology（旧International Journal of Systematic Bacteriology）に発表され，同誌上の「Validation Lists of Bacterial Names」に掲載されると学名は正式に承認されたこととなる。他の雑誌で新規学名を提案することも可能であるが，正式な学名の発表には「Validation Lists of Bacterial Names」に掲載されることが必須である。16S rRNA遺伝子情報の蓄積と解析手法の確立から近年多くの新属・新種が提案されるようになり，年間約700～800の学名が提案され，そのうち500～600が新種名の提案である。2009年9月現在，10,156の学名が存在し，62

第 24 章 新規・未知微生物の分離培養

綱 95 目 192 科 1,540 属 7,882 種に分類されている（List of Prokaryotic Names with Standing in Nomenclature, http://www.bacterio.cict.fr/）。門以上の分類群は国際細菌命名規約上で明記されていないために正式な数ではないが，30 門が現在までに知られている（Bergey's Manual Trust, http://www.bergeys.org/ と近年学術誌で発表された論文に基づく）。ちなみに，Bergey's Manual Trust からの出版物である Bergey's Manual of Systematic Bacteriology では本来提案されているべき高次分類群の名前を含めて細菌と古細が系統的に分類されて掲載されている。一方，Euzéby による List of Prokaryotic Names with Standing in Nomenclature では正式な学名のみを取り扱っている。図 1 と図 2 にそれぞれ細菌と古細菌の 16S rRNA 遺伝子配列に基づいた系統樹を示すとともに，既知の門名（非正式な学名も含む）を太字で示した。生理・生化学的性状において高い多様性を示す細菌は 28 門に分類され，このうち *Gemmatimonadetes* 門[3]，*Lentisphaerae* 門[4]，"*Elusimicrobia*" 門[5]及び *Caldiserica* 門[6]は近年分離培養に成功し，新たに門名が提案されたものである（詳細は後述する）。未培養微生物群 OP10 は分離株の報告がなされており[7,8]，今後，正

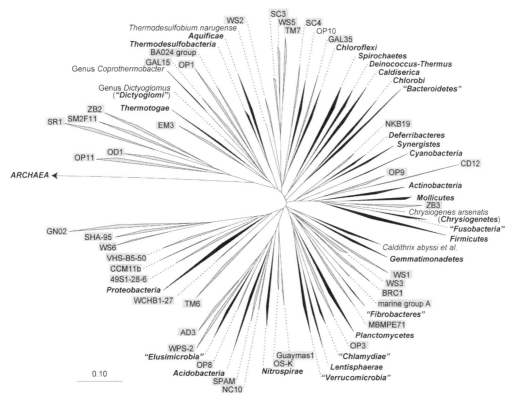

図 1　16S rRNA 遺伝子配列に基づいて ARB ソフト[39]により作成した全細菌の系統樹

Hugenholtz[12] と，Rappé と Giovannoni[15] で示されている門に，Greengenes のデータベースに登録されている主立った未培養微生物群の配列を追加した。培養株を含む分類群を黒色で，培養株を含まない分類群を灰色で示した。

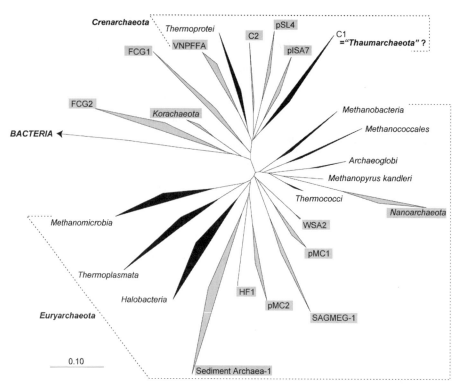

図2 16S rRNA 遺伝子配列に基づいて ARB ソフト[39]により作成した全古細菌の系統樹

Hugenholtz[12]と，Rappé と Giovannoni[15]で示されている門に，Greengenes のデータベースに登録されている主立った未培養微生物群の配列を追加した．培養株を含む分類群を黒色で，培養株を含まない分類群を灰色で示した．

式な学名が提案されるものと考えられる．また，*Coprothermobacter* 属[9]や *Thermodesulfobium narugense*[10]，*Caldithrix abyssi*[11]は 16S RNA 遺伝子配列の解析から他の細菌と極めて疎遠であり，分類群として高次レベルで新規であると考えられるが，属または科までの学名提案に留まっている（*Coprothermobacter* 属と *T. narugense* は Bergey's Manual Trust では *Firmicutes* 門に含まれる）．古細菌ついては，*Euryarchaeota* 門と *Crenarchaeota* 門の2門のみに分類される．分類群として細菌ほどの多様性はないと考えられているが，Hugenholtz は細菌と同様な基準で古細菌を分類すると少なくとも8門に分類されると報告している[12]．また，近年分離に成功した "*Nitrosopumilus maritimus*" SCM1 は古細菌の第3番目の門に分類されるとして "*Thaumarchaeota*" 門が提唱されている[13]．しかし，本分類群がもともと *Crenarchaeota* 門に含まれる未培養微生物群として長く認知されてきた経緯もあり，この門名が研究者のあいだで使われることは希である．

第 24 章　新規・未知微生物の分離培養

2.2　未培養微生物

　新規・未知微生物の分離培養を語るうえで，何が未知で，何が新規であるかを明らかとするために，未培養微生物を明らかにすることは重要である。環境試料を培地に接種しても，試料中に含まれる微生物の数％しか増殖させることが出来ないことは既知の事実である。この割合が未培養微生物の割合に直接繋がるわけではないが，現在までに報告されている約 8,000 種の細菌・古細菌数は全細菌・古細菌の多様性の一端を見ているに過ぎないのであろう。Schleifer は現在明らかとなっている種が地球上に存在すると予想される種数の 1％にも満たないと予想している[14]。具体的にどのような生理・生化学的性状の微生物が存在するかを予測することは難しいが，1990 年代から様々な環境中において 16S rRNA 遺伝子の多様性を非培養法による網羅的解析が行われてきたことによって，地球上の微生物にどれぐらいの多様性があるのかは明らかとなってきた。図 1 と図 2 に 16S rRNA 遺伝子配列に基づいた未培養微生物群を灰色で示した。これら系統樹は，Hugenholtz[12] と，Rappé と Giovannoni[15] が報告する微生物群に，Greengenes のデータベース (http://greengenes.lbl.gov/, 2008.11.18 更新版) で示されている主立った未培養微生物群を追加したものである。未培養微生物のみで構成される主立った分類群は，細菌で 40 門，古細菌で 14 門（細菌と同様な基準で判断した場合）であることが 16S rRNA 遺伝子配列の多様性から示されている。これらに加えて，環境中から得られている配列数は少ないが系統的には独立していると考えられる小さな（マイナーな？）未培養微生物群も数多く存在する。こういったものを累計していくと，細菌と古細菌における未培養微生物群は 100 門以上になると予想される[16, 17]。ただし，これらの系統群が必ずしも門レベルで独立しているか否かについて精査されていないものも多く，高次分類群を提案する際には培養株が得られたうえでより詳細な検討が必要であろう。

3　分類学的に高次な分類群が提案された分離株

　2003 年に Zhang らによって *Gemmatimonas aurantiaca* T-27^T が分離され，新たに *Gemmatimonadetes* 門が提案された[3]のにはじまり，近年，新たな分離株による高次分類群の提案は増えている。これは，おそらく 16S rRNA 遺伝子配列を系統分類に使用するようになった為と考えられる。すなわち，以前は，新たな株を獲得したときに，生理・生化学的性状からの比較で明らかに違っていることが判明しても，どれぐらい違っているのかを判断することが出来なかった。現在では，16S rRNA 遺伝子解析の登場により，新たに獲得した株が何であるか，または既知の種とどれぐらい違っているかを誰でも迅速にかつ客観的に判断できるようになった。近年新たに分離された株によって，高次分類群が新たに提案されたものを表 1 にまとめた。これら菌株は，遺伝資源的な有用性や学術的な観点からゲノム解析がなされている，または現在進行中であるもの

表 1 分類学的に高次な分類群が提案された分離株

株名	グループ名	菌名	提案された高次分類群	分離源	リファレンス
細菌					
T-27^{T}株*	KS-B (BD)	*Gemmatimonas aurantiaca*	Gemmatimonadetes 門	活性汚泥	3)
Cello^{T}株*	VadinBE97	*Victivallis vadensis*	Lentisphaerae 門	人の糞便	20)
HTCC2155^{T}株*	VadinBE97	*Lentisphaera araneosa*	Lentisphaerae 門	沿岸海水	4)
T49株†	OP10	—	—	地熱地帯の土壌	7)
YO-36株†	OP10	—	—	水性植物の根圏	8)
Pei191株*	Termite group 1	"*Elusimicrobium minutum*"	"Elusimicrobia" 門	昆虫の幼虫の腸管	5)
AZM16c01^{T}株†	OP5	*Caldisericum exile*	Caldiserica 門	温泉水	6)
UNI-1^{T}株†	—	*Anaerolinea thermophila*	Anaerolineae 綱	高温 UASB のグラニュール汚泥	33)
STL-6-O1^{T}株†	—	*Caldilinea aerophila*	Caldilineae 綱	温泉バイオマット	33)
FYK2301M01^{T}株†	WPS-1	*Phycisphaera mikurensis*	Phycisphaerae 綱	海藻	34)
GW14-5^{T}株	—	*Kordiimonas gwangyangensis*	Kordiimonadales 目	海洋堆積物	35)
IMCC1545^{T}株	—	*Puniceicoccus vermicola*	Puniceicoccales 目	ゴカイの消化管	36)
JW/NM-WN-LF^{T}株*	—	*Natranaerobius thermophilus*	Natranaerobiales 目	塩湖堆積物	37)
ANL-iso2^{T}株	—	*Nitriliruptor alkaliphilus*	Nitriliraptorales 目	塩湖堆積物	38)
古細菌					
SCM1株*	Marine group 1	"*Nitrosopumilus maritimus*"	"Nitrosopumilales" 目	水族館の水槽	25)
SANAE^{T}株†	Rice cluster 1	*Methanocella paludicola*	Methanocellales 目	水田土壌	30)

*：ゲノム解析された株，†：ゲノム解析が進行中の株

第 24 章　新規・未知微生物の分離培養

が多い。主なものについて，以下に概説する。

3.1　*Gemmatimonas aurantiaca*（*Gemmatimonadetes* 門，KS-B）

　G. aurantiaca T-27^T は，下水処理システムの活性汚泥中から平板培地を使用して分離された中温性好気性細菌で，体内にリンを蓄積する能力を持つ[3]。増殖速度が極めて遅く，コロニーが目視できる程度まで成長するのに少なくとも 2 週間を必要とする。*Gemmatimonadetes* 門は 16S rRNA 遺伝子に基づいた系統解析から，排水処理場以外にも森林土壌，乾燥地帯の土壌，海洋堆積物，海綿中などにも生息していることが明らかとなっており，自然界に普遍的に存在している分類群であると推察できる。Zhang らの報告では 1 株のみの分離であったが，その後に土壌から 4 株が分離されている[18,19]。

3.2　*Victivallis vadensis* と *Lentisphaera araneosa*（*Lentisphaerae* 門，VadinBE97）

　V. vadensis Cello^T は，糖を発酵することでエネルギーを獲得する中温性の偏性嫌気性細菌であり，健康な成人男性の糞便から集積培養を経て軟寒天培地により分離された[20]。当初，16S rRNA 遺伝子配列に基づいた解析結果から，本細菌は *Verrucomicrobia* 門に近いが既知サブグループのいずれにも含まれないとしながらも，新属新種の提案がされただけであった。*L. araneosa* HTCC2155^T は，限界希釈した海水からハイスループット培養法によって分離された中温性の好気性従属栄養細菌である[4]。全細菌あたり 1% 以下ではあるが，海水中に普遍的に存在する細菌であるとされている。*L. araneosa* は，*V. vadensis* とともに主に海水や嫌気処理槽から検出される環境クローンで構成される VadinBE97 分類群[15]に系統的に位置づけられるとして，本分類群は *Lenthisphaerae* 門として提案された。

3.3　"*Elusimicrobium minutum*"（"*Elusimicrobia*" 門，Termite group 1）

　"*E. minutum*" Pei191^T は，スカラベの幼虫の後腸より分離された発酵によって増殖する中温性の偏性嫌気性従属栄養性細菌である[5]。Geissinger らは嫌気的にホモジネートした幼虫の後腸懸濁液から 0.2 μm 孔径のフィルターで濾過して調製した上清を，腸内細菌の増殖促進剤を目的として培地中に添加した。その結果，3〜6 ヶ月経過した未植菌の保存培地中で微生物の増殖を確認し，本菌株の分離に至った。"*E. minutum*" Pei191^T は，Termite group 1 と呼ばれる分類群に位置づけられる最初の分離株である。Termite group 1 は，大熊と工藤によって下等シロアリの腸内に普遍的に生息する未培養微生物群として見いだされ[21]，腸内に生息する細菌以外に土壌や地下水などから検出される環境クローンを含めて門レベルで独立した菌群であると認識されてきた[22]。"*E. minutum*" Pei191^T の分離により "*Elusimicrobia*" 門が新たに提案された。

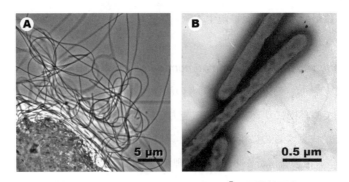

図3 *Caldisericum exile* AZM16c01^T の顕微鏡写真
A) 位相差顕微鏡写真，B) ネガティブ染色した細胞の透過型電子顕微鏡写真。

3.4 *Caldisericum exile*（*Caldiserica* 門，OP5）

C. exile AZM16c01^T は，長野県小谷村の地下 400 m から汲み上げている温泉水から分離された高温性の偏性嫌気性細菌である[23]。糸状の形態を持ち（図3），嫌気的環境下で硫黄化合物を還元することによりエネルギーを得て増殖する。小谷村の複数箇所で湧出する温泉中でこの細菌の存在量を計測すると，硫酸塩が存在する温泉水において特異的に1%程度の割合で生息していた。最初の報告では1株のみの分離であったが，その後に分離現場より10 km ほど離れた温泉からも同種の菌株（NBRC 106117）を分離している。*C. exile* AZM16c01^T は未培養微生物群 OP5 門に属する最初の分離株であり，OP5 門は *Caldiserica* 門として提案された[6]。OP5 門はもともと米国のイエローストーン国立公園内にある Obsidian Pool と呼ばれる温泉から得られた環境クローンのみから構成される未培養微生物群のひとつであり[24]，温泉以外にも海底熱水環境や嫌気排水処理リアクター，好塩環境などの極限環境から本門に含まれる環境クローンが検出されている。

3.5 "*Nitrosopumilus maritimus*"（"*Nitrosopumilales*" 目，Marine group 1）

"*N. maritimus*" SCM1 は，中温性の独立栄養性アンモニア酸化菌（亜硝酸菌）である[25]。Konneke らは硝化に関わる施設で古細菌の存在を確認し，シアトル水族館の熱帯魚水槽から集積培養を経て分離に成功した。古細菌は限られた極限環境にのみ生息すると従来考えられていたが，海洋をはじめとして通常の環境中にも *Crenarchaeota* 門に属するある種の古細菌が多く存在し，これらは未培養微生物群 marine group 1 と呼ばれていた[26]。"*N. maritimus*" SCM1 はこの marine group 1 に属する最初の培養株であり，"*Nitrosopumilales*" 目が提案された。"*N. maritimus*" は，培養株ではないが "*Candidatus* Cenarchaeum symbiosum"[27] とともに，"*Thaumarchaeota*" 門に分類されると提唱されているが[13]，あまり定着していない。また，分離には至っていないが，近縁菌として高温での集積培養中に含まれる古細菌 "*Candidatus* Nitrosocaldus yellowstonii"[28] と "*Can-*

didatus Nitrososphaera gargensis"[29]が報告されている。

3.6 *Methanocella paludicola*(*Methanocellales*目, Rice cluster 1)

M. paludicola SANAE^{T}は,中温性の水素資化性メタン生成古細菌である[30]。本古細菌は, *Syntrophobacter fumaroxidans* を増殖させることで自然界同様に微量な水素を供給する環境を液体培地中に構築し,得られた共生培養物から純粋分離されたものである[31]。未培養微生物群 rice cluster 1[32]の関与により,水田は大量なメタンの発生源のひとつとされている。*M. paludicola* SANAE^{T}はこの rice cluster 1 に属する最初の分離株であり,本古細菌の分離により *Methanomicrobia* 綱に属する *Methanocellales* 目が提案された。

4 おわりに

本章は,近年分離培養が成功し,高次分類群が新たに提案された新規微生物を中心に概説した。これらの中にはかつて難培養微生物とされていたものも含んでいる。多くの場合,得られている株は難培養微生物群とされていたグループの僅か一株であり,この一株がそのグループの特徴であるとまでは言い切れない。しかしながら,その難培養微生物群の研究において培養株を獲得することは悲願のひとつであったと考えられるし,その成果はブレークスルー以外の何ものでもない。また,紹介した分離培養を概観してみると,それらの多くは決して至難な技術を使った特別な培養方法で成功に至ったわけではないことが解る。また,16S rRNA 遺伝子解析の分類学への活用で,微生物学を行っている研究者であれば誰でも培養した微生物の新規性を判断できるようになったことも新規微生物の発見に大きく繋がっていることは疑いようがない。地球上に存在する微生物をひとつひとつ明らかにしていく為には,16S rRNA 遺伝子配列解析を効果的に使用して分離培養を続けていくことこそが重要であるというところに行き着くのであろう。一方,共生によって培養条件を巧みに構築することやハイスループットの利用により分離に至った例もあり,新たな分離方法を模索することももちろん重要である。また,全ての微生物が培地中で目視できる程度に増殖するという概念から,いつかは脱却しなければならないのかもしれない。とはいうものの,未培養微生物が大多数を占める現状を考えれば,ちょっとした創意工夫を通常の培養に加えることで新たな微生物を獲得することはまだまだ可能であり,それを継続することで未培養微生物群はある程度までは明らかになっていくものと考えられる。微生物の分離培養は古くから脈々とつづく微生物学の重要な一端であり,新たな微生物の発見は生物の多様性と可能性の拡張に他ならない。

文　　献

1) C. R. Woese & G. E. Fox, *Proc. Natl. Acad. Sci. U. S. A.*, **74**, 5088 (1977)
2) V. B. D. Skerman et al., *Int. J. Syst. Bacteriol.*, **30**, 225 (1980)
3) H. Zhang et al., *Int. J. Syst. Evol. Microbiol.*, **53**, 1155 (2003)
4) J. C. Cho et al., *Environ. Microbiol.*, **6**, 611 (2004)
5) O. Geissinger et al., *Appl. Environ. Microbiol.*, **75**, 2831 (2009)
6) K. Mori et al., *Int. J. Syst. Evol. Microbiol.*, **59**, 2894 (2009)
7) M. B. Stott et al., *Environ. Microbiol.*, **10**, 2030 (2008)
8) 玉木ほか，第24回日本微生物生態学会要旨，p79 (2008)
9) F. A. Rainey & E. Stackebrandt, *Int. J. Syst. Bacteriol.*, **43**, 857 (1993)
10) K. Mori et al., *Extremophiles*, **7**, 283 (2003)
11) M. L. Miroshnichenko et al., *Int. J. Syst. Evol. Microbiol.*, **53**, 323 (2003)
12) P. Hugenholtz, *Genome Biol.*, **3**, REVIEWS0003 (2002)
13) C. Brochier-Armanet et al., *Nat. Rev. Microbiol.*, **6**, 245 (2008)
14) K. H. Schleifer, *Syst. Appl. Microbiol.*, **27**, 3 (2004)
15) M. S. Rappé & S. J. Giovannoni, *Annu. Rev. Microbiol.*, **57**, 369 (2003)
16) M. Achtman & M. Wagner, *Nat. Rev. Microbiol.*, **6**, 431 (2008)
17) T. Z. DeSantis et al., *Appl. Environ. Microbiol.*, **72**, 5069 (2006)
18) K. E. Davis et al., *Appl. Environ. Microbiol.*, **71**, 826 (2005)
19) S. J. Joseph et al., *Appl. Environ. Microbiol.*, **69**, 7210 (2003)
20) E. G. Zoetendal et al., *Int. J. Syst. Evol. Microbiol.*, **53**, 211 (2003)
21) M. Ohkuma & T. Kudo, *Appl. Environ. Microbiol.*, **62**, 461 (1996)
22) D. P. Herlemann et al., *Appl. Environ. Microbiol.*, **73**, 6682 (2007)
23) K. Mori et al., *Appl. Environ. Microbiol.*, **74**, 6223 (2008)
24) P. Hugenholtz et al., *J. Bacteriol.*, **180**, 366 (1998)
25) M. Konneke et al., *Nature*, **437**, 543 (2005)
26) J. A. Fuhrman et al., *Nature*, **356**, 148 (1992)
27) C. M. Preston et al., *Proc. Natl. Acad. Sci. U. S. A.*, **93**, 6241 (1996)
28) J. R. de la Torre et al., *Environ. Microbiol.*, **10**, 810 (2008)
29) R. Hatzenpichler et al., *Proc. Natl. Acad. Sci. U. S. A.*, **105**, 2134 (2008)
30) S. Sakai et al., *Int. J. Syst. Evol. Microbiol.*, **58**, 929 (2008)
31) S. Sakai et al., *Appl. Environ. Microbiol.*, **73**, 4326 (2007)
32) R. Grosskopf et al., *Appl. Environ. Microbiol.*, **64**, 4983 (1998)
33) Y. Sekiguchi et al., *Int. J. Syst. Evol. Microbiol.*, **53**, 1843 (2003)
34) Y. Fukunaga et al., *J. Gen. Appl. Microbiol.*, **55**, 267 (2009)
35) K. K. Kwon et al., *Int. J. Syst. Evol. Microbiol.*, **55**, 2033 (2005)
36) Y. J. Choo et al., *Int. J. Syst. Evol. Microbiol.*, **57**, 532 (2007)
37) N. M. Mesbah et al., *Int. J. Syst. Evol. Microbiol.*, **57**, 2507 (2007)
38) D. Y. Sorokin et al., *Int. J. Syst. Evol. Microbiol.*, **59**, 248 (2009)
39) W. Ludwig et al., *Nucleic Acids Res.*, **32**, 1363 (2004)

第25章　難培養性微生物とカルチャーコレクション

伊藤　隆*

1　はじめに

　自然環境にはこれまで培養されたものより遙かに数多くの微生物種がいることが明らかにされている。例えば原核生物に限ればこれまで記載されているのは8,000種に過ぎないが，実際には100万種は下らないであろうと推測されている[1]。分離培養もされていないために記載もされていない微生物が実際にどれ程が培養可能か，不可能かという議論はさておいても，これら未利用の微生物群は今後のバイオサイエンスやバイオテクノロジーにとって大きなポテンシャルのある生物・遺伝子リソースであることは間違いない。こうした未利用微生物群をリソース化していくためには大きく2つのアプローチが考えられる。すなわち，1つは分離培養できる微生物を少しでも増やすべく新たな分離培養法の開発を行う方法であり，他方は分離培養の可否に構わず一定環境中にいる微生物群のDNAを抽出・分離し，クローン化したメタゲノムライブラリーを構築する方法である。これら未利用微生物へのアプローチに関する詳細は本書をはじめとする様々な文献で紹介されているが，カルチャーコレクション（以下，コレクション）においても難培養性微生物リソースやメタゲノムリソースとどの様に取り組んでいくのかは今後も議論すべき課題である[2]。本稿ではコレクションの現状を概説した上で，コレクションとして難培養性微生物リソースやメタゲノムリソースをどの様に取り扱い，またリソースの利用を希望する研究者をどの様に支援していくのか，について一考したい。

2　カルチャーコレクションのミッション：資源戦略の面から

　コレクションは従来より学術的に意義のある微生物株や産業上有用である微生物株などの収集・保存・提供に務めてきている。しかし，コレクションを取り巻く情勢はここ数年間に大きく変化してきていると言えるだろう。すなわち，人類が直面している環境・食料・健康等の問題の解決のためには微生物を含めたバイオリソースを用いた研究開発が必要であるという認識が高まってきており，またバイオリソースを用いた研究成果が産業化に結びつくことも多いことから，

　＊　Takashi Itoh　㈱理化学研究所　バイオリソースセンター　微生物材料開発室　専任研究員

バイオリソースを国家戦略的に収集しようという気運が高まってきている。これに呼応するように従来のコレクションやバンクからの発展型として生物資源センターやバイオリソースセンター（以下，BRC）と言う用語も用いられるようになってきた。これらは単にリソースの種類の拡がりだけを示すのではなく，収集・利用等に関してもっと積極的に事業を推進する意味合いを込めている。実際，経済協力開発機構（OECD）ではBRCを次のように定義している[3]。すなわち「BRCはライフサイエンスとバイオテクノロジーを支える基盤として不可欠な存在である。BRCは細胞，ゲノム，生物システムの遺伝と機能の情報に関するサービス提供と保存機能とで構成される。BRCは培養可能な生物（微生物，植物，動物，ヒト細胞など），それらの複製可能な部分（ゲノム，プラスミド，ウィルス，cDNAバンク），存在しているが培養がまだ可能でない生物，細胞および組織のコレクション，並びにこれらコレクションに関する分子的，生理学的，構造的な情報等のデーターベースやバイオインフォマティクスを含む（訳は㈶バイオインダストリー協会による）」。このことからもBRCは単にリソースの保存をするだけでなく，その利用性を高める機能が求められていることが理解できよう。また1993年に発効した「生物多様性条約」でも，BRCは生物多様性を *ex situ* に保全するために必要なものとして認められている。一方，文部科学省はライフサイエンスの総合的な推進を図る目的で，国が戦略的に整備することが重要なバイオリソースについて体系的な収集・保存・提供等を行うための体制を整備するために平成14年度から18年度にわたり「ナショナルバイオリソースプロジェクト（NBRP）」を実施した。さらに2010年までに世界最高水準のバイオリソースに整備し，その活用の充実を図ることを目標として引き続き平成19年度から5年間の予定で第2期NBRPを実施している。本プロジェクトには微生物関連リソースとして病原性微生物，一般微生物，大腸菌，枯草菌，酵母，微細藻類などが対象になっている。

3　カルチャーコレクションのミッション：学術的な面から

　本来，研究成果として生じた微生物リソースは一定のルールの下に公開されるべきであり公的なコレクションもその方針に則った活動を行ってきている。近年，微生物分類学など基礎的な研究分野ではその原則が国際的にも強化されており，例えば国際原核生物分類命名委員会（International Committee on Systematics of Prokaryotes）では，その機関誌であるInternational Journal of Systematic and Evolutionary Microbiology に細菌やアーキアの新種・新亜種・新組み合わせを発表する場合にはその基準株（type strain）が少なくとも2カ国以上のコレクションに寄託（譲渡を含む）され，一般に公開されることを求めている。このために寄託を受けたコレクションでは「寄託及び公開の証明書」を発行しなければならない。この様に寄託菌株の確認やその保存，公開後

第25章　難培養性微生物とカルチャーコレクション

の提供などコレクションの活動が学術的な取り決めの中に組み込まれ，結果としてコレクションがこれまで以上に研究コミュニティーに寄与することになった。

　尚，付則的ながら難培養性の細菌・アーキアに関して次のような命名規約上の例外も認められている。

① 　新種・新亜種の基準株は原則2カ国以上のコレクションに寄託されなければいけないが，稀な例外として好圧菌のように培養が困難であったり，著しい病原性があるなどによって1つのコレクション以外では維持ができないような場合はその1つのコレクションへの寄託でも基準株として認めることが可能である[4]。

② 　共生性微生物のように純粋培養法が知られていない微生物種でも，その混合培養中においてその微生物株としての独自の性状（例えば形態，生理学的特徴，遺伝子塩基配列など）が明確に記載できるならば，その菌株は正式な基準株として認めることが可能である[5]。当然のことながらその基準株はコレクションに寄託され，論文発表後は公開されなければならない。

4　カルチャーコレクションの現状

　一口に微生物と言ってもその種類は様々で，その全てを網羅できるようなコレクションは存在しない。日本でも収集対象リソースの異なるコレクションが数多く活動しており，これらは日本微生物資源学会のもとに緩やかな連携を保っていると言って良いであろう。日本微生物資源学会の活動については，そのホームページを参照されたい (http://www.jscc-home.jp/index.html)。

　ここではコレクションの事業を理解していただくために筆者が所属する㈲理化学研究所バイオリソースセンター微生物材料開発室 (RIKEN BRC-JCM，以下 JCM) を例に取り，その事業の概略を説明しよう。

　JCM は，我が国のライフサイエンス研究推進と微生物資源の有効利用を図り学術研究と産業の進展に貢献することを目的として 1981 年に理化学研究所微生物系統保存施設として設立されている。2004 年には理研バイオリソースセンターに移管され，これ以降は健康と環境の研究に有用な研究基盤用微生物に焦点をあてて世界最高水準のリソース基盤を構築することを目指している。具体的な収集対象は細菌・アーキア・酵母・糸状菌で，平成 21 年 9 月現在で約 19,200 株を保有し (公開株は約 11,400 株)，また年間 3,000 株以上を国内外の研究機関に提供している。JCM は第2期 NBRP において，一般微生物リソースにおける中核的拠点機関として認められ，そのリソース事業をさらに発展させることを目指している。

　微生物リソースの収集には主に，微生物研究者等からの直接の寄託・コレクション間の交換・

JCMスタッフによる自己開発，がある。研究者からの寄託では，従来，コレクションから研究者宛に寄託依頼するケースが多かったが，細菌・アーキアに関しては新種・新組み合わせの発表に際して公的コレクションへの寄託が義務づけられてからは研究者側からの寄託依頼が急増している。こうして受け入れた微生物リソースは，正しい菌株であるかの信頼性（authenticity），純粋性，培養性および保存性の確認が行われている。しかし，これまで寄託菌株の数パーセントに何らかの問題があり，寄託者に培養方法や菌株データの確認をしたり，再寄託を依頼するなどの対処が必要であった。

微生物リソースの保存はマスター保存と提供用保存の二本立てで保存を行っている。前者はコレクション内での菌株維持を目的とした凍結保存である。一方，提供用保存では主として凍結乾燥もしくはL(Liquid)-乾燥法による提供用アンプル作製を行うが，これら乾燥保存が不適な菌株に関しては提供用凍結保存を行っている。保存はできる限り複数の方法を採用し，また同一の場合でも培養機会を別々に分けるなど，菌株維持の確実性を高める必要がある。

JCMを含めた理研BRCではリソースの寄託または提供に際して相手方機関とそれぞれ生物遺伝資源寄託同意書，生物遺伝資源提供同意書（ともにMTA）を取り交わす方針をとっている。前者は寄託されるリソースに対する知財権を保護すると共に理研BRCにてリソース事業を遂行することの承認を含んでおり，また後者はリソースの正当な利用や流出の防止，研究成果や利益等の共有に関する確認を含んでいる。こうした機関間の合意によって寄託者・コレクション・利用者間で起こりうるトラブルを未然に防ぐことが期待されよう。

尚，OECDではBRCが高品位のリソースや情報を提供できるようにガイドとして「ベストプラクティス」[9]を発行している。こうした文章もコレクションに求められている品質管理体制を理解するには有用であろう。

5 難培養性微生物リソースの取り扱い

JCMには，絶対嫌気性微生物や独立栄養微生物，極限環境微生物，あるいはこれまで未培養であった系統グループに属する菌株など，様々な難培養性微生物リソースが寄託されてきている。こうした微生物株でも寄託者の指示通りに培養を行えば，多くは問題なく生育を再現できた。しかし長期保存法に関しては，寄託者自身もその試みを行っていない例もあり，コレクションと寄託者が共同で取り組むべきことである。尚，絶対嫌気性微生物や極限環境微生物等の具体的な保存法についてはいくつか解説が出ているのでそれらを参照して欲しい[6〜8]。一方，事前に寄託者より生育の培地組成や培養方法に関する情報を得ているのに，いざ受け取ってみると思うように生育しないことも少なからずあった。このような場合は寄託者に連絡を取り，一つ一つの可能性

第 25 章　難培養性微生物とカルチャーコレクション

を検討することで多くの場合で解決してきたが，単純に微生物株を一研究室から他の研究室に移転することでも様々な問題が生じうることを痛感した。しかし，こうした情報は逆に言えばどうして微生物が培養できないかを考える上で良いヒントになると思われる。また，コレクションから提供した微生物株が提供先で生育しないというクレームも決して少なくないが，その対応にも自身の経験があれば適切なアドバイスが可能であろう。以下に雑駁な経験談であるがその一部を紹介する。

5.1　培養容器の問題

難培養性微生物の場合，使用している培養容器が生育に影響を及ぼす場合がある。例えば超好熱性メタン生成アーキアである *Methanothermus* 属菌株は一般に使用されるホウケイ酸硝子からなる培養容器では生育阻害がかかるため type III のソーダ石灰硝子からなる硝子容器の使用が勧められている。実際に，国内でも普通の硝子を使ったために生育が確認できなかったという報告もある。尚，JCM では Bellco 社の Hungate チューブを使用しているが特段問題なく生育が認められている。また，好気性微生物ではプラスチック容器を培養に使用することもあるが，蓋に O-リングが使われている場合は生育阻害を起こすことがあるので要注意である。

5.2　水の問題

難培養性微生物の培地作製に使用する水は重要である。JCM ではかねてよりイオン交換樹脂付逆浸透膜純水装置による純水を利用して培地を調製していたが，ある時を機会に好熱性アーキアや独立栄養性細菌などの難培養性微生物の生育が阻害されるようになってきた。電気伝導度などからは水質の変化は検出できなかったが，それより以前に使用していた純水ストックを使用することで生育が回復したことから水質に問題があると思われた。また新たに超純水製造装置を導入した初期においても同様な現象が見られたことがある。その後は安定した超純水が得られているが，継続的に培養を行っている研究室では，万が一こうした純水製造装置に不具合が生じたときのために信頼できる水を確保しておくことが望ましいものと思われる。

5.3　培地成分の問題

人工海水を使った培地で生育する微生物株を寄託されたことがあった。指定の培地を作製し，寄託されたカルチャーを継代培養したところ問題なく生育した。ところがそれ以後は継代できなくなったことがある。結局，本菌株は寄託者から提供された培養液が 1% でも持ち込まれれば生育するが，さらに大幅に希釈されると生育できないことが判明した。この問題は指定の人工海水成分を Sea salts (Sigma Aldrich) で代用することでほぼ解決できた。その後もいくつかの菌株で

同様な現象が見られ，今後どういう成分が影響しているのか検討していく必要があると考えている。一方，酵母エキスやペプトンなどの複合有機物はメーカーあるいはロットによってその品質の差が微生物株の生育に影響のあることはよく知られている。例えば超好熱性アーキアである *Sulfophobococcus zilligii* は汎用される酵母エキスでは生育があまり見られないが，EZMix™ yeast extract (Sigma Aldrich) を使用することで明らかな生育の改善が見られている。また酵母エキス要求性のある微生物株では，酵母エキスをオートクレーブ滅菌するよりは濾過滅菌する方が格段によい生育を示すこともある。

5.4 微生物取り扱い操作の問題

好熱性微生物を培養する際，多くの場合は植菌前に培地を生育に適した温度にする必要はないが，一部にはそのことが継代培養のために必須な菌株もあった。一方，好気性の好熱性菌を培養する際，培地の蒸発を防ぐため気相を十分に取った上で密栓状態で培養したが，そのような状態では生育しないケースもあった。この場合，多少の蒸発覚悟でシリコンラバーからなるシリコ栓®を用いるか，あるいはスクリューキャップをややゆるめに閉めることでも生育が見られた。

以上にあげた例は特定の菌株に限られたことかもしれないが，こうした実例の積み重ねが自然界にいる難培養性微生物を培養可能とするヒントとなることは大いにあり得よう。

6 難培養微生物リソースの利用促進に向けて

難培養性リソースの利用を考えると，一般の研究室ではその利用のハードルが高い場合もあろう。例えば分子生物学的研究を専門にしている研究室では難培養性微生物の培養を行うための設備がなかったり，これまで大腸菌しか扱ってこなかった研究者にはたとえ単純な嫌気性微生物であっても培養困難に感じることであろう。また特定の菌体成分や遺伝子について網羅的研究をしている場合など，その研究室で一つ一つの微生物リソースを培養する余裕など無いこともあり得よう。1つの理想像として，コレクションが提供できるリソースを微生物株でもゲノムDNAや菌体での提供を可能としたり，また希望者にはこうした難培養性微生物の培養・保存法の技術講習も可能とすることによって，コレクションが微生物材料提供センター的に機能するものもあるかもしれない。実際，JCMをはじめいくつかのコレクションでもゲノムDNAの提供サービスを少しずつ開始している。今後もさらに利用促進を考慮する必要性はあるものの，そのためには人材や資金・設備を含めたインフラストラクチャーの充実が欠かせない。

第 25 章　難培養性微生物とカルチャーコレクション

7　メタゲノムリソースの取り扱い

　公的なコレクションにとってメタゲノムリソースの整備事業はこれからの課題である。技術的には遺伝子保存技術が適用できるが，以下のように設備や安全性，規制面，情報とのリンクなどいくつかの検討するべき項目もあろう。尚，次世代シークエンサーの導入によってライブラリー化されないメタゲノム解析も可能になってきているが，ここではリソース化できるメタゲノムライブラリーを考慮した。

① 　保存体制としては遺伝子組換え体と遺伝子断片としての保存の両方が望ましいであろう。また DNA ポリメラーゼを用いたゲノム DNA 増幅も可能になってきているので，増幅 DNA での提供が可能であればリソース移転時の規制も軽減できるなどメリットがあろう。

② 　メタゲノムリソースはライブラリーとして数多くのリソースが一度に寄託されることも想定されるので，それに必要な保存設備のキャパシティーを十分考慮する必要性がある。

③ 　メタゲノムでは組み込まれた遺伝子の由来微生物や遺伝子の機能を特定できないこともある。このため安全性や規制（カルタヘナ法や安全保障貿易管理など）についても考慮する必要がある。

④ 　メタゲノムリソースは遺伝子情報あってのリソースなのでその遺伝子情報や発現に関する情報を利用しやすい形で公開する必要がある。

　いずれにしろ，メタゲノムライブラリーも千差万別であるので，その需要を十分に精査して，コレクションのポリシーとその研究基盤に見合ったものとしなければならないであろう。

8　おわりに

　未利用微生物の実態はまだまだ科学的に検証すべき余地が多いものの，これらは規模の大きい，ポテンシャルを有するリソースである。これからも難培養性微生物の探索やメタゲノム解析が行われ，その結果として多くの微生物リソースや遺伝子リソースが産出されるだろう。コレクションがこうした難培養性リソースやメタゲノムリソースに対応するためには継続的に発展していく必要がある。しかし，それはコレクション自身の努力や公的支援だけによって図られるわけでなく，コレクション間の連携や寄託者の協力，利用者からのフィードバックも大きな力となる。以上のように難培養性微生物に関する研究が進展していく中において，その分離・培養・保存の技術も次代に継ぐべきカルチャー（文化）の一つであると言っても良いのではないだろうか。

文　　献

1) K.-H. Schleifer, *Syst. Appl. Microbiol.*, **27**, 3 (2004)
2) 辨野義己, 伊藤隆, 難培養微生物研究の最新技術, p.224, シーエムシー出版 (2004)
3) OECD, Biological Resource Centers, p.11 (2001)
4) P. De Vos et al., *Int. J. Syst. Evol. Microbiol.*, **55**, 5525 (2005)
5) P. De Vos & H. G. Trüper, *Int. J. Syst. Evol. Microbiol.*, **50**, 2239 (2000)
6) 伊藤隆, 微生物利用の大展開, p.152, エヌ・ティー・エス (2002)
7) 森浩二, 日本微生物資源学会誌, **23**(1), p.17 (2007)
8) 内野佳仁, 日本微生物資源学会誌, **24**(1), p.9 (2008)
9) OECD, OECD Best Practice Guidelines for Biological Resource Centers (2007)

第 26 章 　難培養微生物研究の将来像

大熊盛也*

　難培養微生物は，「培養を基本とした微生物学的手法では扱うことが困難な微生物」と定義してよいであろうか。肉眼では見えない生物が微生物とされるが，パスツールとコッホ以来の培養に基づく手法は，微生物の存在をとらえ，微生物の様々な研究やその機能を応用する分野で必須の役割を果たしてきた。微生物生態学研究者の間では環境中の微生物の大半は培養ができないという認識が従来からあったので，現在の難培養微生物研究の趨勢は自然なことかもしれないが，実験室で飼いならされた微生物を題材としていた研究者にとっては，自然環境中の微生物のほとんどが難培養微生物であり，培養が困難な微生物が真面目に研究対象になるとは考えられなかったのではなかろうか。難培養微生物が通常，複雑な微生物群集として自然環境中に生息していることも研究を難しくしている。ここでは，難培養微生物研究のこれまでと現状を概観しながら将来についてあれこれと身勝手に考えてみたい。

1 　難培養微生物研究の黎明からゲノムの時代へ

　1980 年代の終わりから 90 年代初頭にかけて，環境サンプルから直接に rRNA 遺伝子配列が解析され，自然環境中に多くの未知の微生物が存在することが実証された[1,2]。また，同時期に蛍光 in situ hybridization (FISH) 法で環境中の特定微生物種の姿を細胞レベルでとらえることができるようになった[3]。難培養微生物のまさに夜明けの時代と言えよう。以来，様々な環境における微生物の多様性が解明されてきた。微生物の分類体系の最高次のレベルにおいてまでも未知・新規のものが続々と発見され，これまでに培養されたものは多様な微生物分類群の一部でしかないことが判明した[4,5]。これは，遺伝子配列を利用した分子系統が分類学の重要な指標となったことによるものであり，生物界を三分する生物群としての古細菌の確立にも匹敵する成果であろう。DDGE[6]やT-RFLP[7]といった手法による微生物群集のプロファイリングとその比較方法，および，FISH 法や PCR 法などによる特定微生物種の検出や定量についても様々に改良されて簡便かつ高感度なものになった。これらの難培養微生物研究の黎明の礎となったのは，遺伝子クロー

　＊ 　Moriya Ohkuma 　㊤理化学研究所 　バイオリソースセンター 　微生物材料開発室 　室長

ニングや PCR,蛍光顕微鏡といった分子生物学・細胞生物学的研究手法の開発と解析装置の普及であることは誰しもが認めるところである。

分子生物学がモデル生物のゲノム解析を次々と完了させてポストゲノム研究に転換していく 2000 年代は,難培養微生物にとってもゲノム解析が導入され[8,9],盛んとなった時代であり,多様な微生物機能の解明に研究が向かっている。rRNA 遺伝子の解析が中心であった難培養微生物の研究もそれらの機能を探求する研究に重点がシフトして行っている。安定同位体標識(stable isotope probing : SIP)による微生物群集中の特定機能集団の解析技術も開発されて[10],多くの研究に適用されている。これらの研究により,嫌気的メタン酸化,アンモニア酸化やプロテオロドプシンといった,難培養微生物の有する新しい機能についての理解は格段に深まっている。

2　メタゲノム解析の現状と将来

本書では,特に難培養微生物のゲノム解析が主題のひとつとなっているが,次世代シーケンサーに代表されるゲノム解析技術の急速な進展を考えると,近い将来に多くの研究者が安価で手軽にメタゲノム解析を実施する将来像を容易に想像させる。メタゲノム解析は,対象とした微生物群集全体のもつ機能を網羅的に明らかにするなど確かに有用な情報を与えてくれるであろうし,その後の研究の基盤となることに異論はない。しかし,環境条件や微生物群集構造といった基礎的な研究がしっかりしていてはじめてメタゲノム解析が意義あるものとなることは言うまでもない。さらに,メタゲノム解析だけに限られた問題ではないが,得られた膨大な遺伝情報を処理する計算機といったハード面と,精度良く機能情報を付与・整理して必要なものを取捨選択するソフト面の両面で未だ多くの問題を抱えており,バイオインフォマテイクス分野の革新的な技術開発が望まれる。情報処理技術は専門的で,多くの実験系研究者には敷居が高いということも解決して行かなければならない問題である。

微生物群集を丸ごとゲノム解析することによる重大な弱点がメタゲノム解析には認められる。比較的少数の微生物種から構成される群集では,十分量の塩基配列の解読で,構成種のゲノムをそれぞれ再構成することができるかもしれない。しかし,群集が多くの構成種からなり複雑になるほど,メタゲノム解析で得られる遺伝情報は整列化が困難となり,莫大な断片化したゲノム情報が得られることになる。このような断片化した遺伝情報を微生物群集を構成する生物種と結びつけることは,対象とした微生物群集を理解する上で大変重要である。ゲノム断片にたまたま分子系統学的に生物種を推定することができる遺伝子配列があれば可能であろうが,一般には G＋C 含量や短い塩基配列のパターンなどから断片化したゲノム情報をグループ化していくバイオインフォマテイクスの手法が適用される。しかし,このような推測は決して十分な解像度を与えな

第 26 章　難培養微生物研究の将来像

いばかりか，推測が正しいかは多くの場合保証されない。比較対象できる多様な微生物のゲノム情報が蓄積しつつあるので，今後，より洗練された統計学的な手法が開発されることを期待する。

　Single cell でのゲノム解析は，現状では完全ゲノム解読には至っていないが，メタゲノム解析と組み合わせることによって，断片化したゲノム情報をより確実に個々の種に割り当てていくことに役立つ[11]。全ゲノム増幅過程での増幅の偏り故に解読できないゲノム領域が，増幅を経ないで解析されるメタゲノムから解読できるかもしれない。将来は両者が相補的に用いられていくのではないかと思われる。また，メタゲノム解析は群集中の優占種（通常限られた少ない数の種）のゲノム情報を効率よく解析できる一方で，多様な種を含むが量的に少数なものの情報はあまり得られない。このような希少種は，物理的に単離できさえすれば single cell でゲノム情報を得ることが可能となり，希少種の資源を開拓・保存する道にもつながるであろう。

　メタゲノム情報に加えて，発現遺伝子（mRNA）を解析するメタトランスクリプトーム[12]は，微生物群集の機能発現を知る上で重要で，また，環境要因の変動等による機能発現の変化を知ることにもつながる。様々な条件でのマイクロアレイを用いる網羅的な発現遺伝子の解析も期待される手法であるが，微生物群集を対象とする場合は，特に構成員の比率など群集構造の変化をまずモニタリングする必要がある。rRNA 遺伝子を使った微生物群集各員の構成比率を解析するマイクロアレイ技術（phylo-chip とも呼ばれる[13]）も有効かもしれない。微生物群集中の特定の機能集団については，SIP 法による標識 DNA のメタゲノム解析で実際に成果が報告されている[14]。標識 RNA の解析でより高い感度・精度も期待される。isotope-array とも呼ばれる同位体で標識される微生物集団の発現遺伝子を判別する技術[15]も興味深い。また，フローサイトメーターで集めた特定細胞集団を出発としてメタゲノム解析もなされている[16]。

3　微小生態学的と共生

　微生物群集構造の解明においては，量的な観点も含めた種構成に加えて，空間的な分布を知ることも大変重要である。*in situ* で特定種（あるいは種群）の細胞を検出できる FISH 法の適用が効果的であるが，特に微生物の細胞は小さいので，ミクロレベルでの分布・局在とそれらの局所局所での微生物の働き，微少の環境条件を包括的に理解する微小生態学（ミクロエコロジー）の視点で考えなければならない。ゲノム解析は，微生物がどのような代謝能・機能を有しているかを知ることに威力を発揮するが，それだけでは微小生態学的な理解は得られない。一方で，micro-autoradiography（MAR）や二次イオン質量分析（secondary ion mass spectrometry：SIMS），ラマン分光などの計測法により，同位体標識した細胞を可視化・定量する技術が開発されている[17〜19]。これらと FISH 法を併用することにより，微生物種（群）と基質利用能などの機能を結

びつけることができる。微生物細胞のスケールでの水分量, pH, 物質の濃度などの微視的な環境パラメータも微生物の活動に大きく影響することが容易に想像できる。微小電極などでミクロのスケールで測定することが大切な情報を与えてくれよう。微小電極や SIMS, ラマン分光などの測定技術は, 解像度, 感度, 非侵襲性といった観点からの進展も著しいので, 今後も難培養微生物の研究に広く適用されていくことが期待される。実際に, SIMS の計測法で複数の同位体の同時検出とナノスケールの解像度が得られる技術 (MIMS または NanoSIMS) が開発されるとすぐに難培養微生物の研究に導入された[20, 21]。

微小生態学的な視点で環境中の微生物種の局在とその場での機能発現が解明されてくると, 微生物群集中でのそれぞれの微生物種間の相互作用・共生についての考察が可能となる。もちろん相互作用には相利的な関係と排除・競争といった正負の両局面がある。海洋に浮遊する微生物のように微生物の密度が低く互いの相互作用の影響が乏しいような場合もあるが, バイオフィルムや動物の消化管内, 植物の根圏, 土壌団粒など比較的微生物が高密度で互いの位置関係が近い場合にこれらの相互作用は重要性が高まってくる。このような微生物間の相互作用・共生が積み重なって微生物群集が成り立っているので, その理解なくして真の微生物群集の姿を知ることはできない。

難培養微生物は, 動物や植物の研究者にもこれら宿主に共生する微生物として注目されている。病気を引き起こす微生物ばかりでなく, 動植物が自然に生きている状態で多くの微生物と共生しており, それらの共生微生物は多くが難培養である。共生する微生物の研究が進んでその実態が把握されつつあり, その結果, 共生微生物が宿主である動物や植物の生育に重要な影響をおよぼし, 健常な生育を左右する役割を果たしているという認識が高まっている。実際に, 共生を扱った研究は最近加速度的に増えていると言われており[22], 例えばヒトや家畜, 農作物を対象として, 病原体を押さえ込むという微生物への関わりかたから, 共生微生物を活用・制御して宿主である動植物の健康や生産性向上に結びつけていくという考え方へ替わりつつあるようである。動植物の研究者も宿主の研究だけをしていては収まらないことに気づいたと言ってもよいであろう。共生する微生物の群集構造やゲノム, 機能だけでなく, 宿主との相互作用・共生機構や宿主側の関連因子などの研究もこれから盛んになっていくと考えられる。このような動植物との共生に関連した研究は, 微生物学の分野に限らない幅広い研究分野や産業応用分野にわたるので, 今後難培養微生物の研究者, 研究技術が多いに活躍することを期待する。

4 難培養微生物の資源化

これまでは主に難培養微生物の多様性や生き様, 機能の理解について述べてきたが, 以下は難

第 26 章　難培養微生物研究の将来像

培養微生物の能力を取り出して応用したり，資源として保全・利用することを考えてみたい。無論，難培養微生物の生態や環境中での機能の解明は，難培養微生物の資源化や応用にあたっての基盤であることは忘れてはならない。

　微生物の能力を探索して利用する従来のバイオテクノロジー分野の技術の多くは，集積培養や選択培地で代表されるように特定の機能を有した微生物を様々な環境から純粋分離・培養すること（スクリーニング）からはじまる。そして，自然界の微生物のほとんどが培養困難で，莫大で未知の微生物資源が眠っているという考え方は，難培養微生物の研究がまだ黎明期のころからあった（例えば文献 23）に概説）。我が国はこの微生物のスクリーニングを基盤とした研究開発で世界をリードしてきたが，一方でこのスクリーニングは大変根気と手間がかかるものであり，例えば創薬に有効な生理活性物質の探索では，微生物の分離から始めるよりもむしろ化学合成による化合物のライブラリーを構築して探索する方法に既に移行してしまっているとも言われている。難培養微生物から新しい有用酵素遺伝子や生理活性物質を如何に効率良く捕まえてくるかということが課題であろう。酵素のスクリーニングであれば，単純にメタゲノムライブラリーを大腸菌など異種生物を宿主として発現させて，組換え酵素を利用すればよいのであるが，限られた種類の宿主を利用するだけでは，やはり自ずと限界があるようである。ハイスループットで目的のものを探索できるような技術や宿主に依存しない技術などの開発が望まれる。産業界では特に効率性や経済性が重視されるので，産業界にとって魅力的な技術・成果が発信されて，産学連携が盛んになることがこの分野の将来の鍵となるように思える。

　難培養微生物を培養することは大変重要であり，難培養微生物を培養を介さずに解析する技術が向上し目覚ましい進展を遂げたとしても，培養する努力を怠ってはならないと感じる。特定の微生物種の培養のためには，特異的なプローブなどを用いた検出系などを利用することも重要であろうが，生息環境を模擬した培養条件など様々な創意工夫が必要となろう。地道な努力を積み重ねなければならないであろうが，ひとたび培養できると様々な生理・生化学・分子生物学的な手法を適用して詳細な研究が可能となり，生きたままでの保存も可能となる。環境から直接 rRNA 遺伝子配列が得られているだけで培養株がなかった分類群の微生物も徐々に純粋培養が得られつつある[24〜28]。メタゲノム解析や微小生態学的な研究を通して明らかになった新しい機能をもった微生物が培養されたという例も出はじめた[29]。純粋培養が達成できずとも安定な集積培養や共生培養として得られる場合もあり，詳細な研究に役立つ。

　このようなかつて培養されていなかった微生物は，培養に特殊な条件を必要としたり，増殖に日数を要するものが多い。カルチャーコレクション（微生物系統保存機関）での対応も難しくなっているが，微生物資源を利用する立場からは，例えばゲノム DNA で提供されればことたりるという場合も多いであろう。すでにゲノム DNA の提供は各種カルチャーコレクションで始まって

いる。難培養微生物でもゲノムDNAや遺伝子ライブラリーとして提供されれば，大変有効な資源となるのではないだろうか。単なるメタゲノムライブラリーではなく，ゲノム断片の由来する微生物種情報が付与されたようなものが学術的には重要となろう。また，集積培養・共生培養のようなものも保存して資源としての利用性が高まることも期待される。培養株を収集・保存するといった従来のカルチャーコレクションのあり方も，今後は難培養微生物を生物遺伝資源（バイオリソース）としてとらえて収集・保存・整備する役割を果たすことが期待される。

5 難培養微生物研究の潮流

　分子生物学の手法・技術の進展に伴って，難培養微生物の研究も変遷を遂げてきた。マイクロアレイのチップ技術や各種計測・可視化技術で既に適用されている工学的技術は，ミクロスケールの流路を有したデバイスなど，single-cellを単離して反応させる研究にも使われ始めている[30]。先端の技術や異分野の技術の導入により，今後様々な難培養微生物の研究手法も開発され，洗練されていくことを期待する。一方で，個別の生態や微生物種を対象とする多くの研究者にとっては，選択枝が増えてくることは大変喜ばしいことであるが，長短を吟味して目的にあった技術・手法を使うことが肝要となる。

　最後に，微生物の生態や種多様性，生物進化といった範疇で，学術上の理論的な考察が盛んになることを期待したい。特に，環境中の物質循環に微生物が中心的な役割を果たしていること，動植物の生命活動に共生により大きな影響を与えていること，そこで活躍するほとんどが難培養であることを考えると，難培養微生物の研究は，地球レベルでの生態・生命活動の理解に必須のものとなってくる。微生物学分野にとどまらない生物学全般における位置づけも今後益々高まっていくであろう。また，微生物間や宿主，周囲の環境との相互作用を介して，微生物群集が形成され，安定化し，環境の変化に応じて変動する原理を知ることも重要である。そのような原理が理解されれば，微生物群集を人為的に構築したり制御するという道につながると考えられる。持続再生可能で環境や生命に優しい社会が求められている。難培養微生物が主役である自然環境の真の姿を理解してそれに学ぶという姿勢が大事になっていくのではないかと思う。

文　　献

1)　S. J. Giovannoni *et al.*, *Nature*, **345**, 60 (1990)

第26章　難培養微生物研究の将来像

2) D. M. Ward *et al.*, *Nature*, **345**, 63 (1990)
3) E. F. DeLong *et al.*, *Science*, **243**, 1360 (1989)
4) P. Hugenholz *et al.*, *J. Bacteriol.*, **180**, 4765 (1998)
5) M. S. Rappé and S. J. Giovannoni, *Ann. Rev. Microbiol.*, **57**, 369 (2003)
6) G. Muyzer *et al.*, *Appl. Environ. Microbiol.*, **59**, 695 (1993)
7) W.-T. Liu *et al.*, *Appl. Environ. Microbiol.*, **63**, 4516 (1997)
8) G. W. Tyson *et al.*, *Nature*, **428**, 37 (2004)
9) J. C. Venter *et al.*, *Science*, **304**, 66 (2004)
10) S. Radajewski *et al.*, *Nature*, **403**, 646 (2000)
11) T. Woyke *et al.*, *PLoS ONE*, **4**, e5299 (2009)
12) J. Frias-Lopez *et al.*, *Proc. Natl. Acad. Sci. USA*, **105**, 3805 (2008)
13) A. Loy *et al.*, *Appl. Environ. Microbiol.*, **71**, 1373 (2005)
14) M. G. Kalyuzhnaya *et al.*, *Nat. Biotech.*, **26**, 1029 (2008)
15) J. Adamczyk *et al.*, *Appl. Environ. Microbiol.*, **69**, 6875 (2003)
16) J. P. Zehr *et al.*, *Science*, **322**, 1110 (2008)
17) N. Lee *et al.*, *Appl. Environ. Microbiol.*, **65**, 1289 (1999)
18) V. J. Orphan *et al.*, *Science*, **293**, 484 (2001)
19) W. E. Huang *et al.*, *Environ. Microbiol.*, **9**, 1878 (2007)
20) C. P. Lechene *et al.*, *Science*, **317**, 1563 (2007)
21) T. Li *et al.*, *Environ. Microbiol.*, **10**, 580 (2008)
22) M. McFall-Ngai, *Nat. Rev. Microbiol.*, **6**, 789 (2008)
23) 大熊盛也ほか，バイオサイエンスとインダストリー，**54**，649 (1996)
24) M. S. Rappé *et al.*, *Nature*, **418**, 630 (2002)
25) H. Zhang *et al.*, *Int. J. Syst. Evol. Microbiol.*, **53**, 1155 (2003)
26) S. Sakai *et al.*, *Appl. Environ. Microbiol.*, **73**, 4326 (2007)
27) K. Mori *et al.*, *Appl. Environ. Microbiol.*, **74**, 6223 (2008)
28) O. Geissinger *et al.*, *Appl. Environ. Microbiol.*, **75**, 2831 (2009)
29) M. Konneke *et al.*, *Nature*, **437**, 543 (2005)
30) Y. Marcy *et al.*, *PLoS Genetics*, **3**, e155 (2007)

難培養微生物研究の最新技術 Ⅱ
―ゲノム解析を中心とした最前線と将来展望―《普及版》(B1145)

2010年 4 月 9 日　初　版　第 1 刷発行
2015年11月10日　普及版　第 1 刷発行

監　修	大熊盛也，工藤俊章	Printed in Japan
発行者	辻　賢司	
発行所	株式会社シーエムシー出版	
	東京都千代田区神田錦町 1 - 17 - 1	
	電話 03(3293)7066	
	大阪市中央区内平野町 1 - 3 - 12	
	電話 06(4794)8234	
	http://www.cmcbooks.co.jp/	

〔印刷　倉敷印刷株式会社〕　　　　© M. Ohkuma, T. Kudo, 2015

落丁・乱丁本はお取替えいたします。

本書の内容の一部あるいは全部を無断で複写（コピー）することは，法律で認められた場合を除き，著作者および出版社の権利の侵害になります。

ISBN978-4-7813-1038-1　C3045　¥4600E